高等职业教育机电工程类系列教材

电力系统继电保护

主　编　段秀玲　　杨耀东

副主编　乔秀芸　　薛家慧　朱志英　李　宁　黄瑞祥

参　编　钱占丽　　孟文晔　吕　麟　周茂军

西安电子科技大学出版社

内 容 简 介

本书内容分为四个模块，分别介绍了电网、电力变压器、发电机和母线的继电保护。其中第一模块专门讲解了继电保护的常用元件、输电线路的电流保护，并增加了自动重合闸内容；第二模块讲解了电力变压器的瓦斯保护、纵差动保护、接地保护和相间短路的后备保护等；第三模块讲解了发电机的差动保护、定子绕组单相接地保护和转子保护；第四模块讲解了母线的差动保护。

本书可作为高职院校电力电子相关专业的教材，同时还可供电力电子相关领域的工程技术人员参考。

图书在版编目(CIP)数据

电力系统继电保护/段秀玲，杨耀东主编. —西安：
西安电子科技大学出版社，2018.11(2021.6 重印)
ISBN 978 - 7 - 5606 - 5017 - 3

Ⅰ. ① 电⋯ Ⅱ. ① 段⋯ ② 杨⋯ Ⅲ. ① 电力系统—继电保护 Ⅳ. ① TM77

中国版本图书馆 CIP 数据核字 (2018) 第 181446 号

策划编辑 刘小莉
责任编辑 王 静
出版发行 西安电子科技大学出版社(西安市太白南路 2 号)
电 话 (029)88202421 88201467   邮 编 710071
网 址 www.xduph.com   电子邮箱 xdupfxb001@163.com
经 销 新华书店
印刷单位 陕西天意印务有限责任公司
版 次 2018 年 11 月第 1 版 2021 年 5 月第 2 次印刷
开 本 787 毫米×1092 毫米 1/16 印张 14.25
字 数 335 千字
印 数 2001～4000 册
定 价 30.00 元

ISBN 978 - 7 - 5606 - 5017 - 3/TM

XDUP 5319001 - 2

前　言

　　"电力系统继电保护"是电力系统自动化及相关专业的专业必修课。其课程的理论性和实践性都很强，对培养学生的思维能力，提高他们分析和解决相关问题的能力，养成严谨认真的工作态度，都起着至关重要的作用。

　　本书内容分为四个模块，分别介绍了电网、电力变压器、发电机和母线的继电保护。作者结合自己多年的教学和实践经验，打破传统内容编排习惯，对内容进行了科学系统的整理，从方便学生学习的角度出发，进行了更为合理的架构设计。在第一章中专门讲解了继电保护中的常用元件，并在输电线路继电保护之后增加了自动重合闸内容，为学生的后续学习打好基础。本书作为高职教学的教材，始终立足于高职教育的教学目标和培养方向，立足于技术领域和职业岗位的任职要求，内容上主要讲解了电磁式保护的基本原理，对一些复杂的理论和计算推导作了适当的删减。当前微机继电保护在实际应用中已占据了主导地位，因此，本书将微机保护原理贯穿于所有内容中，以便更好地帮助学生在今后的工作中学习和应用。

　　本书由乌兰察布职业学院的段秀玲、杨耀东任主编，乔秀芸、薛家慧、朱志英、李宁、黄瑞祥任副主编，参加编写的还有孟文晔、吕麟以及内蒙古机电职业学院的钱占丽、大连工业大学的周茂军。本书在编写过程中得到了学校相关领导和电力企业工程师的支持和帮助，在此表示感谢。

　　本书可作为高职院校电力相关专业的教材，同时还可供电力相关领域的工程技术人员参考。

　　由于作者水平有限，书中的疏漏和不足之处在所难免，恳请广大读者批评指正。

编者

2018 年 6 月

目　录

绪　论

一、电力系统继电保护及自动装置的作用和任务

电力系统继电保护及自动装置是电力系统安全、稳定运行的可靠保证。

电力系统由于受自然界的（如雷击、风灾等）、人为的（如设备制造缺陷、误操作等）因素影响，不可避免地会发生各种形式的故障和出现不正常工作状态。最常见同时也是最危险的故障是各种类型的短路。发生短路时可能产生以下后果：

（1）通过故障点的短路电流和所燃起的电弧使故障设备或线路损坏。

（2）短路电流通过非故障设备时，发热和电动力的作用引起电气设备损伤或损坏，导致设备的使用寿命大大缩减。

（3）电力系统中部分地区的电压大大降低，破坏用户工作的稳定性或影响产品的质量。

（4）破坏电力系统并列运行的稳定性，引起系统振荡，甚至导致整个系统瓦解。

继电保护装置就是指能响应电力系统中电气元件发生故障或出现不正常时的运行状态，并动作于断路器跳闸或发出信号的一种反故障自动装置。

继电保护装置的基本任务是：

（1）自动地、迅速地和有选择地将故障元件从电力系统中切除，使故障元件免于继续遭到破坏，保证其他无故障部分迅速恢复正常运行。

（2）响应电气元件的不正常运行状态，并根据运行维护的条件（如有无经常值班人员）而动作于信号的装置。

二、继电保护的基本原理

电力系统发生故障后，工频电气量变化的主要特征是：

（1）电流增大。短路时，故障点与电源之间的电气设备和输电线路上的电流将由负荷电流增大至大大超过负荷电流。

（2）电压降低。当发生相间短路和接地短路故障时，系统各点的相间电压或相电压值下降，且越靠近短路点，电压越低。

（3）电流与电压之间的相位角改变。正常运行时，电流与电压间的相位角是负荷的功率因数角，一般约为 $20°$；三相短路时，电流与电压之间的相位角是由线路的阻抗角决定的，一般为 $60°\sim85°$；而在保护反方向三相短路时，电流与电压之间的相位角则是 $180°+(60°\sim85°)$。

（4）不对称短路时出现相序分量。如单相接地短路及两相接地短路时，出现负序和零序电流和电压分量。这些分量在正常运行时是不出现的。

利用短路故障时电气量的变化，便可构成各种原理的继电保护。例如，根据短路故障

时电流的增大，可构成过电流保护；根据短路故障时电压的降低，可构成电压保护；根据短路故障时电流与电压之间相角的变化，可构成功率方向保护；根据电压与电流比值的变化，可构成距离保护；根据故障时被保护元件两端电流相位和大小的变化，可构成差动保护；根据不对称短路故障时出现的电流、电压相序分量，可构成零序电流保护、负序电流保护和负序功率方向保护等。

三、继电保护的组成及分类

电力系统的继电保护根据被保护对象的不同，分为发电厂、变电所电气设备的继电保护和输电线路的继电保护。前者是指发电机、变压器、母线和电动机等元件的继电保护，简称元件保护；后者是指电力网及电力系统中输电线路的继电保护，简称线路保护。

按作用的不同，继电保护又分为主保护、后备保护和辅助保护。

（1）主保护：被保护元件内部发生各种短路故障时，能满足系统稳定及设备安全要求的、有选择地切除被保护设备或线路故障的保护。

（2）后备保护：当主保护或断路器拒绝动作时，用以将故障切除的保护。后备保护可分为远后备和近后备两种。远后备是指主保护或断路器拒绝动作时，由相邻元件的保护部分实现的后备；近后备是指当主保护拒绝动作时，由本元件的另一套保护来实现的后备，当断路器拒绝动作时，由断路器失灵保护实现后备。

（3）辅助保护：为了补充主保护和后备保护的不足而增设的简单保护。

四、对继电保护装置的基本要求

1. 选择性

选择性就是指当电力系统中的设备或线路发生短路时，其继电保护仅将故障的设备或线路从电力系统中切除，当故障设备或线路的保护或断路器拒绝动作时，应由相邻设备或线路的保护将故障切除。

2. 速动性

速动性就是指继电保护装置应能尽快地切除故障。对于短路故障的继电保护，要求快速动作的主要理由和必要性在于：

（1）快速切除故障可以提高电力系统并列运行的稳定性。

（2）快速切除故障可以减少发电厂用电及用户电压降低的时间，加速恢复正常运行的过程，保证厂用电及用户工作的稳定性。

（3）快速切除故障可以减轻电气设备和线路的损坏程度。

（4）快速切除故障可以防止故障的扩大，提高自动重合闸和备用电源或设备自动投入的成功率。

对于不正常运行情况的继电保护装置，一般不要求快速动作，而应按照选择性的条件，带延时地发出信号。

3. 灵敏性

灵敏性是指电气设备或线路在被保护范围内发生短路故障或不正常运行时，保护装置的反应能力。

保护装置的灵敏性用灵敏系数来衡量。灵敏系数表示式为

$$灵敏系数 = \frac{保护区末端金属性短路时故障参数的最小计算值}{保护装置动作参数的整定值}$$

4. 可靠性

可靠性是指在保护范围内发生了故障，该保护应动作时，不应由于它本身的缺陷而拒动作；而在不属于它动作的任何情况下，则应可靠地不动作。

以上四个基本要求是设计、配置和维护继电器保护的依据，又是分析评价继电保护的基础。这四个基本要求之间是相互联系的，但往往又存在着矛盾。因此，在实际工作中，要根据电网的结构和用户的性质，辩证地进行统一。

继电保护及自动装置发展到今天，它的构成原理已形成了两种逻辑：① 布线逻辑；② 数字逻辑。布线逻辑的继电保护与自动装置功能靠接线来完成，不同原理的装置其接线也不同（及硬件不相同）；数字逻辑的装置及其功能由计算（程序）来完成，不同原理的装置计算方法（程序）不相同，但硬件基本相同。

五、学习继电保护及自动装置时应注意的几个问题

继电保护及自动装置课程的理论性、实践性都很强，初学者常感觉起点高、难入门，但入门后就会发现，该课程逻辑推理严密、系统性强、层次分明、前后知识关联，越学越有趣。所以初学者要知难而进，一旦掌握了学习方法，深入到理论和实践中，就会发现继电保护及自动装置内部世界的"精彩"之处，就会自觉地克服学习中的困难，掌握继电保护及自动装置这门技术。

模块 A　电网的继电保护

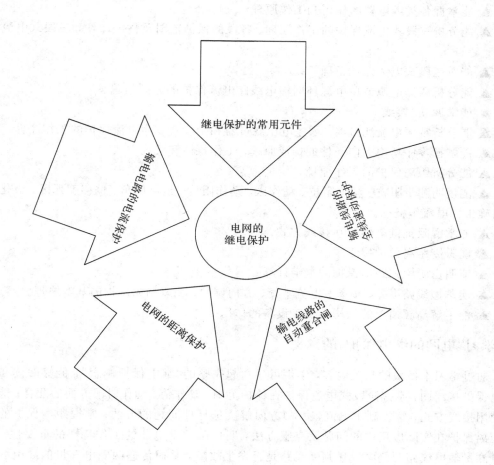

继电保护的常用元件

输电线路的输电保护

输电线路的全线速动保护

电网的
继电保护

电网的距离保护

输电线路的自动重合闸

学习本模块的目的和意义

◇ 学习"电网的继电保护"的目的

本模块内容作为继电保护知识的基础，对后面模块的学习效果起着关键的作用。所以正确理解和掌握相关知识，分析工作原理是尤为必要的。学习完本模块后，学生应达到如下目标：

▲ 能掌握各类继电器的作用和工作原理。

▲ 能分析三段式电流保护的工作原理、各段的保护范围及整定计算和三段式电流保护的优、缺点。

▲ 能对三段式电流保护正确接线。

▲ 能分析两侧电源或单电源环网输电线路电流保护的方向问题。

▲ 能掌握 90°接线。

▲ 能分析零序电流滤过器、零序电压滤过器和阶段式零序电流保护的工作原理。

▲ 能掌握零序功率方向元件的构成原理、工作特性和接线方式。

▲ 能分析距离保护的工作原理。

▲ 能说明测量阻抗、整定阻抗、动作区、动作阻抗、最灵敏角、偏移度死区、极化电压和精确工作电流等概念。

▲ 能掌握阻抗继电器的 0°接线方式。

▲ 能看懂距离保护接线图。

▲ 能明白阶段式距离保护的整定计算。

▲ 能掌握线路纵差、横差、电流平衡、方向调频、相差调频保护的基本原理。

▲ 能了解高频通道的结构及加工设备的作用。

◇ 学习"电网的继电保护"的意义

通过学习本模块的相关内容，学生可建立起完整的"继电保护概念"，能够阅读和绘制继电保护接线图；掌握阶段式电流保护在保护范围、动作值、动作时限方面的配合；能够正确使用接线方式，掌握利用电流（功率）方向解决选择性问题的方法；掌握距离保护的原理和距离保护在实际应用中的问题及克服方法，明白阻抗继电器的工作特性的重要性；能够通过测量输电线路两侧电气量判断线路是否发生故障，掌握传递两侧电气量的导引线及通道的构成原理，从而对电网的继电保护知识有全面的了解和掌握。

第一章　继电保护的常用元件

1.1　电流互感器

一、电流互感器的作用和分类

　　为了保证电力系统安全运行，必须对电力设备的运行情况进行监视和测量。一般的测量和保护装置不能直接接入一次高压设备，而需要将一次系统的高电压和大电流按比例变换成低电压和小电流，以供给测量仪表和保护装置使用。执行这些变换任务的设备，最常见的就是我们通常所说的互感器。进行电压变换的互感器是电压互感器，而进行电流变换的互感器就称为电流互感器。

　　电流互感器常分为保护用电流互感器和测量类电流互感器两大类。

　　在测量交变电流的大电流时，为便于二次仪表测量需要变换为统一的电流（我国规定电流互感器的二次额定电流为 5 A 或 1 A），另外因线路上的电压都比较高，直接测量是非常危险的，于是我们就要使用测量类电流互感器，这时电流互感器就起到变流和电气隔离的作用。测量类电流互感器是电力系统中测量仪表、继电保护等二次设备以获取电气一次回路电流信息的传感器。该电流互感器将大电流按比例变换成小电流，其一次侧接入一次系统，二次侧接测量仪表、电流继电器等。

　　保护用电流互感器主要与继电保护装置配合，在线路发生短路和过负荷等故障时，向继电保护装置提供信号，从而切断故障电路，以保障供电系统的安全。保护用电流互感器的工作条件与测量类电流互感器完全不同，保护用电流互感器是在比正常电流大几倍甚至几十倍的电流情况下才开始有效工作的。保护用电流互感器又可分为过负荷保护电流互感器、差动保护电流互感器及接地保护电流互感器（零序电流互感器）。

　　电流互感器的其他分类方法有：根据一次绕组匝数多少可分为单匝式和多匝式；根据铁心的数目可分为单铁心式和多铁心式；根据安装方式可分为穿墙式、支柱式和套管式；根据使用场所可分为户外式和户内式。

二、符号

　　电流互感器，如图 1-1 所示，在电路图中的文字符号为 TA。

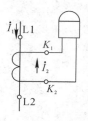

图 1-1　电流互感器

三、电流互感器的工作原理

1. 普通电流互感器的结构原理

普通电流互感器的结构较为简单，由相互绝缘的一次绕组、二次绕组、铁心以及构架、壳体、接线端子等元件组成。其工作原理与变压器基本相同，一次绕组的匝数（N_1）较少，直接串联于被测线路中，一次电流（$\dot{I}_1$）通过一次绕组时，铁心产生的交变磁通在二次绕组中感应产生按比例减小的二次电流（$\dot{I}_2$）；二次绕组的匝数（N_2）较多，与仪表、继电器、变送器等电流线圈的二次负荷（Z）串联形成闭合回路，如图 1-2 所示。

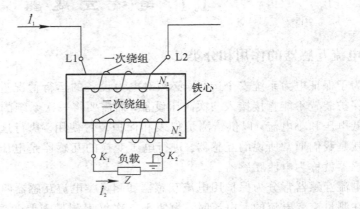

图 1-2 普通电流互感器结构原理图

电流互感器在实际运行中二次负荷阻抗很小，二次绕组接近于短路状态，因此相当于一个短路运行的变压器，变比 $K = \dfrac{N_2}{N_1}$。

2. 穿心式电流互感器的结构原理

穿心式电流互感器不设一次绕组，载流（负荷电流）导线穿过圆形（或其他形状）铁心起一次绕组作用。二次绕组直接均匀地缠绕在圆形铁心上，与仪表、继电器、变送器等电流线圈的二次负荷串联形成闭合回路，如图 1-3 所示。

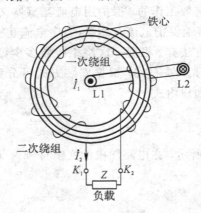

图 1-3 穿心式电流互感器结构原理图

由于穿心式电流互感器不设一次绕组，其电流比根据一次绕组穿过互感器铁心中的匝数确定，穿心匝数越多，电流比越小；反之，穿心匝数越少，电流比越大。

3．特殊型号电流互感器

1）多抽头电流互感器

这种型号的电流互感器，一次绕组不变，在绕制二次绕组时，增加几个抽头，以获得多个不同电流比。它具有一个铁心和一个匝数固定的一次绕组，其二次绕组用绝缘铜线绕在套装于铁心的绝缘筒上，将不同电流比的二次绕组抽头引出，接在接线端子座上，每个抽头设置各自的接线端子，这样就形成了多个电流比。其结构原理如图1-4所示。

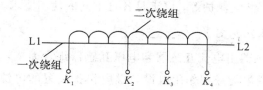

图1-4　多抽头电流互感器结构原理图

这种电流互感器的优点是可以根据负荷电流调换二次接线端子的接线来改变电流比，而不需要更换电流互感器，给使用者提供了方便。

2）不同电流比的电流互感器

这种型号的电流互感器具有同一个铁心和一次绕组，而二次绕组则分为两个匝数不同、各自独立的绕组，以满足同一负荷电流情况下的不同电流比、不同准确度等级的需要。其结构原理如图1-5所示。

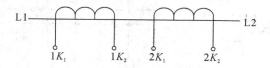

图1-5　不同电流比电流互感器结构原理图

如在同一负荷情况下，为了保证电能计量准确，要求电流比小一些，准确度等级高一些；而用电设备的继电保护，考虑到故障电流的保护系数较大，则要求电流比大一些，准确度等级可以稍低一点。

3）一次绕组可调、二次多绕组电流互感器

这种电流互感器的特点是电流比量程多，而且可以变更，多见于高压电流互感器。其一次绕组分为两段，分别穿过互感器的铁心，二次绕组分为两个带抽头的、不同准确度等级的独立绕组。一次绕组与装在互感器外侧的连接片连接，通过变更连接片的位置，使一次绕组形成串联或并联接线，从而改变一次绕组的匝数，以获得不同的电流比。带抽头的二次绕组自身分为两个不同电流比和不同准确度等级的绕组，随着一次绕组连接片位置的变更，一次绕组匝数相应改变，其电流比也随之改变，这样就形成了多量程的电流比，如图1-6所示(图中虚线为电流互感器一次绕组外侧的连接片)。

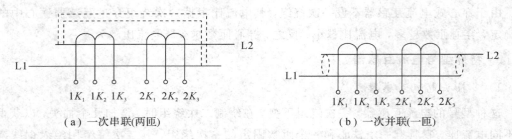

（a）一次串联(两匝)　　　　　　　　（b）一次并联(一匝)

图 1-6　一次绕组可调、二次多绕组电流互感器原理图

带抽头的二次独立绕组具有不同电流比和不同准确度等级，可以分别应用于电能计量、指示仪表、变送器及继电保护等，以满足各自不同的使用要求。

4）组合式电流电压互感器

组合式电流电压互感器由电流互感器和电压互感器组合而成，多安装于高压计量箱和高压计量柜中，用于计量电能或用作用电设备继电保护装置的电源。组合式电流电压互感器是将两台或三台电流互感器的一、二次绕组及铁心和电压互感器的一、二次绕组及铁心固定在钢体构架上，置于装有变压器油的箱体内，其一、二次绕组出线均引出，接在箱体外的高、低压瓷绝缘子上，形成绝缘、封闭的整体。一次侧与供电线路连接，二次侧与计量装置或继电保护装置连接。根据不同的需要，组合式电流电压互感器分为 V/V 接线和 Y/Y 接线两种，以计量三相负荷平衡或不平衡时的电能，如图 1-7(a)、(b)所示。

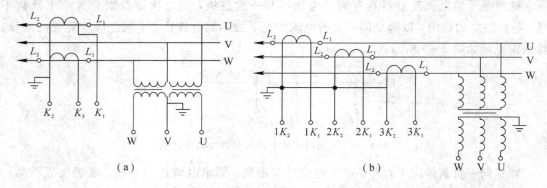

（a）　　　　　　　　　　　　　　　（b）

图 1-7　组合式电流电压互感器

四、电流互感器的极性

变电所的控制屏、高压开关柜上的电气测量仪表及电能表大部分都是经过电流互感器和电压互感器连接的。在将功率表和电能表接于电流互感器及电压互感器的二次侧时，必须保证流过仪表的功率方向与将仪表直接接于一次侧的功率方向一致，否则将不能保证得出正确的测量结果，因此必须正确地标识并连接好电流互感器的极性。

电流互感器的极性就是指其一次电流方向与二次电流方向之间的关系。电流互感器一次绕组和二次绕组的同极性端或同名端用符号"＊""＋－"或"·"表示。为简化继电保护的分析，继电保护用电流互感器的极性来规定一、二次电气量的方向，如图 1-8 所示，即：

某一时刻，电流互感器一次侧的流入与二次侧的流出同相位。

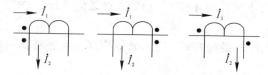

图 1-8　电流互感器的极性及一、二次电气量方向

电流互感器同极性端的判别方法是：用 1.5 V 干电池接一次绕组，用一高内阻、大量程的直流电压表接二次绕组。当开关闭合时，如果发现电压表指针正向偏转，可判定一次绕组和二次绕组是同极性端；当开关闭合时，如果发现电压表指针反向偏转，可判定一次绕组和二次绕组不是同极性端。

五、电流互感器 10%误差曲线

短路故障时，通过电流互感器一次侧的电流远大于其额定电流，使铁心饱和，电流互感器会产生很大的误差。为了控制误差在允许范围内（继电保护要求变比误差不超过 10%，角度误差不超过 7°），对接入电流互感器一次侧的电流及二次侧的负载阻抗有一定的限制。当变比误差为 10%、角度误差为 7°时，饱和电流倍数 m（电流互感器一次侧的电流与一次侧额定电流的比值）与二次侧负载阻抗 Z_{L1} 的关系曲线，称为电流互感器 10%误差曲线，如图 1-9 所示。

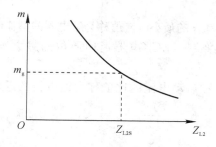

图 1-9　电流互感器 10%误差曲线

根据此曲线，若已知通过电流互感器一次侧的最大电流，可查出允许的二次侧负载。反之，若已知电流互感器的二次负荷，可查出 m 值，计算出一次侧允许通过的最大电流。总之，饱和电流倍数 m 与二次负载阻抗的交点在 10%误差曲线下方，误差就不超过 10%，即可满足继电保护的需要，也可根据此选择电流互感器或二次负载。

继电保护用电流互感器。为减轻电流互感器铁心饱和引起的保护动作不准确，满足某些保护（如差动保护）的要求，厂家生产了不同准确等级的电流互感器。其中 D 级的电流互感器铁心截面比普通的大，供差动、距离等保护装置用，B 级的电流互感器供过电流保护等用。因此在选择保护用电流互感器时要注意其型号。

当电流互感器不满足 10%误差要求时，应采取以下措施：

（1）改用伏-安特性较高的电流互感器二次绕组，提高带负荷的能力。

（2）提高电流互感器的电流比，或采用额定电流小的电流互感器，以减小一次电流倍数。

（3）串联备用相同级别电流互感器二次绕组，使带负荷能力增大一倍。

（4）增大二次电缆截面积，或采用消耗功率小的继电器，以减小二次负荷 Z_{L2}。

（5）将电流互感器的不完全星形接线方式改为完全星形接线方式，差电流接线方式改为不完全星形接线方式。

（6）改变二次负荷元件的接线方式，将部分负荷移至互感器备用绕组，以减小计算负荷。

1.2 电磁式继电器

继电器是一种能自动动作的电器，只要加入某种物理量（如电流或电压等），或者加入的物理量达到一定数值时，它就会动作，其常开触点闭合，常闭触点断开，输出电信号。

继电器按动作原理的不同分为电磁型继电器、感应型继电器和整流型继电器等；按响应物理量的不同可分为电流继电器、电压继电器、功率方向继电器、阻抗继电器等；按继电器在保护装置中的作用不同可分为主继电器（如电流继电器、电压继电器和阻抗继电器等）和辅助继电器（如中间继电器、时间继电器和信号继电器等）。

一、电磁型电流继电器

（1）电流继电器的作用。电流继电器在电流保护中用作测量和启动元件，它是响应电流超过一定整定值而动作的继电器。

（2）图形符号。电磁型电流继电器符号如图 1-10(c) 所示。

（3）继电器参数：

· 动作电流。使继电器动作的最小电流值称为继电器的动作电流（启动电流），记作 I_{act}。

· 返回电流。满足上述条件，使继电器返回原位的最大电流值称为继电器的返回电流，记为 I_r，

· 返回系数。返回电流和启动电流的比值称为继电器的返回系数，可表示为

$$K_r = \frac{I_r}{I_{act}}, \quad K_r = 0.85 \sim 0.95 \tag{1-1}$$

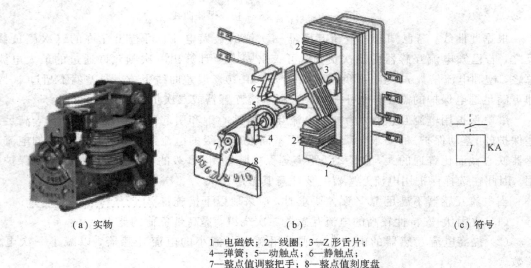

（a）实物　　　　　　　　　　（b）　　　　　　　　　（c）符号

1—电磁铁；2—线圈；3—Z形舌片；
4—弹簧；5—动触点；6—静触点；
7—整定值调整把手；8—整定值刻度盘

图 1-10 电磁型电流继电器

（4）电流继电器的内部接线有串联和并联两种。例如某一电流保护装置，电流继电器整定值为 3 A，可选用 DL - 11/10 型电流继电器(继电器型号的意义如下：D—电磁型；L—电流继电器；11—设计序号为 1，有一对动合触点；10—动作值的整定范围 2.5～10 A，包括 3 A)将整定值调整把手的箭头指在 3A 位置，两个线圈串联如图 1 - 11(a)所示。又如某一电流保护装置，电流继电器整定值为 6 A，仍可选用 DL - 11/10 型电流继电器，将整定值调整把手的箭头指在 3 A 位置，两个线圈并联如图 1 - 11(b)所示，因为在整定值调整把手位置不变的前提下，流入同样的电流，两个线圈并联时产生的电磁转矩是串联时的 $\frac{1}{2}$。

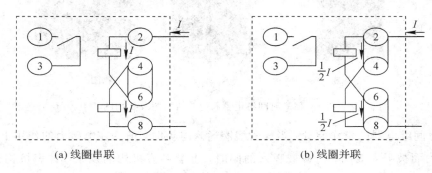

(a)线圈串联　　　　　　　　　　　(b)线圈并联

图 1 - 11　电流继电器内部接线图

二、电磁型电压继电器

电压继电器分过电压继电器和低电压继电器两种。

（1）过电压继电器。过电压继电器是由于电压升高而动作的继电器，它与过电流继电器的动作、返回，概念相同。其返回系数 $K_r < 1$。过电压继电器图形及文字符号如图 1 - 12 所示。

（2）低电压继电器，如图 1 - 13 所示。

图 1 - 12　过电压继电器　　　　　　　图 1 - 13　低电压继电器

低电压继电器是由于电压降低而动作的继电器。它与过电压继电器的动作与返回概念相反。

动作电压：能使低电压继电器动作，即使其常闭触点闭合的最大电压。

返回电压：能使低电压继电器返回，即使其常闭触点打开的最小电压。低电压继电器返回系数 $K_r > 1$，一般不大于 1.2。

电压继电器动作电压的调整方法与电流继电器类似，不同的是，电压继电器两个线圈串联时的动作电压是并联时的两倍。

三、时间继电器

（1）时间继电器的作用：为保护装置建立必要的延时，以保证保护动作的选择性和某种逻辑关系。

（2）时间继电器符号、结构图及实物图如图 1-14 所示。

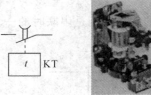

结构图　　　　　　　　　　　　　实物图

图 1-14　时间继电器符号、结构图及实物图

（3）时间继电器的工作原理：当螺管线圈通入电流时，衔铁在电磁力的作用下，克服弹簧反作用力而被吸入线圈。衔铁被吸入的同时，上紧钟表机构的发条，钟表机构开始带动可动触点，经整定延时其触点闭合，完成计时。

四、中间继电器

（1）中间继电器的作用：用以同时接通或断开几条独立回路，可用于代替小容量触点或者带有短延时的继电器，满足保护的需要，在保护中起中间桥梁作用。

中间继电器的特点如下：① 触点容量大，可直接作用于断路器跳闸；② 触点数目多；③ 可实现时间继电器难以实现的短延时；④ 可实现保护装置电流启动、电压保持或电压启动、电流保持。

（2）中间继电器符号及实物图如图 1-15 所示。

符号　　　　　　　　　　　　　　实物图

图 1-15　中间继电器符号及实物图

五、信号继电器

（1）信号继电器的作用：用以在保护动作时，发出灯光和音响信号，并对保护装置的动

作起记忆作用，以便分析保护装置动作情况和电力系统故障性质。

（2）信号继电器符号及实物图如图 1-16 所示。

（3）信号继电器的工作原理：当线圈通入电流大于继电器的动作电流时，衔铁被吸起，信号牌因失去支持而落下，通过外壳窗口可看到掉牌。同时，触点闭合，接通声、光信号回路。继电器动作后，具有机械自保持功能，需转动复归旋钮，才能将掉牌和触点复归。

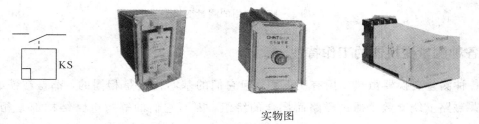

实物图

图 1-16　信号继电器符号及实物图

1.3　测 量 变 换 器

一、测量变换器的作用

对于继电保护不能直接接入互感器的二次绕组，而需要将电压互感器的二次电压降低或将电流互感器二次电流变为电压后才能应用时，必须采用变换器。测量变换器的主要作用如下：

（1）变换电量。将电压互感器二次侧的强电压（100 V）和电流互感器二次测的强电流（5 A）都转换成弱电压，以适应弱电元件的要求。

（2）隔离电路。将保护的逻辑部分与电气设备的二次回路隔离。因为电流、电压互感器二次侧从安全出发必须接地，而弱电元件往往与直流电源连接，但直流回路又不允许直接接地，故需要经变换器将交、直流电隔离。另外，弱电元件易受干扰，借助变换器屏蔽层可以减少来自高压设备的干扰。

（3）用于定值调整。借助变换器的一次绕组或二次绕组抽头的改变可以方便地实现继电器定值的调整或扩大定值的范围。

（4）用于电量的综合处理。通过变换器将多个电量综合成单一电量，有利于简化保护。

二、测量变换器的分类

常用的测量变换器有电压变换器（UV）、电流变换器（UA）和电抗变换器（UR），其原理图如图 1-17 所示。

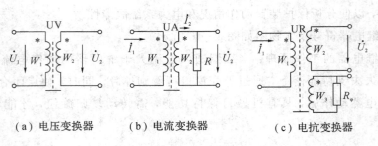

（a）电压变换器　　　（b）电流变换器　　　（c）电抗变换器

图 1-17　常用的测量变换器

三、各种测量变换器的工作特性

各种测量变换器虽然作用有所不同，但它们的基本构造是相同的，都是在铁心构成的公共磁路上绕有数个通过磁路而耦合的绕组，因而它们的等效电路结构都是相同的。但是，当它们本身参数与电源参数及负荷参数的相对关系改变后，将表现出不同的特性，即所谓变换器按电压变换器方式工作、按电流变换器方式工作或按电抗变换器方式工作。

1. 电压变换器（UV）

对电压变换器的要求是：变换器（及所接二次负荷）的接入不影响所接处的电压值，输出的二次电压与一次电压成正比，同时与所接的二次负荷大小无关，即 $U_2 = KU_1$，K 为实常数。电压变换器主要是将一次电压变换为与一次电压成正比的二次电压。

2. 电流变换器（UA）

对电流变换器的要求是：变换器（及所接二次负荷）的接入不影响电路的电流值，输出的二次电压与一次电流成正比，与所接的二次负荷大小无关，即 $U_2 = KI_1$，K 为实常数。电流变换器主要是将一次电流变换成与一次电流成正比的二次电压。

3. 电抗变换器（UR）

对电抗变换器的要求是：电抗变换器（及所接二次负荷）的接入不影响一次侧的电流值，输出的二次电压与一次电流成正比，并且相位差为一定值，与所接的二次负荷大小无关，即

$$U_2 = Z_b I_1 = |Z_b e^{j\varphi_b}| I_1 = KI_1 \tag{1-2}$$

式中，Z_b 称为转移阻抗；φ_b 为转移阻抗角。

电抗变换器实际上是一种工作状态较特殊的变压器：其一次侧相当于电流源（即工作于电流源），这一点与电流变换器相同；其二次侧接近于开路状态，输出的是电压，这一点与电压变换器相同。电抗变换器主要是将输入电流转换成与电流成正比的电压，调节调相电阻，可以改变一次侧与二次侧输出之间的相位。

三种变换器的共性是无论输入是电流还是电压，输出都为电压。

在继电保护装置中，广泛采用电抗变换器，并且要求二次电压与一次电流之间有可调

整的相位角。为了改变 φ_b，一般在附加二次绕组上安装可调整的固定负荷电阻 R_φ，但是，应当指出，当改变 R_φ 的大小时，转移阻抗也在改变，为维持转移阻抗大小不变，须采取相应的措施。

1.4　微机继电保护的硬件构成原理

一、微机继电保护的硬件组成

微机继电保护的主要构成部分是微型计算机，除微型计算机本体外，还必须配备自电力系统向计算机输入有关信息的输入接口和计算机向电力系统输出控制信息的输出接口。此外，计算机还要输入相关计算和操作程序，输出记录的信息，以供运行人员分析使用。微机继电保护硬件结构示意框图如图 1 - 18 所示。

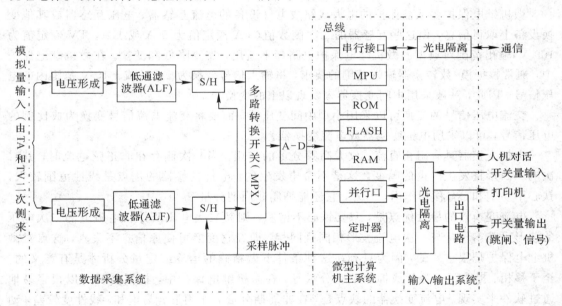

图 1 - 18　微机继电保护硬件结构示意框图

1. 数据采集系统（或模拟量输入系统）

数据采集系统（DAS）主要包括电压形成、低通滤波器（ALF）、采样保持（S/H）、多路转换开关（MPX）以及模-数转换（A - D）等功能块，其作用是完成将所检测的模拟输入量（电流、电压等）准确地转换为微型计算机所需的数字量。

2. 微型计算机主系统

微型计算机主系统（CPU）主要包括微处理器（MPU）、只读存储器（ROM）或闪存内存单元（FLASH）、随机存取存储器（RAM）、定时器、并行口以及串行口等。微型计算机执行存放在 ROM 中的程序，并对数据采集系统输入至 RAM 区的原始数据进行分析处理，实现各种继电保护功能。

3. 输入/输出系统

输入/输出系统由微型计算机若干个并行口适配器、光电隔离器件及有触点的中间继电器等组成，主要实现各种保护的出口跳闸、信号报警、外部触点输入及人机对话、通信等功能。

二、数据采集系统

1. 电压形成回路

微机继电保护模拟量的设置应以满足保护功能为基本准则，输入的模拟量与计算方法结合后，应能够反映被保护对象的所有故障特征。以高压输电线路保护为例，由于高压线路保护一般具备了全线速动保护（如高频保护或光纤电流纵联差动保护）、距离保护、零序保护和重合闸等功能，所以，模拟量一般设置为 I_a、I_b、I_c、$3I_0$、U_a、U_b、U_c、U_x 共 8 个，其中 I_a、I_b、I_c、$3I_0$、U_a、U_b、U_c 用于构成保护功能，U_x 为断路器的另一侧电压，用于实现重合闸功能。

微机继电保护要从被保护的电力线路或电气设备的电流互感器、电压互感器或其他变换设备上取得信息，但这些互感器的二次侧数值（TA 额定值为 5 A 或 1 A，TV 额定值为 100 V）输出范围对典型的微机继电保护电路却不适用，需要降低和变换。在微机继电保护中，通常根据模–数转换器输入范围的要求，将输入信号变换为 ± 5 V 或 ± 10 V 范围内的电压信号。因此，一般采用中间变换器来实现以上的变换。

交流电压信号的变换可以采用小型中间变压器，而要将交流电流信号变换为成比例的电压信号，可以采用电抗变换器或电流变换器。

电抗变换器具有阻止直流、放大高频分量的作用。当一次侧存在非正弦电流时，其二次电压波形将发生严重的畸变，这是不希望发生的。电抗变换器的优点是线性范围较大，铁心不易饱和，有移相作用，另外，它还能抑制非周期分量。

电流变换器的最大优点是，只要铁心不饱和，则其二次电流及并联电阻上的二次电压的波形可基本保持与一次电流波形相同且同相，即经它变换可使原信息不失真，这点对微机继电保护是很重要的，因为只有在这种条件下做精确的运算或定量分析才是有意义的。至于移相、提取某一分量或抑制某些分量等，在微机继电保护中，根据需要可以很容易地通过软件来实现。电流变换器的缺点是，在非周期分量的作用下容易饱和，线性度较差，动态范围也较小，这在设计和使用中应予以注意。

综合比较电抗变换器和电流变换器的优、缺点后，在微机保护中一般采用电流变换器将电流信号变换为电压信号。电流变换器的连接方式如图 1–19 所示。Z 为模拟低通滤波器及 A–D 转换器输入端等回路构成的综合阻抗，在工频信号条件下，该综合阻抗的数值可达 80 kΩ 以上。

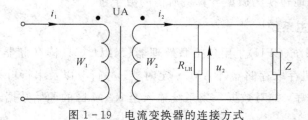

图 1–19 电流变换器的连接方式

R_{LH}为电流变换器二次侧的并联电阻，数值为几欧到十几欧，远远小于综合阻抗 Z。因为 R_{LH} 与 Z 的数值差别很大，所以，由图 1-19 可得

$$u_2 = R_{LH} i_2 = R_{LH} \frac{i_1}{n_i} \tag{1-3}$$

式中，R_{LH} 为电流变换器二次侧的并联电阻(Ω)；n_i 为电流变换器的电流比；i_1、i_2 为电流变换器一、二次电流(A)。

于是，在设计时，相关参数应满足下列条件：

$$R_{LH} \frac{i_{1max}}{n_i} \leqslant U_{max} \tag{1-4}$$

式中，i_{max} 为电流变换器一次电流的最大瞬时值；U_{max} 为 A-D 转换器在双极性输入情况下的最大正输入范围，如 A-D 转换器的输入范围为 ± 5 V，则 $U_{max} = 5$ V。

通常，在中间变换器的一次侧和二次侧之间，应设计一个屏蔽层，并将屏蔽层可靠地与地连接，以便提高交流回路抗共模干扰的能力。在共模干扰情况下，屏蔽层的等效电路如图 1-20 所示，其中，C_1、C_2 为变换器两侧与屏蔽层之间的等效电容，Z_L 为交流输入传输导线的等效阻抗，Z_f 为设备对地的等效阻抗，Z_g 为接地阻抗(一般要求 Z_g 小于 0.5 Ω)。由于 Z_g 很小，所以，由电路的基本分析可以知道，共模干扰信号对变换器二次侧的影响得到了极大的抑制。这样，这些中间变换器还起到屏蔽和隔离的作用，从而提高交流回路的可靠性。顺便指出，在一些需要采集直流信号的场合，通常采用霍尔元件(霍尔电流传感器)实现变换和隔离。

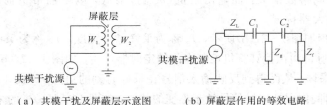

（a）共模干扰及屏蔽层示意图　　（b）屏蔽层作用的等效电路

图 1-20　屏蔽层的等效电路

2. 采样保持电路和模拟低通滤波器

1) 采样基本原理

采样保持(Sample Hold，S/H)电路的作用是在一个极短的时间内测量模拟输入量在该时刻的瞬时值，并在模-数转换器进行转换期间保持其输出不变。S/H 电路的工作原理可用图 1-21(a)来说明，它由一个电子模拟开关 AS、保持电容器 C_h 以及两个阻抗变换器组成。模拟开关 AS 受逻辑输入端的电平控制，该逻辑输入就是采样脉冲信号。

在输入为高电平时，AS 闭合，此时电路处于采样阶段。电容 C_h 迅速充电或放电到采样时刻的电压值 u_{sr}。电子模拟开关 AS 每隔 T_s 闭合一次，接通输入信号，实现一次采样。如果开关每次闭合的时间为 T_c，则输出将是一串周期为 T_s、宽度为 T_c 的脉冲，而脉冲的幅度则为 T_c 时间内的信号幅度。AS 闭合时间应满足使 C_h 有足够的充电或放电时间，即满足采样时间，显然采样时间越短越好。应用阻抗变换器 I 的目的是它在输入端呈现高阻抗状态，对输入回路的影响很小；而输出阻抗很低，使充放电回路的时间常数很小，保证 C_h 上的电压能迅速跟踪到采样时刻的瞬时值 u_{sr}。

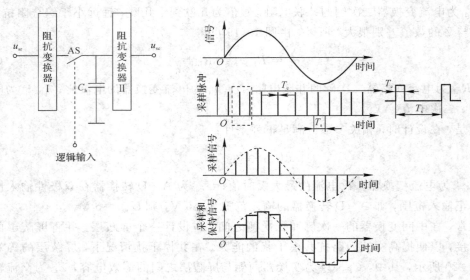

(a) 采样保持电路工作原理图　　　　　(b) 采样保持过程示意图

图 1 - 21　采样保持电路工作原理图及其采样保持过程示意图

电子模拟开关 AS 打开时，电容器 C_h 上保持 AS 打开瞬间的电压，电路处于保持状态。为了提高保持能力，电路中应用了另一个阻抗变换器 Ⅱ，它在 C_h 侧呈现高阻抗，使 C_h 对应的充放电回路的时间常数很大，而输出阻抗（u_{sc} 侧）很低，以增强带负荷能力。阻抗变换器Ⅰ和Ⅱ可由运算放大器构成。

采样保持的过程如图 1 - 21(b) 所示，T_c 称为采样脉冲宽度，T_s 称为采样间隔（或称采样周期）。等间隔的采样脉冲由微型计算机控制内部的定时器产生，如图 1 - 21(b) 中的采样脉冲，用于对信号进行定时采样，从而得到反映输入信号在采样时刻的信息，即图 1 - 21(b) 中的采样信号。随后，在一定时间内保持采样信号处于不变的状态，如图 1 - 21(b) 中的采样和保持信号。因此，在保持阶段的任何时刻进行模-数转换，其转换的结果都反映了采样时刻的信息。

2）对采样保持电路的要求

高质量的采样保持电路应满足以下几点：

（1）电容 C_h 上的电压按一定的准确度跟踪 u_{sr} 所需的最小采样脉冲宽度 T_c（或称为截获时间）。对快速变化的信号采样时，要求 T_c 尽量小，以便得到很窄的采样脉冲，这样才能更准确地反映某一时刻的 u_{sr} 值。

（2）保持时间更长。通常用下降率等来 $\dfrac{\Delta u}{T_s - T_c}$ 表示保持能力。

（3）模拟开关的动作延时、闭合电阻和开断时的漏电流要小。

3）采样频率的选择

采样间隔 T_s 的倒数称为采样频率 f_s。采样频率的选择是微机继电保护硬件设计中的一个关键问题，为此，要综合考虑很多因素，并要从中作出权衡。采样频率越高，要求 CPU 的运行速度越高。因为微机继电保护是一个实时系统，数据采集系统以采样频率不断地向微型计算机输入数据，微型计算机必须要来得及在两个相邻采样间隔时间 T_s 内处理完对每一组采样值所必须做的各种操作和运算，否则，CPU 跟不上实时节拍而无法工作。相反，采样频率过低，将不能真实地反映采样信号的情况。由采样（香农）定理可以证明，如果被采样信号中所含最高频率成分的频率为 f_{max}，则采样频率 f_s 必须大于 f_{max} 的 2 倍（即 $f_s > 2f_{max}$），否则将造成频率混叠现象。

下面仅从概念上说明采样频率过低造成频率混叠的原因。设被采样信号 $x(t)$ 中含有的最高频率成分的频率为 f_{max}，现将 $x(t)$ 中这一成分 $x_{f_{max}}(t)$ 单独画在图 1-22 中。从图 1-22(b) 可以看出，当 $f_s = f_{max}$ 时，采样所得到的为一直流成分；由图 1-22(c) 可以看出，当 f_s 略小于 f_{max} 时，采样所得到的是一个差拍低频信号。也就是说，一个高于 $f_s/2$ 的频率成分在采样后将被错误地认为是一低频信号，或称高频信号混叠到了低频段。显然，在满足香农定理 $f_s > 2f_{max}$ 后将不会出现混叠现象。

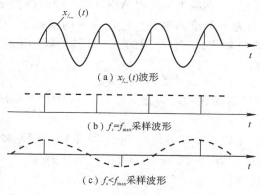

(a) $x_{f_{max}}(t)$ 波形

(b) $f_s = f_{max}$ 采样波形

(c) $f_s < f_{max}$ 采样波形

图 1-22　频率混叠示意图

4）模拟低通滤波器的作用

对微机继电保护来说，在故障初瞬时，电压、电流中含有相当高的频率分量（如 2 kHz 以上），为防止混叠，f_s 将不得不用得很高，因而对硬件速度提出了过高的要求。但实际上，目前大多数的微机继电保护原理都是反映工频量的，在上述情况下，可以在采样前用一个模拟低通滤波器（ALF）将高频分量滤除，这样就可以降低 f_s，从而降低对硬件速度提出的要求。由于数字滤波器有许多优点，因而通常并不要求模拟低通滤波器滤掉所有的高频分量，而仅用它滤掉 $f_s/2$ 以上的分量，以避免频率混叠，防止高频分量混叠到工频量附近来，低于 $f_s/2$ 的其他暂态频率分量，可以通过数字滤波器来滤除。实际上，电流互感器、电压互感器对高频分量已有相当大的抑制作用，因而不必对抗混叠的模拟低通滤波器的频率特性提出很严格的要求，如不一定要求有很陡的过渡带，也不一定要求阻带有理想的衰耗特性，否则，高阶的模拟滤波器将带来较长的过渡过程，影响保护的快速动作。最简单的模拟低通滤波器如图 1-23 所示。

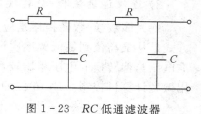

图 1-23　RC 低通滤波器

采用低通滤波器消除频率混叠问题后，采样频率的选择在很大程度上取决于继电保护电路的原理和算法的要求，同时还要考虑硬件的速度问题。

3. 多路转换开关

多路转换开关又称多路转换器，它是将多个采样保持后的信号逐一与 A-D 转换器芯片接通的控制电路。它一般有多个输入端，一个输出端和几个控制信号端。在实际的数据采集系统中，需进行模-数转换的模拟量可能是几路或十几路，利用多路转换开关(MPX)轮流切换各被测量与 A-D 转换电路的接通，以达到分时转换的目的。在微机继电保护中，各个通道的模拟电压是在同一瞬间采样并保持记忆的，在保持期间，各路被采样的模拟电压依次被取出并进行模-数转换，但微型计算机所得到的仍可认为是同一时刻的信息(忽略保持期间的极小衰减)，这样按保护算法由微型计算机计算，从而可得出正确的结果。

4. 模-数转换器

1) 模-数转换的一般原理

由于计算机只能对数字量进行运算，而电力系统中的电流、电压信号均为模拟量，因此必须采用模-数转换器(A-D 转换器，简称 ADC)将连续的模拟量转换为离散的数字量。

模-数转换器可以被视为一个编码电路。它将输入的模拟量 U_{sr} 相对于模拟参考量 U_R 经编码电路转换成数字量 D 输出。一个理想的 A-D 转换器，其输出与输入的关系为

$$D = \left[\frac{U_{sr}}{U_R}\right] \tag{1-5}$$

式中，D 一般为小于 1 的二进制数；U_{sr} 为输入信号；U_R 为参考电压，也反映了模拟量的最大输入值。

对于单极性的模拟量，小数点在 D 的最高位前，即要求输入 U_{sr} 必须小于 U_R。D 可表示为

$$D = B_1 \times 2^{-1} + B_2 \times 2^{-2} + \cdots + B_n \times 2^{-n} \tag{1-6}$$

式中，B_1 为二进制码的最高位；B_n 为二进制码的最低位。

因而，式(1-5)又可写为

$$U_{sr} \approx U_R(B_1 \times 2^{-1} + B_2 \times 2^{-2} + \cdots + B_n \times 2^{-n}) \tag{1-7}$$

式(1-7)即为 A-D 转换器中，将模拟信号进行量化的表示式。

由于编码电路的位数总是有限的，如式(1-7)中有 n 位，而实际的模拟量公式 U_{sr}/U_R 却可能为任意值，因而对连续的模拟量，用有限长位数的二进制数表示时，不可避免地要舍去比最低位(LSB)更小的数，从而引入一定的误差。因而，模-数转换编码的位数越多，即数值分得越细，所引入的量化误差就越小，或称分辨力就越高。

模-数转换器有 V/F 式、计数器式、双积分式、逐次逼近式等多种工作方式，下面以逐次逼近式为例，介绍模-数转换器的工作原理。

2) 逐次逼近法模-数转换器的基本原理

绝大多数模-数转换器是应用逐次逼近法的原理来实现的。逐次逼近法是指数码设定方式是从最高位到最低位逐次设定每位的数码是 1 或 0，并逐位将所设定的数码转换为基准电压与待转换的电压相比较，从而确定各位数码应该是 1 还是 0。图 1-24 所示为一个应用微型计算机控制一片 16 位 D-A 转换器和一个比较器实现模-数转换的基本原理框图。

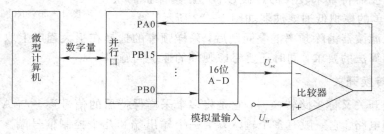

图 1-24　模-数转换器基本原理框图

模-数转换器工作原理如下：并行口的 PB0～PB15 用作数字输出，由 CPU 通过该口往 16 位 A-D 转换器试探性地送数，每送一个数，CPU 通过读取并行口的 PA0 的状态（1 或 0）来比较试送的 16 位数相对于模拟输入量是偏大还是偏小。如果偏大，即 A-D 转换器的输出 U_{sc} 大于待转换的模拟输入电压，则比较器输出为 0，否则为 1。如此通过软件不断地修正送往 A-D 转换器的 16 位二进制数，直到找到最相近的数值，即为转换结果。

3）数-模转换器

由于逐次逼近式模-数转换器一般要用到数-模转换器（D-A 转换器，或简称 DAC），数-模转换器的作用是将数字量 D 经解码电路变成模拟电压或电流输出。数字量是用代码按数位的权组合起来表示的，每一位代码都有一定的权，即代表一个具体数值。因此，为了将数字量转换成模拟量，必须先将每一位代码按其权的值转换成相应的模拟量，然后将代表各位的模拟量相加，可得到与被转换数字量相当的模拟量，即完成了数-模转换。

图 1-25 为一个 4 位数-模转换器的原理图，电子开关 K_0～K_3 分别输入 4 位数字量 B_4～B_1。在某一位为 0 时，其对应开关合向右侧，即接地。而为 1 时，开关合向左侧，即接至运算放大器 A 的反相输入端（虚地）。总电流 I_Σ 反映了 4 位输入数字量的大小，它经过带负反馈电阻 R_F 的运算放大器，转换成电压 U_{sc} 输出。由于运算放大器 A 的正端接参考地，所以其负端为"虚地"，这样运算放大器 A 的反相输入端的电位实际上也是地电位，因此不论图 1-25 中各开关合向哪一侧，对电阻网络的电流分配都是没有影响的。电阻网络有一个特点，从 $-U_R$、a、b、c 四点分别向右看，网络的等效电阻都是 R，因而以接地点为参考点时，a 点的电位必定是 $\frac{1}{2}U_R$，b 点的电位为 $\frac{1}{4}U_R$，c 点的电位为 $\frac{1}{8}U_R$。

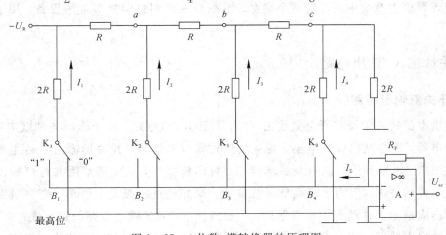

图 1-25　4 位数-模转换器的原理图

与此相应，图 1-25 中各电流分别为

$$I_1 = \frac{U_R}{2R}, \ I_2 = \frac{1}{2}I_2, \ I_3 = \frac{1}{4}I_1, \ I_4 = \frac{1}{8}I_1$$

各电流之间的相对关系正是二进制数每一位之间的权的关系，因而，总电流 I_Σ 必然正比于式（1-6）所表达的数字量 D，可得

$$I_\Sigma = B_1 I_1 + B_2 I_2 + B_3 I_3 + B_4 I_4 = \frac{U_R}{R}(B_1 \times 2^{-1} + B_2 \times 2^{-2} + \cdots + B_n \times 2^{-n}) = \frac{U_R}{R}D$$

$$(1-8)$$

所以，输出电压为

$$U_{sc} = I_\Sigma R_F = \frac{U_R}{R} R_F D \qquad (1-9)$$

可见，输出模拟电压正比于控制输入的数字量 D，比例常数为 $\frac{U_R}{R} R_F$。

如图 1-25 所示，数-模转换器电路通常被集成在一块芯片上，由于采用了激光技术，集成电阻值可以做得相当准确，因而数-模转换器的准确度主要取决于参考电压或称基准电压 U_R 的准确度和纹波情况。

三、微型计算机主系统

微型计算机的主系统包括中央处理器（CPU）、只读存储器（EPROM）、电擦除可编程只读存储器（EEPROM）、随机存取存储器（RAM）、定时器等。它们的主要作用如下。

（1）CPU：用于实现微机保护整体控制及保护的各种运算功能。

（2）EPROM：用于存储各种编写好的程序，如监控程序、继电保护功能程序等。

（3）EEPROM：用于存储保护定值等信息数据，保护定值的设定或修改可通过面板上的小键盘来实现。

（4）RAM：用于采样数据及运算过程中数据的暂存。

（5）定时器：用于计数、产生采样脉冲和实时钟等。

微型计算机主系统中还配置有小键盘、液晶显示器和打印机等常用设备，用于实现人机对话。

四、开关量输入/输出电路

1. 开关量输出电路

在微机保护装置中设有开关量输出（DO，简称开出）电路，用于驱动各种继电器，如跳闸出口继电器、重合闸出口继电器、装置故障告警继电器等。开关量输出电路主要包括保护的跳闸出口、本地和中央信号及通信接口、打印机接口，一般都采用并行口输出来控制有触点继电器的方法，但为了提高抗干扰能力，最好经过一级光电隔离。电路设置多少路开关量输出应根据具体的保护装置考虑，一般情况下，对于输电线路保护装置，设置 6～16路开关量输出电路即可满足要求；对于发电机变压器组保护装置、母线保护装置，开关量输入/输出电路数量比线路保护要多，具体情况应按要求设计。

开关量输出电路可分为两类：一类是开出电源受告警，启动继电器的触点闭锁开出量；另一类是开出电源不受闭锁的开出量。图 1-26 是一个开关量输出电路原理图，其并行口的输出口线驱动两路开出量电路，即 K_1 和 K_2。如 PB7 经过与非门后和 PB6 组合，再经过 7400 与非门电路控制光耦合器的输入，光耦合器的输出驱动晶体管，开出电源+24 V 经告警继电器的常闭触点 K_3、光耦合器、晶体管 VT_1、二极管 VD_1、驱动出口继电器 K_1，-24 V 电源经启动继电器的触点 K_4 控制，增加了开出电路的可靠性。

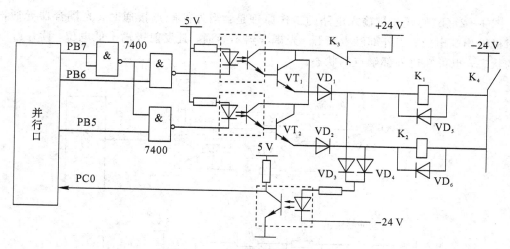

图 1-26　开关量输出电路原理图

正常运行时，由软件通过并行口发出闭锁开出电路的命令（即 PB7＝1、PB6＝0、PB5＝0），从而光耦合器不导通，出口继电器均不动作。

当线路发生故障后，启动继电器动作，K_4 闭合，经微机保护程序计算，如故障位于保护区内，则发出跳闸命令（即 PB7＝0、PB6＝1），从而光耦合器导通，晶体管 VT_1 导通，＋24 V 电源经告警继电器的常闭触点、晶体管 VT、二极管 VD_1 使出口继电器 K_1 动作。软件检查断路器跳闸成功后收回跳闸命令。

在微机保护装置正常运行时，软件每隔一段时间对开出电路进行一次检查。检查的方法是：通过并行口发出动作命令（即 PB7＝0、PB6＝1），然后从并行口的输入端读取状态，当该位为低电平时，说明开出电路正确，否则说明开出电路有断路情况，报告开出电路故障；如检查正确，则发出闭锁命令（即 PB7＝1、PB6＝0），然后从并行口的输入端读取状态，当该位为高电平时，说明开出电路正确，否则说明开出电路有短路情况，报告开出电路故障。

2. 开关量输入电路

微机保护装置中一般应设置几路开关量输入电路，开关量输入（DI，简称开入）主要用于识别运行方式、运行条件等，以便控制程序的流程。所谓开关量输入电路，主要是将外部一些开关触点引入微机保护的电路，通常这些外部触点不能直接引入微机保护装置，而必须经过光耦合器引入。开关量输入电路包括断路器和隔离开关的辅助触点或跳闸位置继电器触点输入，外部装置闭锁重合闸触点输入，轻瓦斯和重瓦斯继电器触点输入，及装置上连接片位置输入等回路。

对微机保护装置的开关量输入，即触点状态（接通或断开）的输入可以分成以下两类：

（1）安装在装置面板上的触点。这类触点主要是指键盘触点及切换装置工作方式用的转换开关等。

（2）从装置外部经端子排引入装置的触点。如需要由运行人员不打开装置外盖而在运行中切换的各种压板、转换开关以及其他保护装置和操作继电器的触点等。

图 1-27(a) 的开关量输入电路的工作原理是：当外部触点接通时，光耦合器导通，其集电极输出低电位；当外部触点断开时，光耦合器不导通，其集电极输出高电位，读并行口该位的状态，即可知道外部触点的状态。

图 1-27(b)的开关量输入电路的工作原理是：当外部触点接通时，光耦合器导通，其发射极输出高电位；当外部触点断开，光耦合器不导通，其发射极输出低电位，读并行口该位的状态，也可知道外部触点的状态。

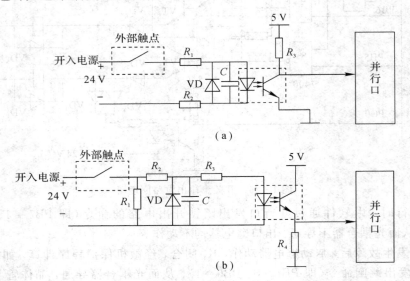

图 1-27 开关量输入电路的工作原理

1.5 微机保护的软件系统配置

微机保护装置的软件通常可分为监控程序和运行程序两部分。监控程序包括对人机接口键盘命令的处理程序及为插件调试、整定设置、显示等配置的程序。运行程序是指保护装置在运行状态下所需执行的程序。

微机保护的运行程序一般可分为以下三部分。

（1）主程序。主程序包括初始化，全面自检、开放及等待中断等。

（2）中断服务程序。中断服务程序通常有采样中断、串行口中断等。前者包括数据采集与处理、保护的启动判定等，后者完成保护 CPU 与保护管理 CPU 之间的数据传送。如保护的远方整定、复归、校对时间或保护动作信息的上传等。

（3）故障处理程序。在保护启动后才投入，用以进行保护的特性计算、判定故障性质等。下面以一个线路保护的简单程序框图为例说明微机保护的软件构成。

一、主程序

给保护装置上电或按复归按钮后，进入图 1-28 主程序上方的程序入口，首先进行必要的初始化（初始化一），如堆栈寄存器赋值、控制口的初始化、查询面板上开关的位置（如在调试位置进入监控程序，否则进入运行状态）；然后，CPU 开始运行状态所需的各种准备工作（初始化二），首先是往并行口写数据，使所有继电器处于正常位置；然后，询问面板上定值切换开关的位置，按照定值套号从 EEPROM 中读出定值，送至规定的定值 RAM 区；设置好定值后，CPU 将对装置各部分进行全面自检，在确定一切正常后才允许数据采集系统开始工作。完成采样系统初始化后,开放采样定时器中断和串行口中断,等待中断发生后转入中断服务程序。若中断时刻未到,则进入循环状态(故障处理程序结束后也经整组复归后进入此循环状态)。它不断进行循环自检及专用项目自检,如果保护动作或有自检报告,则向管理 CPU 发送报告。全面自检包括 RAM 区读、写检查,EPROM 中程序和EEPROM中定值求和检查,开出量回路检查等。通用自检包括定值选择拨轮的监视和开入量的监视等。专用自检项目依不同的被保护元件或不同保护原理而设置,如超高压线路保护的静稳判定、高频通道检查等。

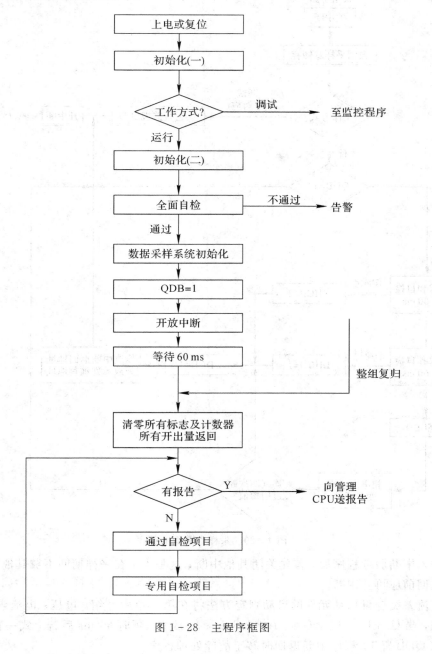

图 1-28　主程序框图

二、采样中断服务程序

采样中断服务程序如图 1-29 所示，这部分程序主要有以下几个内容：

（1）数据采样及存储；

（2）相电流差突变量启动元件；

（3）电压、电流求和自检。

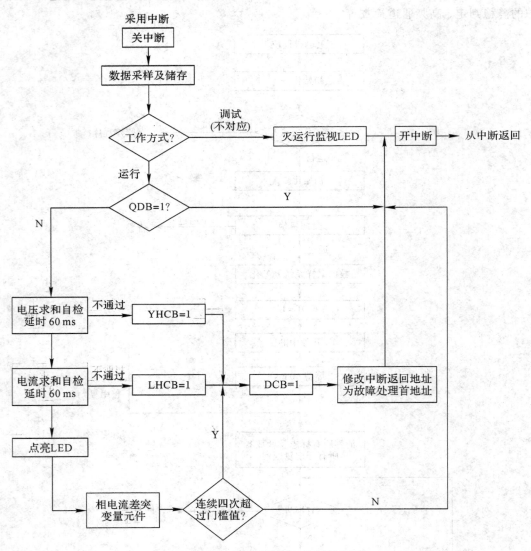

图 1-29　采样中断服务程序

在进入中断服务程序后，首先关闭其他中断，这是为了在采样期间不被其他中断打断，在中断返回前应再开中断。

相电流差突变量启动元件的启动判定方法将在第 4 章中介绍。电压、电流求和自检用下式实现，当 $U_a+U_b+U_c{\geqslant}U_{DZ}$、$I_a+I_b+I_c{\geqslant}I_{DZ}$ 成立，延时 60 ms 后若上式一直满足，则启动标志 QDB 置 1，程序中断返回时转至故障处理程序。

三、故障处理程序

保护装置启动进入故障处理程序后，先检查电压求和与电流求和自检标志，以确定采样中断服务程序是由于求和自检不通过、还是相电流差突变量启动元件动作而进入故障处理程序。若是相电流差突变量启动元件动作，则需进行故障性质判定，以确定保护是否动作。若是求和自检不通过，则需进一步判定自检不通过的原因。若是一次系统故障所致，那么此时应满足 $\dot{U}_a+\dot{U}_b+\dot{U}_c=3\dot{U}_0$、$\dot{I}_a+\dot{I}_b+\dot{I}_c=3\dot{I}_0$，这里 $3\dot{I}_0$ 和 $3\dot{U}_0$ 由零序电压和电流互感器得到，故障处理程序继续进行故障性质的判定，当 $\dot{U}_a+\dot{U}_b+\dot{U}_c\neq3\dot{U}_0$、$\dot{I}_a+\dot{I}_b+\dot{I}_c\neq3\dot{I}_0$，则表明电压或电流采集通道故障，需闭锁保护并报警。图 1-30 为一距离保护故障处理程序框图。

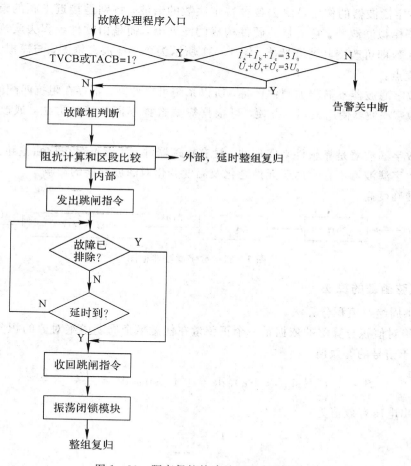

图 1-30 距离保护故障处理程序框图

四、微机保护的特征量算法

微机保护算法的实质，就是实现某种保护功能的数学模型。按该数学模型编制微机应用程序，对输入的实时离散数字量进行数学运算，从而获得保护动作的判据；或者简单地说，微机保护的算法就是从采样值中得到反映系统状态的特征量的方法，算法的输出是继电保护动作的依据。

现有的微机保护算法种类很多，按其所反映的输入量情况或反映继电器动作情况分类，基本上可分成按正弦函数输入量的算法、微分方程算法、按实际波形的复杂数学模型算法及继电器动作方程直接算法等几类。

1. 数字滤波

微机保护的算法是建立在正弦基波电气量基础上的，所以有必要将输入电流、电压信号中的谐波和非周期分量滤掉，并消除正常负荷分量的影响，从而得到只反映故障分量的保护。在微机保护中，为适应保护算法的需要，普遍采用数字滤波，因此，数字滤波器已成为微机保护的重要组成部分。

前面提到的模拟低通滤波器的作用主要是滤掉 $f_s/2$ 以上的高频分量，以防止混叠现象发生，而数字滤波器的作用是滤去各种特定次数的谐波，特别是接近工频的谐波。数字滤波器不同于模拟滤波器，它不是纯硬件构成的滤波器，而是由软件编程去实现的，改变算法或某些系数即可改变其滤波性能。图 1-31 所示为数字滤波器框图，与模拟滤波器相比，它有如下优点：

（1）数字滤波器不需增加硬件设备，所以系统可靠性高，不存在阻抗匹配问题。

（2）数字滤波器使用灵活、方便，可根据需要选择不同的滤波方法，或改变滤波器的参数。

（3）数字滤波器是靠软件来实现的，没有物理器件，所以不存在特性差异。

（4）数字滤波器不存在由于元件老化及温度变化对滤波性能的影响。

（5）准确度高。

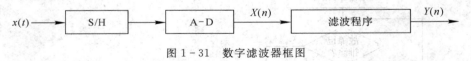

$$x(t) \longrightarrow \boxed{\text{S/H}} \longrightarrow \boxed{\text{A-D}} \xrightarrow{X(n)} \boxed{\text{滤波程序}} \xrightarrow{Y(n)}$$

图 1-31 数字滤波器框图

2. 正弦函数的算法

（1）半周绝对值积分算法。

半周绝对值积分算法的依据是一个正弦量在任意半个周期内绝对值的积分为一个常数 S（即正比于信号的有效值）。

$$S = \int_0^{\frac{T}{2}} U_m |\sin(\omega t + \alpha)| \, dt = \int_0^{\frac{T}{2}} U_m \sin \omega t \, dt = \frac{2U_m}{\omega} = \frac{2\sqrt{2}U}{\omega} \tag{1-10}$$

从而可求出电压有效值为

$$U = \frac{S}{2\sqrt{2}} \omega \tag{1-11}$$

式（1-10）用梯形法则近似求得

$$S \approx \left(\frac{1}{2} |u_0| + \sum_{i=1}^{\frac{N}{2}} |u_k| + \frac{1}{2} |u_{\frac{N}{2}}| \right) T_s \tag{1-12}$$

式中，T_s 为采样间隔；U_m 为电压最大值；U 为电压有效值；α 为采样时刻相对于交流信号过零点的相位角；u_0、u_k、$u_{\frac{N}{2}}$ 为第 0、k、N 次的采样值；ω 为 $N/2$ 角频率。

半周绝对值积分算法有一定的滤除高频分量的能力，因为叠加在基频成分上的幅度不大的高频分量在积分时，其对称的正、负部分相互抵消，从而降低高频分量所占的比例，但它不能抑制直流分量。这种算法适用于要求不高的电流、电压保护，因为它运算量极小，所以可用非常简单的硬件实现。另外，它所需要的数据仅为半个周期，即数据长度为 10 ms。

（2）一阶导数算法。

一阶导数算法只需知道输入正弦量在某一个时刻 t_1 的采样值及在该时刻采样值的导数，即可算出其有效值和相位。设 i_1 为 t_1 时刻的电流瞬时值，表达式为

$$i_1 = \sqrt{2}\,I\sin(\omega t_1 + \alpha_0) = \sqrt{2}\,I\sin\alpha_1 \tag{1-13}$$

则 t_1 时刻电流导数为

$$i_1' = \omega\sqrt{2}\,I\cos\alpha_1 \tag{1-14}$$

根据式（1-14）与式（1-15）可得

$$2I^2 = i_1^2 + \left(\frac{i_1'}{\omega}\right)^2 \tag{1-15}$$

$$\tan\alpha_1 = \frac{i_1}{i_1'}\omega \tag{1-16}$$

则有

$$R = \frac{\omega^2 u_1 i_1 + u_1' i_1'}{(\omega i_1)^2 + (i_1')^2} \tag{1-17}$$

$$X = \frac{\omega^2 (u_1 i_1' - u_1' i_1)}{(\omega i_1)^2 + (i_1')^2} \tag{1-18}$$

式中，R 代表电阻分量；X 代表电抗分量。

在计算机中，常用差分来代替求导数，设 u、i 对应 t_k 时刻为 u_k、i_k，对应 t_{k-1} 时刻为 u_{k-1}、i_{k-1}。计算时刻 t_1 位于 t_k 和 t_{k-1} 的中间，则 $u_{t_1} = \dfrac{u_k + u_{k-1}}{2}$，而该时刻电压的导数 $u_{t_1}' = \dfrac{u_k + u_{k-1}}{T}$。

（3）采样值积算法。

导数算法的优点是计算速度快，缺点是当采样频率较低时，计算误差较大。采样值积算法是利用采样值的乘积来计算电流、电压、阻抗幅值等参数的方法。其特点是计算的判定时间较短。

① 两采样值积算法。设

$$\left.\begin{array}{l} u_{t_1} = U_{\mathrm{m}}\sin\omega t_1 \\ i_{t_i} = I_{\mathrm{m}}\sin(\omega t_1 - \theta) \end{array}\right\} \tag{1-19}$$

$$u_{t_2} = U_{\mathrm{m}}\sin\omega t_2 = U_{\mathrm{m}}\sin(t_1 + \Delta t)$$

$$i_{t_2} = I_{\mathrm{m}}\sin(\omega t_2 - \theta) = I_{\mathrm{m}}\sin[\omega(t_1 + \Delta t) - \theta] \tag{1-20}$$

式中，Δt 是两采样值的时间间隔，$\Delta t = t_2 - t_1$。

取 u_{t_1}、i_{t_1} 和 u_{t_2}、i_{t_2} 两采样值的乘积：

$$u_{t_1}i_{t_1} = U_{\mathrm{m}}I_{\mathrm{m}}\sin\omega t_1\sin(\omega t_1 - \theta) = \frac{U_{\mathrm{m}}I_{\mathrm{m}}}{2}[\cos\theta - \cos(2\omega t_1 - \theta)] \tag{1-21}$$

$$u_{t_2}i_{t_2} = U_{\mathrm{m}}I_{\mathrm{m}}\sin(t_1 + \Delta t)\sin[\omega(t_1 + \Delta t) - \theta]$$

$$= \frac{U_{\mathrm{m}}I_{\mathrm{m}}}{2}[\cos\theta - \cos(2\omega t_1 + 2\omega\Delta t - \theta)] \tag{1-22}$$

取 u_{t_1}、i_{t_2} 和 u_{t_2}、i_{t_1} 两采样值乘积，得

$$u_{t_1} i_{t_2} = U_m I_m \sin\omega t_1 \sin[\omega(t_1 + \Delta t) - \theta]$$

$$= \frac{U_m I_m}{2}[\cos(\theta - \omega\Delta t) - \cos(2\omega t_1 + \omega\Delta t - \theta)] \quad (1-23)$$

$$u_{t_2} i_{t_1} = U_m I_m \sin\omega(t_1 + \Delta t)\sin(\omega t_1 - \theta)$$

$$= \frac{U_m I_m}{2}[\cos(\theta + \omega\Delta t) - \cos(2\omega t_1 + \omega\Delta t - \theta)] \quad (1-24)$$

由以上各式得

$$u_{t_1} i_{t_1} + u_{t_2} i_{t_2} = \frac{U_m I_m}{2}[2\cos\theta - 2\cos\omega\Delta t\cos(2\omega t_1 + \omega\Delta t - \theta)] \quad (1-25)$$

$$u_{t_1} i_{t_2} + u_{t_2} i_{t_1} = \frac{U_m I_m}{2}[2\cos\omega\Delta t\cos\theta - 2\cos(2\omega t_1 + \omega\Delta t - \theta)] \quad (1-26)$$

将式(1-26)乘以 $\cos\omega\Delta t$ 后与式(1-25)相减，得

$$U_m I_m \cos\theta = \frac{u_{t_1} i_{t_1} + u_{t_2} i_{t_2} - (u_{t_1} i_{t_2} + u_{t_2} i_{t_1})\cos\omega\Delta t}{\sin^2\omega\Delta t} \quad (1-27)$$

同理用式(1-23)与式(1-24)相减消去 ωt_1 项，从而得到

$$U_m I_m \sin\theta = \frac{u_{t_1} i_{t_2} - u_{t_2} i_{t_1}}{\sin\omega\Delta t} \quad (1-28)$$

在式(1-21)中，若用同一电压或电流信号的采样值相乘，则 $\theta = 0°$，此时可得

$$U_m^2 = \frac{u_{t_1}^2 + u_{t_2}^2 - 2u_{t_1} u_{t_2}\cos\omega\Delta t}{\sin^2\omega\Delta t} \quad (1-29)$$

$$I_m^2 = \frac{i_{t_1}^2 + i_{t_2}^2 - 2i_{t_1} i_{t_2}\cos\omega\Delta t}{\sin^2\omega\Delta t} \quad (1-30)$$

由于 Δt、$\sin\omega\Delta t$、$\cos\omega\Delta t$ 是常数，只要送入时间间隔 Δt 的两次采样，便可按式(1-29)和式(1-30)计算出 U_m 和 I_m。

用式(1-30)去除式(1-27)和式(1-28)也可求出测量阻抗的电阻分量和电抗分量。

② 三采样值积算法。三采样值积算法是利用三个连续的等时间间隔 Δt 的采样值中两两相乘，通过适当组合消去 ωt_k 项求出信号幅值和其他电气参数的方法。

设

$$u_{t_1} = U_m \sin\omega t_1$$

$$i_{t_1} = I_m \sin(\omega t_1 - \theta) \quad (1-31)$$

$$u_{t_2} = U_m \sin\omega t_2 = U_m \sin(t_1 + \Delta t)$$

$$i_{t_2} = I_m \sin(\omega t_2 - \theta) = I_m \sin[\omega(t_1 + \Delta t) - \theta] \quad (1-32)$$

$$u_{t_3} = U_m \sin\omega t_3 = U_m \sin(t_1 + 2\Delta t)$$

$$i_{t_3} = I_m \sin(\omega t_3 - \theta) = I_m \sin[\omega(t_1 + 2\Delta t) - \theta] \quad (1-33)$$

取 $u_{t_3} i_{t_3}$ 的乘积，得

$$u_{t_3} i_{t_3} = \frac{U_m I_m}{2}[\cos\theta - \cos(2\omega t_1 + 4\omega\Delta t - \theta)] \quad (1-34)$$

将 $u_{t_3} i_{t_3}$ 与 $u_{t_1} i_{t_1}$ 相加，得

$$u_{t_1} i_{t_1} + u_{t_3} i_{t_3} = \frac{U_m I_m}{2}[2\cos\theta - 2\cos2\omega\Delta t\cos(2\omega t_1 + 2\omega\Delta t - \theta)] \quad (1-35)$$

将式(1-35)与式(1-22)经过适当组合便可消去 ωt_1 项，得

$$U_{\mathrm{m}} I_{\mathrm{m}} \cos\theta = \frac{u_{t_1} i_{t_1} + u_{t_3} i_{t_3} - 2u_{t_2} i_{t_2} \cos2\omega\Delta t}{2\sin^2\omega\Delta t} \qquad (1-36)$$

当同时取电压或电流信号的采样值时，则 $\theta = 0°$，此时可得

$$U_{\mathrm{m}}^2 = \frac{u_{t_1}^2 + u_{t_3}^2 - 2u_{t_2}^2\cos2\omega\Delta t}{2\sin^2\omega\Delta t} \qquad (1-37)$$

$$I_{\mathrm{m}}^2 = \frac{i_{t_1}^2 + i_{t_3}^2 - 2i_{t_2}^2\cos2\omega\Delta t}{2\sin^2\omega\Delta t} \qquad (1-38)$$

当选定 $\omega\Delta t = 30°$，则上式变为

$$\left. \begin{aligned} U_{\mathrm{m}}^2 &= 2(u_{t_1}^2 + u_{t_3}^2 - u_{t_2}^2) \\ U &= \sqrt{u_{t_1}^2 + u_{t_3}^2 - u_{t_2}^2} \end{aligned} \right\} \qquad (1-39)$$

$$\left. \begin{aligned} I_{\mathrm{m}}^2 &= 2(i_{t_1}^2 + i_{t_3}^2 - i_{t_2}^2) \\ I &= \sqrt{i_{t_1}^2 + i_{t_3}^2 - i_{t_2}^2} \end{aligned} \right\} \qquad (1-40)$$

同样可求得 R 和 X 的值：

$$R = \frac{U_{\mathrm{m}}}{I_{\mathrm{m}}}\cos\theta = \frac{u_{t_1} i_{t_1} + u_{t_3} i_{t_3} - u_{t_2} i_{t_2}}{i_{t_1}^2 + i_{t_3}^2 - i_{t_2}^2} \qquad (1-41)$$

$$X = \frac{U_{\mathrm{m}}}{I_{\mathrm{m}}}\sin\theta = \frac{u_{t_1} i_{t_2} - u_{t_2} i_{t_1}}{i_{t_1}^2 + i_{t_3}^2 - i_{t_2}^2} \qquad (1-42)$$

三采样值积算法的数据窗是二倍的采样周期，从准确度角度看，若输入信号波形是纯正弦波，则这种算法没有误差，因为该算法的基础是考虑了采样值在正弦信号中的实际值。

（4）傅里叶算法。

正弦函数模型算法只是对理想情况的电流和电压波形进行了粗略计算，而故障时的电流和电压波形畸变较大，通常包含各种分量的周期函数。在微机保护装置中，针对这种模型，提出了傅里叶算法。傅里叶算法是一个被广泛应用的算法，它本身具有滤波作用。

设被采样的模拟信号是一个周期性时间函数，可表示为

$$x(t) = \sum_{n=0}^{\infty} [a_n \sin n\omega_0 t + b_n \cos n\omega_0 t] \qquad (1-43)$$

式中，a_n、b_n 分别为直流、基波和各次谐波分量的正弦项和余弦项系数；ω_0 为基波角频率；n 为谐波次数。

对于基波分量，取 $n=1$，则可得

$$x_1(t) = a_1 \sin\omega_0 t + b_1 \cos\omega_0 t \qquad (1-44)$$

式中，a_1、b_1 可由下式计算：

$$a_1 = \frac{2}{T} \int_{-\frac{T}{2}}^{\frac{T}{2}} x(t) \sin\omega_0 t \mathrm{d}t \qquad (1-45)$$

$$b_1 = \frac{2}{T} \int_{-\frac{T}{2}}^{\frac{T}{2}} x(t) \cos\omega_0 t \mathrm{d}t \qquad (1-46)$$

也可将正弦基波信号表示为另一种形式，即

$$x_1(t) = X_{\mathrm{m}1} \sin(\omega_0 t + \alpha_1) = \sqrt{2} X_1 \cos\alpha_1 \sin\omega_0 t + \sqrt{2} X_1 \sin\alpha_1 \cos\omega_0 t \qquad (1-47)$$

由此可得：$a_1 = \sqrt{2} X_1 \cos\alpha_1$，$b_1 = \sqrt{2} X_1 \sin\alpha_1$。

因此，可根据 a_1、b_1，求出基波分量的有效值和相位角：

$$a_1^2 + b_1^2 = 2X_1^2$$

所以

$$X_1 = \sqrt{\frac{a_1^2 + b_1^2}{2}} , \ \tan\alpha_1 = \frac{b_1}{a_1}$$

在用微型计算机处理时，取一周期的采样数据进行离散傅里叶变换得

$$X_{C1} = \sum_{k=0}^{N-1} x(k)\cos\left(\frac{2\pi}{N}k\right) \tag{1-48}$$

$$X_{S1} = \sum_{k=0}^{N-1} x(k)\sin\left(\frac{2\pi}{N}k\right) \tag{1-49}$$

式中，N 为工频每周采样点数；X_{C1}、X_{S1} 为经过离散傅里叶变换后基波分量的虚部和实部。

式(1-48)和式(1-49)是求基波分量的离散计算公式。由 X_{C1}、X_{S1} 即可求出基波分量的有效值和相位角：

$$X_1 = \sqrt{\frac{X_{C1}^2 + X_{S1}^2}{2}} \tag{1-50}$$

$$\alpha_1 = \arctan\frac{X_{C1}}{X_{S1}} \tag{1-51}$$

类似地，可得出求 n 次谐波的虚部和实部分量的公式为

$$X_{Cn} = \sum_{k=0}^{N-1} x(k)\cos\left(n\frac{2\pi}{N}k\right) \tag{1-52}$$

$$X_{Sn} = \sum_{k=0}^{N-1} x(k)\sin\left(n\frac{2\pi}{N}k\right) \tag{1-53}$$

本 章 小 结

电流互感器属于仪用互感器的一种，在我国，电流互感器采用同极性标号法，一、二次电流同相位。电流互感器的 10% 误差曲线用于检测保护用的电流互感器的准确性，10% 误差曲线反映了一次电流倍数与二次负荷允许值之间的关系曲线。

对于晶体管继电器和微机保护，必须采用变换器，将互感器的二次电气量变换后才能应用。变换器虽然作用有所不同，但它们的基本构造是相同的，都是在铁心构成的公共磁路上绕有数个通过磁路而耦合的绕组，因而它们的等效电路结构都是相同的。

电力系统发生故障时，往往伴随着电流的升高和电压的下降现象。现代继电保护常利用这个现象来发现故障，判断故障的位置和类型。

继电器的动作值、返回值及返回系数是其基本参数，但反映过量继电器与反映欠量继电器动作值、返回值及返回系数时，其含义是不一样的。电磁型继电器主要有电流继电器、电压继电器、中间继电器、时间继电器及信号继电器等。

了解微机保护的硬件结构及各部分的组成，微机保护的软件配置及各部分的作用。微机保护装置的软件通常可分为监控程序和运行程序两部分。监控程序包括对人机接口键盘命令的处理程序及为插件调试、整定、设置、显示等配置的程序；运行程序是指保护装置在运行状态下所需执行的程序。

　　微机保护的算法就是从采样值中得到反映系统状态的特征量的方法。算法的输出是继电保护动作的依据。现有的微机保护算法种类很多，按其所反映的输入量情况或反映继电器动作情况分类，基本上可分成按正弦函数输入量的算法、微分方程算法、按实际波形的复杂数学模型算法、继电器动作方程直接算法等几类。

复 习 思 考 题

1-1　电流互感器的作用是什么？在运行中电流互感器的电流方向是如何定义的？

1-2　什么是电流互感器的10％误差曲线？10％误差曲线有什么作用？

1-3　试说明电压变换器和电抗变换器的工作原理。两者在实际应用中有什么区别？

1-4　试说明电磁式电流继电器的工作原理以及动作电流、返回电流的含义。

1-5　试说明时间继电器、信号继电器以及中间继电器的作用。

1-6　微机保护的硬件系统由哪几部分构成？

1-7　微机保护的软件是怎样构成的？各有什么作用？

1-8　什么是微机保护算法？其作用是什么？

第二章　输电线路的电流保护

2.1　电流保护的接线

电流保护的接线方式，就是指保护中电流继电器与电流互感器的二次线圈之间的连接方式。对于相间保护，广泛使用三相星形和两相星形接线这两种方式。

一、三相完全星形接线

三相完全星形接线图如图 2-1 所示。将三个电流互感器与三个电流继电器分别按相连接在一起，然后接成星形连接，通过中线形成回路。

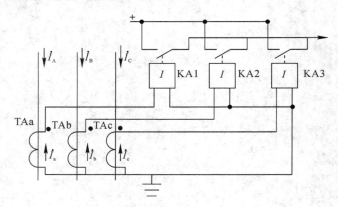

图 2-1　三相完全星形接线图

三相完全星形接线特点是：能响应三相短路、两相短路、单相接地短路等各种形式的短路故障。例如，A 相接地短路，A 相电流继电器 KA1 动作；AB 两相短路，KA1、KA2 动作等。由于三个电流继电器触点并联，任一个继电器动作，都可以启动整套保护装置。

三相完全星形接线广泛用于发电机、变压器等大型贵重电气设备的保护中，它能提高保护动作的可靠性和灵敏性。

二、两相不完全星形接线

两相不完全星形接线图如图 2-2 所示。电流互感器装在两相上（一般装设在 A 相和 C 相上），其二次线圈与各自的电流继电器线圈串联后，连接成不完全星形。它与三相星形接线的主要区别在于，B 相上不装设电流互感器和相应的继电器，因此，它不能响应 B 相中流过的电流。

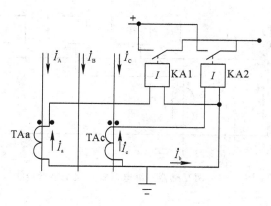

图 2-2 两相不完全星形接线

两相不完全星形接线能响应各种相间故障。当线路上发生两相或三相短路时，至少有一个电流互感器流过短路电流，使继电器动作。但是，不能响应 B 相中所流过的电流，故不能响应 B 相单相接地故障。

在小接地系统中发生单相接地故障时，没有短路电流，只有较小的电容电流，当电容电流小于允许值时，可继续运行两小时以内。因此，在小接地系统中广泛采用两相不完全星形接线。

三、两相三继电器不完全星形接线

两相两继电器不完全星形接线用于 Y-d/11 接线变压器(设保护装在 Y 侧)。在变压器的△侧发生两相短路时(如 ab 两相短路)，如图 2-3 所示，反映到 Y 侧，故障相的滞后相(B 相)电流最大，是其他任何一相的两倍，但 B 相没装电流互感器，不能反映该相的电流，其灵敏系数只有三相完全星形接线保护的一半。为克服这一缺点，可采用两互感器三继电器式不完全星形接线，如图 2-4 所示，第三个继电器接在中性线上，流过的是 A、C 两相电流互感器二次电流的和，是 B 相电流的二次值，从而可将保护的灵敏度提高一倍。与采用三相完全星形接线相同。

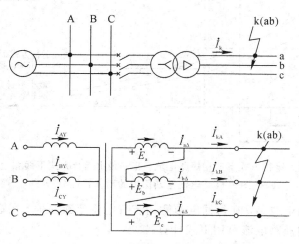

图 2-3 Y-d/11 接线变压器后两相短路

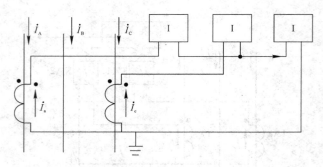

图 2-4　两互感器三继电器式不完全星形接线

2.2　三段式电流保护的原理

电力系统中，输电线路是最易发生故障的部分。输电线路故障时往往伴随着电流的升高、电压的下降、阻抗的幅值会变小、阻抗角会变大。如果是非对称故障，还会出现较大的负序和零序分量。若是多端口供电网，潮流的方向还会发生改变。为了保证电力系统的安全稳定运行，借助输电线路故障时电气量变化的特征，可以装设各种不同原理的继电保护装置，将故障线路切除，保证无故障部分继续运行。输电线路上的故障分为相间故障和接地故障两大类，对于相间故障，可采用三段式电流保护。

一、瞬时电流速断保护（电流Ⅰ段保护）

瞬时电流速断保护又叫电流Ⅰ段保护，可以快速地（理论上为 0 s）切除故障线路，具体工作原理如图 2-5 所示。

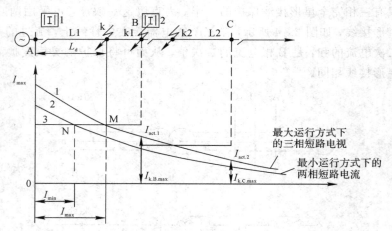

Ⅰ—最大运行方式下三相短路电流；Ⅱ—最小运行方式下两相短路电流
图 2-5　电流速断保护的动作特性分析

对于单侧电源供电线路，在每回电源侧均装有电流速断保护。在输电线上发生短路时，流过保护安装地点的短路电流可用下式计算：

$$I_{dmax}^{(3)} = \frac{E_x}{X_{max} + X_1 L_d} \tag{2-1}$$

由式（2-1）可看出，流过保护安装地点的短路电流值随短路点的位置而变化，且与系统的运行方式和短路类型有关。$I_{dmax}^{(3)}$ 和 $I_{dmin}^{(2)}$ 与 L 的关系如图 2-5 中的曲线 Ⅰ 和 Ⅱ 所示。从图可看出，短路点距保护安装点越远，流过保护安装地点的短路电流越小。

1. 整定计算

1）动作电流

由于本线路末端 k1 点短路和下一线路始端 k2 点短路时，其短路电流是相等的（k1 离 k2 很近，两点间的阻抗约为零）。如果要求在被保护线路末端短路时，保护装置能够动作，那么，在下一线路始端短路时，保护装置不可避免地也将动作。这样就不能保证应有的选择性。为了保证选择性，将保护范围严格地限制在本线路以内，保护装置的启动电流应按躲开下一条线路出口处即 B 变电所短路时，通过保护的最大保护电流（最大运行下的三相短路电流）来整定，即

$$I_{act.A} > I_{k.B.max}$$
$$I_{act.A}^{I} = K_{rel} I_{k.B.max}^{(3)} \tag{2-2}$$

式中，K_{rel} 为可靠系数，当采用电磁型电流继电器时，$K_{rel}=1.2\sim1.3$。

显然，保护动作电流按躲过线路末端最大断流来整定。因此，一般情况下，电流速断保护只能保护本条线路的一部分，而不能保护全线路。

2）保护范围计算

为了保证其动作的选择性，一般情况下，速断保护只保护被保护线路的始端部分。通常，在最大运行方式下，保护区达线路全长的 50%。在最小运行方式下发生两相短路，能保护线路全长的 15%～20%。

3）动作时限

电流速断保护没有人为延时，只考虑继电保护固有动作时间。考虑到线路中管型避雷器放电时间为 0.04～0.06 s，在避雷器放电时速断保护不应该动作，为此，在速断保护装置中加装一个保护出口中间继电器，一方面扩大接点的容量和数量，另一方面躲过管型避雷器的放电时间，防止误动作。由于动作时间较小，可认为 $t=0$。

2. 电流速断保护的接线图

1）单相原理接线图

单相原理接线图如图 2-6 所示。电流继电器接于电流互感器 TA 的二次侧，它动作后启动中间继电器，其触点闭合后，经信号继电器发出信号和接通断路器跳闸线圈。

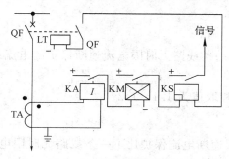

图 2-6　单相原理接线图

2）展开图

展开图结构简单，便于理解，为复杂回路的设计、安装和调试带来许多方便。电流速断保护的展开图如图 2-7 所示。

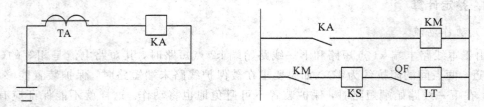

图 2-7　电流速断保护的展开图

3. 对电流速断保护的评价

优点：简单可靠，动作迅速。

缺点：① 不能保护线路全长。② 运行方式变化较大时，可能无保护范围。③ 在线路较短时，可能无保护范围。

二、限时电流速断保护（电流Ⅱ段保护）

由于电流速断保护不能保护本线路的全长，因此必须增设一套新的保护，用来切除本线路电流速断保护范围以外的故障，作为瞬时电流速断保护的后备保护，这就是限时电流速断保护，也叫电流Ⅱ段保护。

1. 对限时电流速断保护的要求

增设限时电流速断保护的主要目的是为了保护线路全长，对它的要求是：在任何情况下，都能保护线路全长并具有足够的灵敏性，在满足这个前提下具有较小的动作时限。

2. 工作原理

（1）为了保护本线路全长，限时电流速断保护的保护范围必须延伸到下一条线路去，这样，当下一条线路出口短路时，它就能切除故障。

（2）为了保证选择性，必须使限时电流速断保护的动作带有一定的时限。

（3）为了保证速动性，时限应尽量缩短。时限的大小与延伸的范围有关，为使时限较小，使限时电流速断的保护范围不超出下一条线路无时限电流速断保护的范围。因而动作时限 t^{II} 比下一条线路的速断保护时限 t^{I} 高出一个时间阶段 Δt。

3. 整定计算

1）动作电流

动作电流 $I_{\mathrm{act}}^{\mathrm{II}}$ 按躲开下一条线路无时限电流速断保护的电流进行整定：

$$I_{\mathrm{act.\,A}}^{\mathrm{II}} = K_{\mathrm{rel}} I_{\mathrm{act.\,B}}^{\mathrm{I}} \qquad (2-3)$$

式中，K_{rel} 为配合系数，一般取值为 1.1～1.2。

2）动作时限

为了保证选择性，时限速断电流保护比下一条线路无时限电流速断保护的动作时限高出一个时间阶段 Δt，即

$$t_A^{II} = t_B^{I} + \Delta t = 0.5 \text{ s} \tag{2-4}$$

当线路上装设了电流速断和限时电流速断保护以后，它们联合工作就可以在 0.5 s 内切除全线路范围的故障，且能满足速动性的要求，无时限电流速断和限时速断构成线路的"主保护"。

3）灵敏度校验

保护装置的灵敏度（灵敏性），是指在它的保护范围内发生故障和不正常运行状态时，保护装置的反应能力。为了保护线路的全长，应以本线路的末端作为灵敏度的校验，以最小运行方式下的两相短路作为计算条件，来校验保护的灵敏度。限时电流速断保护灵敏度为

$$K_{sen} = \frac{I_{k.B.min}^{(2)}}{I_{act.A}^{II}} \tag{2-5}$$

式中，$I_{k.B.min}^{(2)}$ 为被保护线路末端两相短路时流过限时电流速断保护的最小短路电流。

当 $K_{sen} < 1.3$ 时，保护在故障时可能不动，就不能保护线路全长，故应采取以下措施：

① 为了满足灵敏性，就要降低该保护的启动电流，为此，应使线路 L_1 上的限时电流保护范围与 L_2 上的限时电流保护相配合。

$$I_{act.A}^{II} = K_{rel} I_{act.B}^{II} = K_{rel} K_{rel} I_{act.C}^{I} \tag{2-6}$$

② 为了满足保护选择性，动作限时应比下一条线路的限时电流速断的时限高一个 Δt，即

$$t_A^{II} = t_B^{II} + \Delta t = t_C^{I} + \Delta t + \Delta t = 1 \text{ s} \tag{2-7}$$

速断保护的保护范围，使之与下一条线路的限时电流速断相配合（但不超过下一级线路）。

4. 限时电流速断保护的接线图

限时电流速断保护的接线图如图 2-8 所示。

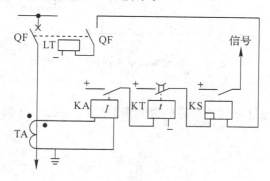

图 2-8 限时电流速断保护的接线图

它和电流速断保护的主要区别是用时间继电器代替了中间继电器，其展开图如图 2-9 所示。

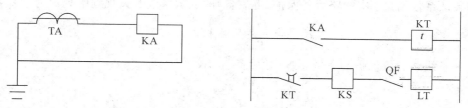

图 2-9 限时电流速断保护的展开图

5. 对限时电流速断保护的评价

限时电流速断保护结构简单，动作可靠，能保护本条线路全长，但不能作为相邻元件（下一条线路）的后备保护（有时只能对相邻元件的一部分起后备保护作用）。因此，必须寻求新的保护形式。

三、定时限过电流保护（电流Ⅲ段）

为防止本线路的主保护拒动（或断路器拒动）及下一线路的保护或断路器拒动，必须给线路装设后备保护，作为本线路的近后备和下一级线路的远后备。这种后备保护通常采用定时限过电流保护（又称电流Ⅲ段保护或过电流保护）。

1. 工作原理

过电流保护通常其动作电流按躲过最大负荷电流来整定，而时限按阶梯性原则来整定。在系统正常运行时它不启动，而在电网发生故障时，则能响应电流的增大而动作，它不仅能保护本线路的全长，而且也能保护下一条线路的全长。它作为本线路主保护拒动的近后备保护，也作为下一条线路保护和断路器拒动的远后备保护，如图 2-10 所示。

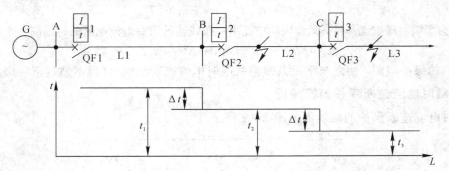

图 2-10　定时限过电流保护的动作时限

2. 整定计算

（1）动作电流。按躲过被保护线路的最大负荷电流 $I_{\text{L. max}}$，且在自启动电流下继电器能可靠返回进行整定：

$$I_{\text{act. A}}^{\text{Ⅲ}} = \frac{K_{\text{rel}}}{K_{\text{r}}} K_{\text{ast}} I_{\text{L. max}} \tag{2-8}$$

式中，K_{rel} 为可靠系数，取 1.2～1.25；K_{r} 为电流继电器的返回系数，取 0.85～0.95；K_{ast} 为自启动系数，取 1.5～3。

（2）灵敏系数校验。要求对本线路及下一条线路或设备相间故障都有反应能力，反应能力用灵敏系数衡量。本线路后备保护（近后备）的灵敏系数有关规程中规定为

$$K_{\text{sen}} = \frac{I_{\text{k. Bmin}}^{(2)}}{I_{\text{act. A}}^{\text{Ⅲ}}} \geqslant 1.3 \sim 1.5 \tag{2-9}$$

作为下一条线路后备保护的灵敏系数（远后备），有

$$K_{\text{sen}} = \frac{I_{\text{k. Cmin}}^{(2)}}{I_{\text{act. A}}^{\text{Ⅲ}}} \geqslant 1.2 \tag{2-10}$$

当灵敏度不满足要求时，可以采用电压闭锁的过流保护，这时过流保护自启动系数可

以取 1。

（3）时间整定。由于电流Ⅲ段的动作保护的范围很大，为保证保护动作的选择性，其保护延时应比下一条线路的电流Ⅲ段的动作时间长一个时限阶段 Δt，即

$$t_n^{\text{Ⅲ}} = t_{n-1}^{\text{Ⅲ}} + \Delta t \tag{2-11}$$

3. 灵敏系数和动作时限的配合

过电流保护是一种常用的后备保护，实际中使用非常广泛。但是，由于过电流保护仅是依靠选择动作时限来保证选择性的，因此在负责电网的后备保护之间，除要求各后备保护动作时限相互配合外，还必须进行灵敏系数的配合（即对同一故障点而言，越靠近故障点的保护应具有越高的灵敏系数）。

4. 对定时限过电流的评价

定时限过电流结构简单，工作可靠，对单侧电源的放射型电网能保证有选择性的动作，不仅能作本线路的近后备（有时作主保护），而且能作为下一条线路的远后备。定时限过电流保护在放射型电网中获得广泛的应用，一般在 35 kV 及以下网络中作为主保护。定时限过电流保护的主要缺点是：越靠近电源端，其动作时限越大，对靠近电源端的故障不能快速切除。

四、阶段式电流保护的应用及评价

电流速断保护只能保护线路的一部分，限时电流速断保护能保护线路全长，但却不能作为下一相邻线路的后备保护，因此必须采用定时限过电流保护作为本条线路和下一段相邻线路的后备保护。由电流速断保护，限时电流速断保护及定时限过电流保护相配合构成一整套保护，叫作三段电流保护。实际上，供配电线路并不一定都要装设三段式电流保护。比如，处于电网末端附近的保护装置，当定时限过电流保护的时限不大于 0.5～0.7 s 时，而且没有防止导线烧损及保护配合上的要求的情况下，就可以不装设电流速断保护和限时电流速断保护，而将过电流保护作为主要保护。在某些情况下，常采用两段组成一套保护，三段保护整定计算各公式见表 2-1。

表 2-1 三段保护整定计算各公式

瞬时电流速断保护（电流Ⅰ段保护）	限时电流速断保护（电流Ⅱ段保护）	定时限过电流保护（电流Ⅲ段保护）
动作电流 $I_{\text{act.A}}^{\text{Ⅰ}} = K_{\text{ret}} I_{k.B.max}^{(3)}$ 动作时限 $t_A^{\text{Ⅰ}} = 0$ s	动作电流 $I_{\text{act.A}}^{\text{Ⅰ}} = K_{\text{ret}} I_{\text{act.B}}^{\text{Ⅰ}}$ 动作时限 $t_A^{\text{Ⅱ}} = t_B^{\text{Ⅰ}} + \Delta t = 0.5$ s	作电流 $I_{\text{act.A}}^{\text{Ⅲ}} = \dfrac{K_{\text{ret}}}{K_r} K_{\text{ast}} I_{L.max}$
	灵敏度校验 $K_{\text{sen}} = \dfrac{I_{k.B.min}^{(2)}}{I_{\text{act.A}}^{\text{Ⅱ}}} \geq 1.3$ 当 $K_{max} < 1.3$ 在故障时可能不动，就不能保护线路全长，故应采取以下措施： $I_{\text{act.A}}^{\text{Ⅱ}} = K_{\text{rel}} I_{\text{act.B}}^{\text{Ⅱ}} = K_{\text{rel}} K_{\text{rel}} I_{\text{act.C}}^{\text{Ⅰ}}$ $t_A^{\text{Ⅱ}} = t_B^{\text{Ⅱ}} + \Delta t = t_C^{\text{Ⅰ}} + \Delta t + \Delta t = 1\text{S}$ 满足灵敏性，满足选择性	灵敏度校验 $K_{\text{sert}} = \dfrac{I_{k.Bmin}^{(2)}}{I_{\text{act.A}}^{\text{Ⅲ}}} \geq 1.5$ （近后备）的灵敏系数 $K_{\text{sen}} = \dfrac{I_{k.cmin}^{(2)}}{I_{\text{act.A}}^{\text{Ⅲ}}} \geq 1.2$ （远后备）的灵敏系数 $t_n^{\text{Ⅲ}} = t_{n-1}^{\text{Ⅲ}} + \Delta t$

2.3 线路相间短路的三段式电流保护装置

电流速断保护(电流Ⅰ保护),限时电流速断保护(电流Ⅱ保护)及定时限过电流保护(电流Ⅲ保护)相配合构成三段式电流保护。其中Ⅰ段、Ⅱ段是主保护,Ⅲ段定时限过电流保护是后备保护。

一、三段式电流保护各段保护范围及时限的配合

如图 2-11 所示,当在 L1 线路首端短路时,保护 1 的Ⅰ、Ⅱ、Ⅲ段均启动,又Ⅰ段将故障瞬时切除,Ⅱ段和Ⅲ段返回;在线路末端短路时,保护Ⅱ段和Ⅲ段启动,Ⅱ段以 0.5 s(或者 1 s)时限切除故障,Ⅲ段返回。若Ⅰ、Ⅱ段拒动,则过电流保护以较长时限将 QF1 跳开,此为过电流保护的近后备作用。当在线路 L2 上发生短路时,应由保护 2 跳开 QF2,但若 QF2 拒动,则由保护 1 的过电流保护动作将 QF1 跳开,这是过电流保护的远后备作用。

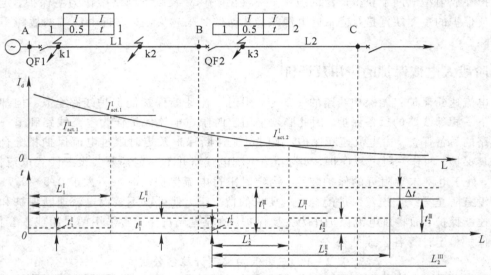

图 2-11 三段式电流保护各段保护范围及时限的配合

二、三段式电流保护的接线图

继电保护接线图分原理图、展开图和安装图三种。

1) 原理图

原理图包括保护装置的所有元件,能直观而完整地表示它们之间的电气连接及工作原理的接线图。如图 2-12(a)所示,每个继电器的线圈和触点都画在一个图形内,有交流及直流回路,图中所示的接线是广泛应用于中性点不接地或非直接接地系统输电线路的两相不完全星形接线。接于 A 相的阶段式电流保护由继电器 KA1、KM、KS1 组成Ⅰ段,KA3、KT1、KS2 组成Ⅱ段,KA5、KT2、KS3 组成Ⅲ段。接于 C 相的阶段式电流保护由继电器 KA2、KM、KS1 组成Ⅰ段,KA4、KT1、KS2 组成Ⅱ段,KA6、KT2、KS3 组成Ⅲ段。为使保护接线简单,节省继电器,A 相与 C 相共用其中的中间继电器、信号继电器及时间继

电器。

　　原理图的主要优点是：便于阅读，能表示动作原理，有整体概念；但原理图不便于现场查线及调试，接线复杂的保护原理图绘制、阅读比较困难。同时，原理图只能画出继电器各元件的连线，但元件内部接线、引出端子、回路标号等细节不能表示出来，所以还要有展开图和安装图。

　　2）展开图

　　以电气回路为基础，将继电器和各元件的线圈、触点按保护动作顺序，自左而右、自上而下绘制的接线图，称为展开图。图 2－12(b) 为阶段式电流保护的展开图。展开图的特点是分别绘制保护的交流电流回路、交流电压回路、直流回路及信号回路。各继电器的线圈和触点也分开，分别画在它们各自所属的回路中，并且属于同一个继电器或元件的所有部件都注明同样的符号。所有继电器元件的图形符号按国家标准统一编制。

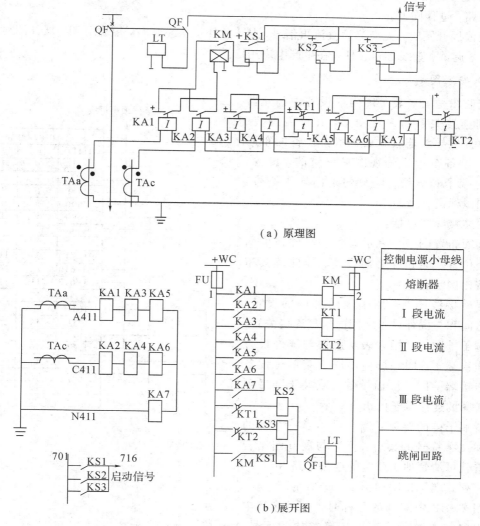

（a）原理图

（b）展开图

图 2－12　三段式电流保护接线图

绘制展开图时应遵守下列规则：

① 回路的排列次序，一般是先交流电流、交流电压回路，后是直流回路及信号回路。

② 每个回路内，各行的排列顺序，对交流回路是按 a，b，c 相序排列，直流回路按保护的动作顺序自上而下排列。

③ 每一行中各元件（继电器的线圈、触点等）按实际顺序绘制。

以图 2－12 为例说明如何由图 2－12(a)原理图绘制成图 2－12(b)的展开图。首先画交流电流回路，交流电流从电流互感器 TAa 出来，经电流继电器 KA1、KA3、KA5 的线圈流到中线经 KA7 形成回路。同理，从 TAc 流出的交流电流经 KA2、KA4、KA6 流到中线经 KA7 形成回路。其次，画直流回路，将属于同一回路的各元件的触点、线圈等按直流电流经过的顺序连接起来。如"＋"→KA1→KM→"－"等。这样就形成了展开图的各行，各行按动作先后顺序由上而下垂直排列，形成直流回路展开图。为便于阅读，在展开图各回路的右侧还有文字说明表，以说明各行的性质或作用，如"Ⅰ段电流""跳闸回路"等，最后绘制信号回路，过程同上。

阅读展开图时，先交流后直流再信号，从上而下，从左到右，层次分明。展开图对于现场安装、调试、查线都很方便，在生产中应用广泛。

3）安装图

安装图是用来表示屏内或设备中各元器件之间连接关系的一种图形，在设备安装、维护时提供导线连接位置。图中设备的布局与屏上设备布置后的视图是一致的，设备、元件的端子和导线，电缆的走向均用符号、标号加以标记。

安装接线图包括：

屏面布置图——表示设备和器件在屏面的安装位置，屏和屏上的设备、器件及其布置均按比例绘制；

屏后接线图——用来表示屏内的设备、器件之间和与屏外设备之间的电气连接关系；

端子排图——用来表示屏内与屏外设备间的连接端子、同一屏内不同安装单位设备间的连接端子以及屏面设备与安装于屏后顶部设备间的连接端子的组合。

看端子排的要领：端子排图是一系列的数字和文字符号的集合，把它与展开图结合起来看就可清楚地了解它的连接回路。

三列式端子排图如图 2－13 所示。

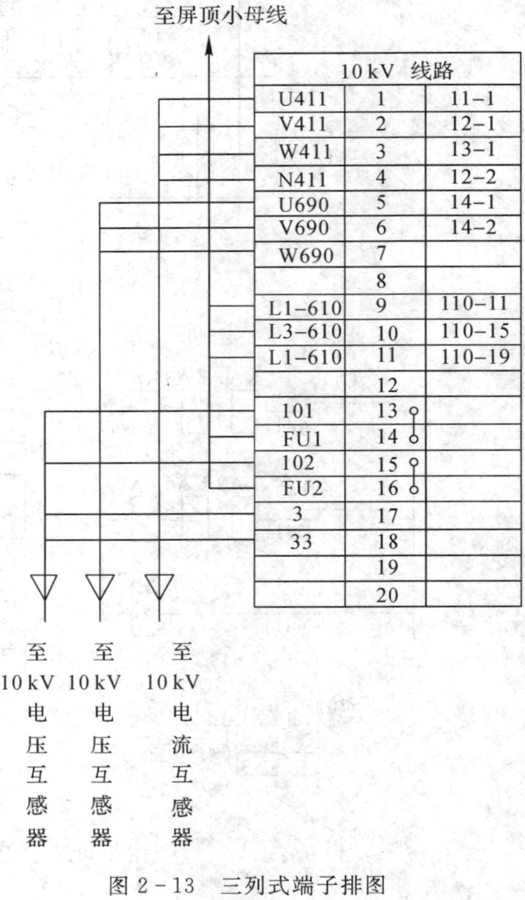

图 2－13 中左列的是标号，表示连接电缆的去向和电缆所连接设备接线柱的标号。如 U411、V411、W411 是由 10 kV 电流互感

至屏顶小母线

10 kV　线路		
U411	1	11－1
V411	2	12－1
W411	3	13－1
N411	4	12－2
U690	5	14－1
V690	6	14－2
W690	7	
	8	
L1－610	9	110－11
L3－610	10	110－15
L1－610	11	110－19
	12	
101	13	
FU1	14	
102	15	
FU2	16	
3	17	
33	18	
	19	
	20	

至　　　至　　　至
10 kV 10 kV 10 kV
电　　　电　　　电
压　　　压　　　流
互　　　互　　　互
感　　　感　　　感
器　　　器　　　器

图 2－13　三列式端子排图

器引入的，并用编号为 1 的二次电缆将 10 kV 电流互感器和端子排 I 连接起来的。

端子排图中间列的编号 1～20 是端子排中端子的顺序号。

端子排图右列的标号是表示到屏内各设备的编号。

2.4 阶段式电流保护整定计算举例

例 1 图 2-14 所示为单侧电源辐射形网络，线路 L1 和 L2 均装设阶段式（三段）电流保护。已知 $E_s=\dfrac{115}{\sqrt{3}}$ kV，最大运行方式下系统的等值阻抗 $X_{s.min}=13\ \Omega$，最小运行方式下系统的等值阻抗 $X_{s.max}=14\ \Omega$，线路单位长度正序电抗 $X_1=0.4\ \Omega/km$。正常运行时最大负荷电流为 120 A，线路 L2 的过电流保护的动作时限为 2.0 s。计算线路 L1 的各段电流保护的动作电流、动作时限并校验保护的灵敏系数。

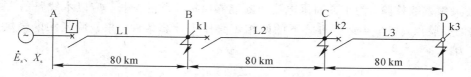

图 2-14 单侧电源辐射形网络

解 为计算动作电流，应计算最大运行方式下的三相短路电流；为校验灵敏度，要计算最小运行方式下两相短路电流。

（1）短路电流计算。

k1 点的最大短路电流为

$$I_{k.Bmax}^{(3)}=\frac{E_s}{X_{s.min}+X_1 L_{AB}}=\frac{115/\sqrt{3}}{13+0.4\times 80}=1.475\,(kA)$$

k1 点的最小短路电流为

$$I_{k.Bmin}^{(2)}=\frac{\sqrt{3}}{2}\times\frac{E_s}{X_{s.max}+X_1 L_{AB}}=\frac{\sqrt{3}}{2}\frac{115/\sqrt{3}}{14+0.4\times 80}=1.250\,(kA)$$

同理：

k2 点的最大短路电流为 $I_{k.C.max}^{(3)}=0.862\,(kA)$；

k2 点的最小短路电流为 $I_{k.C.min}^{(2)}=0.737\,(kA)$；

k3 点的最大短路电流为 $I_{k.D.max}^{(3)}=0.609\,(kA)$。

（2）整定计算。

① 第 I 段（瞬时电流速断）保护动作电流的整定。

· 为了保证动作的选择性，将保护范围严格地限制在本线路以内，应使保护的动作电流 $I_{动作.A}^{I}$ 大于最大运行方式下线路末端三相短路时的短路电流 $I_{k.B.max}^{(3)}$，按躲过本线路末端故障时最大短路电流整定，即

$$I_{动作.A}^{I}=K_{可靠}I_{k.B.max}^{(3)}=1.2\times 1.475=1.77\,(kA)$$

式中，$K_{可靠}$ 为可靠系数，可靠系数取 1.2。

· 灵敏度的校验可以用图解法求出电流第 I 段保护的保护范围，即作出短路电流曲线从而确定出最小保护范围；另一方法是用解析法，通过计算求出电流速断的最小保护范围。

本例从略。

• 动作时限的整定。

$$t_A^I = 0 \text{ s}$$

实际中为躲雷电流设定为 0.06 s。

② 第Ⅱ段(限时电流速断)保护。

• 动作电流的整定。线路 L1 第Ⅱ段动作电流,应和线路 L2 第Ⅰ段动作电流相配合。首先计算线路 L2 的瞬时速断保护的动作电流 $I_{动作.B}^I$,它应躲过本线路末端 C 母线(k2 点)最大短路电流来整定,即

$$I_{动作.B}^I = K_{可靠} I_{k.C.max}^{(3)} = 1.2 \times 0.862 = 1.034 \text{ (kA)}$$

线路 L1 第Ⅱ段动作电流:

$$I_{动作.A}^{II} = K_{配合} I_{动作.B}^I = 1.1 \times 1.034 = 1.138 \text{ (kA)}$$

配合系数 $K_{配合}$ 取 1.1。

• 灵敏系数校验。为了使时限电流速断能够保护线路的全长,应以本线路的末端作为灵敏度的校验点,以最小运行方式下的两相短路作为计算条件,来校验保护的灵敏度。其灵敏度为

$$K_{灵敏} = \frac{I_{k.B.min}^{(2)}}{I_{动作.A}^{II}} = \frac{1.250}{1.138} = 1.10 < 1.3$$

可见,线路 L1 限时速断与下一线路第Ⅰ段配合不能满足灵敏系数要求,可以考虑与 L2 线路第Ⅱ段配合。因此要先算出 L2 线路的限时电流速断的动作电流,它与 L3 线路第Ⅰ段配合。

$$I_{动作.B}^{II} = K_{配合} I_{动作.C}^I = 1.1 \times 1.2 \times I_{k.D.max}^{(3)} = 1.1 \times 1.2 \times 0.609 = 0.803 \text{ (kA)}$$

$$I_{动作.A}^{II} = K_{配合} I_{动作.B}^{II} = 1.1 \times 0.803 = 0.883 \text{ (kA)}$$

$$K_{灵敏} = \frac{I_{k.B.min}^{(2)}}{I_{动作.A}^{II}} = \frac{1.250}{0.883} = 1.416 > 1.3$$

灵敏系数满足要求。

• 动作时限的整定。保护的动作时间 t_A^{II} 应与 L2 线路的 t_B^{II} 配合:

$$t_A^{II} = t_B^{II} + \Delta t$$
$$t_B^{II} = t_C^I + \Delta t = 0 + 0.5 = 0.5 \text{ (s)}$$

所以

$$t_A^{II} = t_B^{II} + \Delta t = 0.5 + 0.5 = 1 \text{(s)}$$

式中:t_A^{II} 为线路 L1 第Ⅱ段动作时间;t_B^{II} 为线路 L2 第Ⅱ段动作时间;t_C^I 为线路 L3 第Ⅰ段动作时间。

③ 第Ⅲ段(过电流)保护。第Ⅲ段是后备保护,其选择性由阶梯时限来满足。

• 按躲过最大的负荷电流计算保护的动作电流。

$$I_{动作.A}^{III} = \frac{K_{可靠} K_{自启动}}{K_{返回}} I_{R.max} = \frac{1.2 \times 2.2}{0.85} \times 0.12 = 0.373 \text{(kA)}$$

式中 $K_{可靠}$ 为可靠系数,取 1.2~1.25;$K_{自启动}$ 为电动机自启动系数,取 1.5~3;$K_{返回}$ 为电流继电器的返回系数,取 0.85~0.95。

• 灵敏系数校验:作为近后备时,校验本线路末端 k1 点短路时,在最小短路电流下的

灵敏系数为

$$K_{灵敏} = \frac{I_{k.B.min}^{(2)}}{I_{动作.A}^{III}} = \frac{1.250}{0.373} = 3.351 > 1.5$$

灵敏系数满足要求。

作下一条线路 L2 的远后备时，校验下一线路末端 k2 点短路时，在最小短路电流下的灵敏系数为

$$K_{灵敏} = \frac{I_{k.C.min}^{(2)}}{I_{动作.A}^{III}} = \frac{0.737}{0.373} = 1.976 > 1.2$$

灵敏系数满足要求。

• 动作时限的整定：过电流保护动作时限，按阶梯原则整定，即

$$t_A^{III} = t_B^{III} + \Delta t = 2.0 + 0.5 = 2.5(s)$$

式中，t_A^{III}、t_B^{III} 分别为 L1 及 L2 的第Ⅲ段动作时限。

例2 如图 2-15 所示，网络中每条线路的断路器上均装有三段式电流保护。已知电源最大、最小等值阻抗为 $X_{s.max} = 9\ \Omega$，$X_{s.min} = 6\ \Omega$，线路阻抗 $X_{AB} = 10\ \Omega$，$X_{BC} = 24\ \Omega$，线路 WL2 过流保护时限为 2.5 s，线路 WL1 最大负荷电流为 150 A，电流互感器采用不完全星形接线，电流互感器的变比为 300/5，试计算各段保护动作电流及动作时限，校验保护的灵敏系数，并选择保护装置的主要继电器。

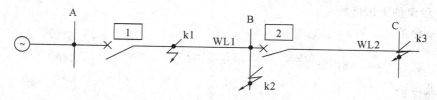

图 2-15 例 2 图

解 （1）计算 k2 点、k3 点最大、最小运行方式下三相短路电流。

k2 点：

$$I_{k2.max}^{(3)} = \frac{E_\varphi}{X_{s.min} + X_{AB}} = \frac{37/\sqrt{3}}{6+10} = 1.335(kA)$$

$$I_{k2.min}^{(3)} = \frac{E_\varphi}{X_{s.max} + X_{AB}} = \frac{37/\sqrt{3}}{9+10} = 1.124(kA)$$

k3 点

$$I_{k3.max}^{(3)} = \frac{E_\varphi}{X_{s.min} + X_{AB} + X_{BC}} = \frac{37/\sqrt{3}}{6+10+24} = 0.534(kA)$$

$$I_{k3.min}^{(3)} = \frac{E_\varphi}{X_{s.max} + X_{AB} + X_{BC}} = \frac{37/\sqrt{3}}{9+10+24} = 0.497(kA)$$

① 保护装置一次侧动作电流的计算。

$$I_{act.1}^I = K_{rel}^I \cdot I_{k.2.max}^{(3)} = 1.2 \times 1.335 = 1.602(kA)$$

② 继电器动作电流。

$$I_{act.1}^I{}' = \frac{1}{n_{TA}} I_{act.1}^I = \frac{1}{300/5} \times 1602 = 26.7(A)$$

③ 动作时限 $t_1^{\mathrm{I}} = 0$ s。

（2）电流保护Ⅱ段整定计算。

① Ⅱ段动作电流：

$$I_{\mathrm{act.2}}^{\mathrm{I}} = K_{\mathrm{rel}}^{\mathrm{I}} \cdot I_{\mathrm{k3.max}}^{(3)} = 1.2 \times 0.534 = 0.6408(\mathrm{kA})$$

$$I_{\mathrm{act.1}}^{\mathrm{II}} = K_{\mathrm{rel}}^{\mathrm{II}} \cdot I_{\mathrm{act.2}}^{\mathrm{I}} = 1.1 \times 6408 = 0.7049(\mathrm{kA})$$

$$I_{\mathrm{act.1}}^{\mathrm{II}}{}' = \frac{1}{n_{\mathrm{TA}}} I_{\mathrm{act.1}}^{\mathrm{II}} = \frac{1 \times 7049}{300/5} = 11.75(\mathrm{A})$$

② Ⅱ段保护时限：

$$t_1^{\mathrm{II}} = t_2^{\mathrm{I}} + \Delta t = 0\ \mathrm{s} + 0.5\ \mathrm{s} = 0.5\ (\mathrm{s})$$

③ Ⅱ段保护灵敏系数：

$$K_{\mathrm{s.min}}^{\mathrm{II}} = \frac{I_{\mathrm{k2.min}}^{(2)}}{I_{\mathrm{act.1}}^{\mathrm{II}}} = \frac{0.866 \times 1.124}{0.7049} = 1.38 > 1.3(合格)$$

（3）定时限电流保护（Ⅲ段）整定计算。

① Ⅲ段动作电流：

$$I_{\mathrm{act.1}}^{\mathrm{III}} = \frac{K_{\mathrm{rel}}^{\mathrm{III}} \cdot K_{\mathrm{ast}}}{K_{\mathrm{r}}} \cdot I_{\mathrm{L.max}} = \frac{1.2 \times 1.5}{0.85} \times 150 = 317.65\ (\mathrm{A})$$

$$I_{\mathrm{act.1}}^{\mathrm{III}}{}' = \frac{1}{n_{\mathrm{TA}}} I_{\mathrm{act.1}}^{\mathrm{III}} = \frac{1 \times 317.65}{300/5} = 5.29\ (\mathrm{A})$$

② Ⅲ段保护灵敏度校验：

近后备保护：

$$K_{\mathrm{s.min.1(近)}}^{\mathrm{III}} = \frac{I_{\mathrm{k2.min}}^{(2)}}{I_{\mathrm{act.1}}^{\mathrm{III}}} = \frac{0.866 \times 1124}{317.65} = 3.06 > 1.5(合格)$$

远后备保护：

$$K_{\mathrm{s.min.1(近)}}^{\mathrm{III}} = \frac{I_{\mathrm{k3.min}}^{(2)}}{I_{\mathrm{act.1}}^{\mathrm{III}}} = \frac{0.866 \times 497}{317.65} = 1.35 > 1.2(合格)$$

③ 保护时限：

$$t_1^{\mathrm{III}} = t_2^{\mathrm{III}} + \Delta t = 2.5\ \mathrm{s} + 0.5\ \mathrm{s} = 3\ \mathrm{s}$$

2.5　电网相间短路的方向电流保护

一、方向性电流保护的必要性

在双侧电源电网或单侧电源环形网中：

（1）对于Ⅰ段保护，这时为了使保护在区外故障时不误动，其整定值不仅要躲过本线路末端短路时流经保护的最大短路电流，而且要躲过保护反方向故障时流经本保护的最大短路电流。

（2）对于Ⅱ段保护，这时不仅要与相邻下一级线的第Ⅰ段配合，而且还要与其在同一母线下的各条出线的第Ⅰ段相配合。

（3）对于Ⅲ段保护，这时仅靠时限的配合已无法获得选择性。

上述问题的产生，皆因双侧电源电网和环形电网中，在保护安装处反方向短路时，有可能使保护动作的缘故。于是，为了解决上述问题，我们提出在原有的电流保护基础上，加装一个能判断故障方向的元件，即功率方向继电器。

1．问题的提出

在图2-16中，以3号断路器的电流保护为分析对象。在k1点短路时，流过3号断路器的电流从母线到线路；在k2点短路时流过3号断路器的电流从线路到母线；显然，k1点短路和k2点短路流过3号断路器的电流从数值上都有可能达到保护的动作值。因为电流保护不能判别电流的方向，所以在k1点和k2点短路时3号断路器的电流保护都有可能动作。在k2点短路，根据选择性的要求，3号断路器的保护是不应该动作的，如若动作，这是无选择性的动作（图中其他断路器存在同样的问题）。

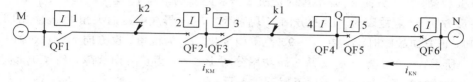

图2-16　两侧电源辐射形电网

2．几个概念

（1）短路功率：系统短路时，某点电压与电流相乘所得到的感性功率。在不考虑串联电容和分布电容在线路上短路时，短路功率从电源流向短路点。

（2）故障方向：故障发生在保护安装处的哪一侧，通常有正向故障和反向故障之分，它实际上是根据短路功率的流向进行区分的。

（3）功率方向继电器：用于判别短路功率方向或测定电压电流间的夹角的继电器，简称方向元件。由于正反向故障时短路功率方向不同，它将使保护的动作具有一定的方向性。

（4）方向性电流保护：加装了方向元件的电流保护。由于元件动作具有一定的方向性，可在反向故障时把保护闭锁。

3．解决措施

为了消除双侧电源网络中保护无选择性的动作，就需要在可能误动的保护上加设一个功率方向闭锁元件。该元件当短路功率由母线向线路时（即内部故障时）动作；当短路功率由线路流向母线时（即可发生误动时）不动作，从而使继电保护具有一定的方向性。

4．方向过电流保护的原理接线图

方向过电流保护的原理接线图如图2-17所示。

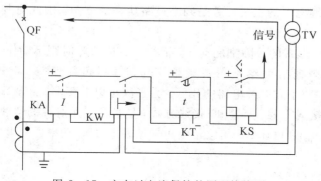

图2-17　方向过电流保护的原理接线图

方向过电流保护是利用功率方向元件与过电流保护配合使用的一种保护装置，以保证在反方向故障时把保护闭锁起来而不致误动作。其装置主要由方向元件、电流元件和时间元件组成。只有电流元件和功率方向元件同时动作时，保护装置才能动作于跳闸。

二、功率方向继电器

功率方向继电器的作用是判别功率的方向。正方向故障，功率从母线流向线路时就动作；反方向故障，功率从线路流向母线时不动作。

在交流电路中，方向问题实际上就是相位问题。如图 2-18 所示，以 3 号断路器上的保护为分析对象。在正方向 k1 点故障时流过 3 号断路器的电流 $\dot{I}_{k1}$ 与母线电压 $\dot{U}_k$ 间的夹角为 φ_{k1}；在反方向 k2 点故障时，$\dot{I}_{k2}$ 的方向与 $\dot{I}_{k1}$ 相反，$\dot{I}_{k2}$ 与母线电压的夹角为 φ_{k2}。由图 2-18（b）可知，正方向故障时，φ_{k1} 在 $0°\sim90°$ 范围内变化，φ_{k1} 为锐角；反方向 k2 点故障时，如图 2-18（c）所示，$\varphi_{k2}=180°+\varphi_{k1}$。从短路功率分析 $P_k>0$，为正方向故障，$P_k<0$，为反方向故障。由此，方向元件的动作条件可用下式表示，即

$$-90° \leqslant \arg \frac{\dot{U}_k}{\dot{I}_k} \leqslant 90° \tag{2-12}$$

若相角在上式的范围内，$P_k>0$，功率（电流）是从母线流向线路，继电器动作；否则不动作。

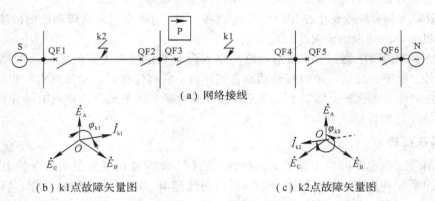

（a）网络接线

（b）k1点故障矢量图　　　　　　　　（c）k2点故障矢量图

图 2-18　功率方向继电器工作原理说明

三、功率方向继电器的接线方式

由于功率方向继电器的主要任务是判断短路功率的方向，因此对其接线方式提出如下要求。

（1）正方向任何形式的故障都能动作，而当反方向故障时则不动作。

（2）正方向故障时应使继电器灵敏地工作，并尽可能使 φ_m 接近于最大灵敏度角 $\varphi_{sen.max}$，以便消除和减小方向继电器的死区。为了满足以上要求，广泛采用的功率方向继电器接线方式为 $90°$ 接线方式。所谓 $90°$ 接线方式，是指在三相对称的情况下，当 $\cos\varphi=1$ 时，加入继电器的电流 I_m 和电压 U_m 相位相差 $90°$（见表 2-2）。功率方向继电器 $90°$ 接线图如图 2-19 所示。

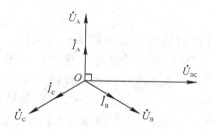

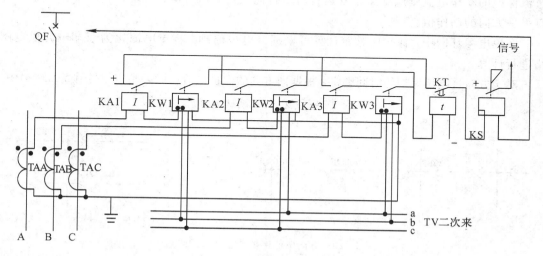

图 2-19　功率方向继电器 90°接线图

表 2-2　90°接线方式功率方向继电器接入的电压和电流

功率方向继电器	$\dot{I}_m$	$\dot{U}_m$
KW1	$\dot{I}_a$	$\dot{U}_{BC}$
KW2	$\dot{I}_b$	$\dot{U}_{CA}$
KW3	$\dot{I}_c$	$\dot{U}_{AB}$

（3）动作特性。功率方向继电器采用 90°接线方式的保护装置，主要有两个优点：第一，对各种两相短路都没有死区，因为继电器加入的是非故障相的线电压，其值很高；第二，适当地选择继电器的内角 α 后，对线路上发生的各种故障，都能保证动作的方向性，且有较高的灵敏性。方向继电器在一切故障情况下都能动作的条件为 $30°<\alpha<60°$。实际中宜选定 $\alpha=30°$ 或 $\alpha=45°$。

四、电网相间短路的方向性电流保护

双端电源（或单电源环网）线路上发生故障，线路两侧都提供短路电流，所以线路两侧都装有断路器和保护装置。下面讨论双端电源（或单电源环网）线路上的电流保护的相关问题。

1. 方向电流保护的整定计算

当线路发生故障时，对任一断路器的保护装置，流过的短路电流都是单一方向的。所以，双端电源线路上的电流保护的整定计算方法，与前面所讲的三段式电流保护的整定计算方法基本相同。所不同的是，方向电流保护要注意正向电流，即方向电流保护的动作电流要按正向电流的大小计算。在图 2-20(a)中，计算断路器 QF1、QF3、QF5 速断保护的动作电流时，可将 QF6 断开，计算各自线路末端的短路电流，再根据此电流计算动作电流；过流保护的动作电流则应根据正常运行时的正向负荷电流计算。同理，可将 QF1 断开，计算另一方向的动作值。

在单电源环网中，保护的整定计算可根据等电位原理，将单电源化为双端电源供电网络进行计算。

对于方向过电流保护的时间整定，根据同方向的保护按阶梯时限整定。在图 2-20(a)中：

$$t_1 > t_3 > t_5, \quad t_6 > t_4 > t_2$$

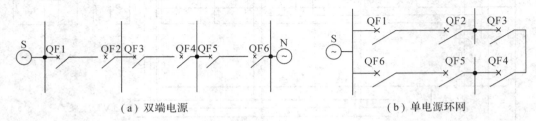

(a) 双端电源　　　　　　　　　　(b) 单电源环网

图 2-20　方向电流保护整定计算网络图

对单电源环网中的 QF2 和 QF5 有一个有利于简化继电保护的特点：在正常运行时，不可能有正向电流通过这两个断路器；若有正向电流通过，则一定是被保护的线路发生短路。因此，在 QF2 和 QF5 上仅需装方向元件判别电流的方向，就可明确被保护线路是否发生故障，判别电流大小的元件完全可以取消。这样就使保护得到简化，同时也不存在电流保护的灵敏度问题。随着用户对供电连续性要求的不断提高，双回线供电的线路越来越多，掌握这一特点，可使双回线路中靠近用户侧断路器装设的保护大大简化。

2. 方向元件的加装原则

双端电源（或单电源环网）线路上的电流保护，加装方向元件是为了保证动作的选择性，若不装方向元件，也不会造成无选择性误动作，就不必装设方向元件。因此，对各段保护在什么情况下加装方向元件，需要进行具体分析。

（1）瞬时电流速断。当保护安装处反向故障，通过保护的电流大于瞬时电流速断保护的动作电流时，瞬时电流速断保护必须加装方向元件，否则会造成无选择性动作。如在图 2-20(a)中，设 S、N 两侧内阻相等，QF1 的电流速断保护就可不加装方向元件，因为 QF1 反向故障通过 QF1 的短路电流由电源供给，其值小于 QF1 速断保护的动作电流。

（2）带时限电流速断。反向电流瞬时速断保护区末端短路故障，流过本保护的电流小于带时限电流速断保护的动作电流时，可不加装方向元件，否则需加装方向元件（具体分析略）。

（3）定时限过流保护。在同一母线上负荷线路不装方向元件；双侧电源线路动作时间最长的过电流保护可不装设方向元件。各断路器过电流保护的动作时间如图 2-21 所示，因此，只需在 QF2 和 QF5 上加装方向元件就能满足过电流保护选择性的要求。

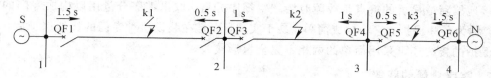

图 2-21　过电流保护加装方向元件的分析图

设在图 2-21 中各 QF 上均装有过电流保护，根据上述原则，在 1 母线上 QF1 的过电流保护动作时间最长，在 2 母线上 QF3 的过电流保护动作时间最长，在 3 母线上 QF4 的过电流保护动作时间最长，在 4 母线上 QF6 的过电流保护动作时间最长，因此 QF1、QF3、QF4、QF6 的过电流保护均不需加装方向元件，可分别在 k1、k2、k3 点短路时分析保护都能满足选择性。

五、对方向性电流保护的评价

（1）方向性电流保护的主要优点是：在单电源环形网络和多电源辐射型电网中，都能保证动作的选择性。

（2）理论上，当保护安装地点附近正方向发生三相短路时，由于母线电压降低至零，保护装置拒动，出现"死区"。运行经验指出，三相短路的几率很小。

（3）由于保护中采用了方向元件使接线复杂，投资增加，可靠性降低，因此，在应用中如果保护装置在启动值、动作时限整定以后，能够满足选择性要求，就可以不用方向元件。方向过电流保护，常用于在 35 kV 以下的两侧电源辐射型电网和单电源环型电网中作为主要保护，在电压为 35 kV 及 110 kV 辐射型电网中，常常与电流速断保护配合使用，构成三段式方向电流保护，作为线路相间短路的整套保护。

2.6　输电线路的接地保护

电力系统中性点工作方式是综合考虑了供电可靠性、系统过电压水平、系统绝缘水平、继电保护的要求、对通信线路的干扰以及系统稳定的要求等因素而确定的。我国采用的中性点工作方式有中性点直接接地方式，中性点经消弧线圈接地方式和中性点不接地方式。

一、中性点直接接地电网(大接地系统)中的接地保护

在中性点直接接地电网中，线路正常运行，系统对称，当发生接地故障时，将出现很大的零序电流，故又称这种系统为大接地电流系统。我国 110 kV 及以上电压等级的电网，均采用大接地电流系统。

1. 接地故障分析

统计表明，在大接地系统中发生的故障，绝大多数是接地短路故障。因此，在这种系统中需装设有效的接地保护，并使之动作于跳闸，以切断接地的短路电流。从原理上讲，接地保护可以与三相星形接线的相间短路保护共用一套设备，但实际上这样构成的接地保护灵敏度低（因继电器的动作电流必须躲开最大短路电流或负荷电流）、动作时间长（因保护的

动作时限必须满足相间短路时的阶梯原则），所以普遍采用专门的接地保护装置。

接地故障最显著的特点是故障时会产生零序分量。取出零序分量用以构成专门的接地保护，称为零序保护。它的构成简单，易于实现，而且在装设这种专门的接地保护后，相间短路保护的接线还可采用简单的两相不完全星形接线。

2. 零序分量的获取

1）零序电流滤过器

根据对称分量的表达式，将三相电流互感器二次侧同极性并联，构成零序电流滤过器，如图 2-22 所示。从图中可知，流入继电器的电流为

$$\dot{I}_{\mathrm{k}} = \dot{I}_{\mathrm{a}} + \dot{I}_{\mathrm{b}} + \dot{I}_{\mathrm{c}} = 3\dot{I}_0$$

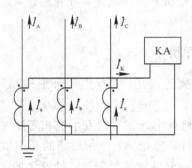

图 2-22　零序电流滤过器

因为只有接地故障时才产生零序电流，正常运行和相间短路时不产生零序电流，理想情况下 $\dot{I}_{\mathrm{k}} = 0$，继电器不会动作。但实际上，三相电流互感器励磁特性不一致，继电器中会有不平衡电流流过。设三相电流互感器的励磁电流分别为 $\dot{I}_{\mathrm{A.E}}$、$\dot{I}_{\mathrm{B.E}}$、$\dot{I}_{\mathrm{C.E}}$，则流入继电器的电流为

$$\dot{I}_{\mathrm{k}} = \frac{1}{n_{\mathrm{TA}}}\big[(\dot{I}_{\mathrm{A}} - \dot{I}_{\mathrm{A.E}}) + (\dot{I}_{\mathrm{B}} - \dot{I}_{\mathrm{B.E}}) + (\dot{I}_{\mathrm{C}} - \dot{I}_{\mathrm{C.E}})\big]$$

$$= \frac{1}{n_{\mathrm{TA}}}(\dot{I}_{\mathrm{A}} + \dot{I}_{\mathrm{B}} + \dot{I}_{\mathrm{C}}) - \frac{1}{n_{\mathrm{TA}}}(\dot{I}_{\mathrm{A.E}} + \dot{I}_{\mathrm{B.E}} + \dot{I}_{\mathrm{C.E}})$$

$$= \frac{1}{n_{\mathrm{TA}}} \times 3\dot{I}_0 + \dot{I}_{\mathrm{und}} \tag{2-13}$$

其中，n_{TA} 为电流互感器变比；$\dot{I}_{\mathrm{und}} = \frac{1}{n_{\mathrm{TA}}}(\dot{I}_{\mathrm{A.E}} + \dot{I}_{\mathrm{B.E}} + \dot{I}_{\mathrm{C.E}})$，称为不平衡电流。在正常运行时不平衡电流很小，在相间故障时由于互感器一次电流很大，铁心饱和、不平衡电流可能会较大，接地保护的动作电流应躲过此时的不平衡电流，以防止误动。

2）零序电流互感器

对于采用电缆引出的送电线路，还广泛采用零序电流互感器接线以获得 $3\dot{I}_0$，如图 2-23 所示。它和零序电流滤过器相比，零序电流互感器套在电缆的外面，其一次绕组是从铁心窗口穿过的电缆，即互感器一次电流是 $\dot{I}_{\mathrm{A}} + \dot{I}_{\mathrm{B}} + \dot{I}_{\mathrm{C}} = 3\dot{I}_0$，只有在一次侧通过零序电流时，在互感器二次侧才有相应的零序电流输出，故称它为零序电流互感器。它的优点是不平衡电流小、接线简单。

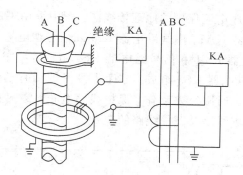

图 2－23　零序电流互感器

　　发生接地故障时，接地电流不仅可能在地中流动，还可能沿着故障线路电缆的导电外皮或非故障电缆的外皮流动；正常运行时，地中杂散电流也可能在电缆外皮上流过。这些电流可能导致保护的误动作、拒绝动作或使其灵敏度降低。为了解决这个问题，在安装零序电流互感器时，电缆头应与支架绝缘，并将电缆头的接地线穿过零序电流互感器的铁心窗口后再接地（见图 2－21）。这样，沿电缆外皮流动的电流来回两次穿过铁心，互相抵消，因而在铁心中不会产生磁通，这就不至于影响保护的正确工作。

　　3）零序电压互感器

　　为了取得零序电压，通常采用如图 2－24 所示的三个单相电压互感器或三相五柱式电压互感器，其一次绕组接成星形并将中性点接地，二次绕组接成开口三角形。从 m、n 端子上得到的输出电压为

$$\dot{U}_{mn} = \dot{U}_A + \dot{U}_B + \dot{U}_C$$

发生接地故障时，输出电压 U 为零序电压，即

$$\dot{U}_{mn} = \dot{U}_A + \dot{U}_B + \dot{U}_C = 3\dot{U}_0$$

正常运行和电网相间短路时，理想输出 $\dot{U}_{mn} = 0$。

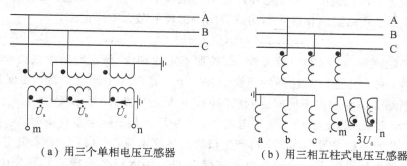

（a）用三个单相电压互感器　　　　　（b）用三相五柱式电压互感器

图 2－24　几种获取零序电压的方式

3.　大接地系统的接地保护

　　大接地即中性点直接接地系统发生接地故障时产生很大的短路电流，响应零序电流增大而构成的保护称为零序电流保护。与相间短路保护相同，零序电流保护也采用阶段式，通常为三段式或四段式。三段式零序电流保护由瞬时零序电流速断（零序Ⅰ段），限时零序电流速断（零序Ⅱ段）、零序过电流（零序Ⅲ段）组成。这三段保护在保护范围、动作值整定、动作时间配合方面与三段式电流保护类似。

图 2 - 25 为阶段式零序电流保护的原理接线图。图中采用零序电流滤过器取得零序电流，零序Ⅰ段由电流继电器 KA1、中间继电器 KM 和信号继电器 KS1 组成。零序Ⅱ段由电流继电器 KA2、时间继电器 KT1 和信号继电器 KS2 组成。零序Ⅲ段由电流继电器 KA3、时间继电器 KT2 和信号继电器 KS3 组成。零序Ⅰ段保护瞬时动作，保护范围为线路首端的一部分；零序Ⅱ段经一个时限级差动作，保护线路全长；零序Ⅲ段保护作为本线路及下一线路的后备保护，保护本线路及下一线路的全长。

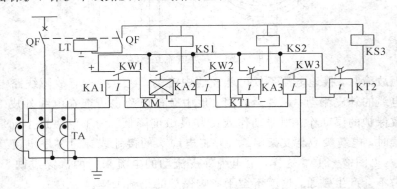

图 2 - 25　阶段式零序电流保护的原理接线图

1) 零序电流速断保护又称零序Ⅰ段

为保证选择性，零序Ⅰ段电流保护的整定原则如下。

(1) 零序Ⅰ段的动作电流应躲过被保护线路末端发生单相或两相接地短路时可能出现的最大零序电流 $3I_{0.\,max}$，即

$$I_{act}^{I} = K_{rel} \times 3I_{0.\,max} \qquad (2-14)$$

式中，K_{rel} 为可靠系数，取 1.2～1.3。

在计算最大零序电流时，要考虑零序电流为最大的运行方式和接地故障类型。

(2) 躲过由于断路器三相触头不同时合闸所出现的最大零序电流，即

$$I_{act}^{I} = K_{rel} \times 3I_{0.\,und,\,max} \qquad (2-15)$$

保护的整定值取 (1)、(2) 中较大者。若按照整定原则 (2) 整定使动作电流较大，灵敏度不满足要求时，可在零序电流速断的接线中装一个小延时的中间继电器，使保护装置的动作时间大于断路器三相触头不同时合闸的时间，则整定原则 (2) 可不考虑。

(3) 在 220 kV 及以上电压等级的电网中，当采用单相或综合重合闸时，会出现非全相运行状态，若此时系统又发生振荡，将产生很大的零序电流，按 (1)、(2) 来整定的零序Ⅰ段可能误动作。如果使零序Ⅰ段的动作电流按躲开非全相运行系统振荡的零序电流来整定，则整定值高，正常情况下发生接地故障时，保护范围缩小。

为解决这个问题，通常设置两个零序Ⅰ段保护。一个是按整定原则 (1)、(2) 整定，由于其整定值较小，保护范围较大，称为灵敏Ⅰ段，它用来保护在全相运行状态下出现的接地故障。在单相重合闸时，将其自动闭锁，并自动投入第二种零序Ⅰ段。第二种零序Ⅰ段，按躲开非全相振荡的零序电流整定，其整定值较大，灵敏系数较低，称为不灵敏Ⅰ段，用来保护在非全相运行状态下的接地故障。

灵敏的零序Ⅰ段，其灵敏系数按保护范围的长度来校验，要求最小保护范围不小于线

路全长的 15%。

2）限时零序电流速断保护又称零序Ⅱ段

（1）整定计算。整定计算主要包括动作电流计算与动作时限计算。

① 动作电流。零序Ⅰ段能瞬时动作，但不能保护线路全长，为了以较短时限切除全线的接地故障，还应装设零序Ⅱ段。它的工作原理与相间Ⅱ段电流保护一样，其动作电流与下一线路的零序Ⅰ段配合，即按躲过下一线路零序Ⅰ段保护区末端接地故障时，通过本保护装置的最大零序电流整定，即

$$I_{act.1}^{II} = K_{rel}I_{act.2}^{I} \qquad (2-16)$$

式中，K_{rel} 为配合系数，取 1.1～1.2。

② 动作时限。零序Ⅱ段的动作时限与相邻线路保护零序Ⅰ段相配合，动作时限一般取 0.5 s。

（2）灵敏度校验。零序Ⅱ段的灵敏系数，应按本线路末端接地短路时的最小零序电流来校验，并满足 $K_{sen} \geqslant 1.5$ 的要求，当下级线路比较短或运行方式变化比较大，灵敏系数不满足要求时，可采用下列措施加以解决：

① 使本线路的零序Ⅱ段与下一线路的零序Ⅱ段相配合，其动作电流、动作时限都与下一线路的零序Ⅱ段配合：

$$动作电流 \ I_{act.1}^{II} = K_{rel}I_{act.2}^{II}$$

动作时限为 1 s。

② 保留原来的 0.5 s 的零序Ⅱ段，增设一个与下一线路零序Ⅱ段配合的、动作时限为 1 s左右的零序Ⅱ段。

③ 从电网接线的全局考虑，改用接地距离保护。

3）零序过电流保护又称零序Ⅲ段

零序过电流保护用于本线路接地故障的近后备保护和相邻元件（线路，母线，变压器）接地故障的后备保护。在本线路零序电流保护Ⅰ、Ⅱ段拒动和相邻元件的保护或开关拒动时靠它来最终切除故障，在中性点接地电网中的终端线路上也可作为主保护。

（1）整定计算。躲开在下一条线路出口处相间短路时所出现的最大不平衡电流 即

$$I_{act}^{III} = K_{rel}I_{und.max} \qquad (2-17)$$

式中：K_{rel} 为可靠系数，取 1.2～1.3；$I_{und.max}$ 为下一条线路出口处相间短路时的最大不平衡电流。

灵敏度校验分近后备保护和远后备保护两种情况。

（2）灵敏度校验。

① 作为本线路近后备保护时，按本线路末端发生接地故障时的最小零序电流来校验，校验点取本线路末端，要求 $K_{sen} \geqslant 1.5$。

② 作为相邻线路的远后备保护时，按相邻线路保护范围末端发生接地故障时，流过本保护的最小零序电流来校验，要求 $K_{sen} \geqslant 1.25$。

（3）动作时限。零序Ⅲ段电流保护的启动值一般很小，在同电压级网络中发生接地短路时，都可能动作。为保证选择性，各保护的动作时限也按阶梯原则来选择。但是，考虑到零序电流只在接地故障点与变压器接地中性点之间的一部分电网中流通，所以只需在这一部分线路的零序保护上进行时限的配合即可。例如，在如图 2-26 所示的电网中，由于变压器 T2 的

△侧发生接地故障时，不能在 Y 侧产生零序电流，所以零序电流Ⅲ段保护 3 的动作时限就不必考虑与变压器 T2 后面的保护 4 相配合，即可取 $t_{03} = 0$ s。但保护 1、2、3 的动作时限，则应符合阶梯原则，即 $t_{02} = t_{03} + \Delta t$，$t_{01} = t_{02} + \Delta t$。其时限特性，如图 2-26 所示。

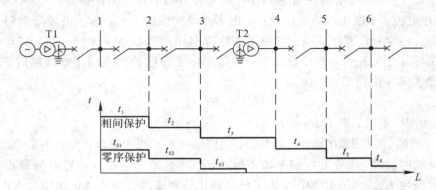

图 2-26　零序过电流保护与相间过电流保护的时限特性的比较

但是，相间短路电流Ⅲ段保护则不同，由于相间故障不论发生在变压器的△侧还是在 Y 侧，故障电流均要从电源一直流至故障点，所以整个电网过电流保护的动作时限，应从离电源最远处的保护开始，逐级按阶梯原则实行配合。图 2-26 中即表示这种相间保护的时限特性：保护 3 的时限 t_3，要与变压器 T2 后的保护 4 相配合，保护 4 的时限还要与再下一元件保护的时限相配合。比较接地保护的时限特性曲线和相间过电流保护的时限特性曲线可知：虽然它们在配合上均遵循阶梯原则，但零序过电流保护需要配合的范围小，其动作时限要比相间短路保护短，这是装设零序过电流保护的又一优点。

二、中性点非直接接地系统(小接地系统)的接地保护

我国 3~35 kV 的电网采用中性点非直接接地系统（又称小接地电流系统），中性点非直接接地系统发生单相接地短路时，由于故障点电流小，而且三相之间的线电压仍然保持对称，对负荷的供电没有影响，因此保护不必立即动作于断路器跳闸，可以继续运行一段时间。

1. 中性点不接地系统的单相接地的特点

单电源单线路系统，在正常运行情况下，系统的三相电压对称。为便于分析，用集中电容 $C_{0.F}$ 表示三个相各自的对地电容，并设负荷电流为零，三相分别流过很小的电容电流。由于电源及负载均是对称的，故没有零序电压和零序电流。电源中性点对地电压为零，各相对地电压等于各自相电压。

中性点不接地系统单相接地时，接地故障相对地电压为零，该相电容电流也为零。由于三相对地电压以及电容电流的对称性遭到破坏，因而将出现零序电压和零序电流。

如图 2-27 所示，L3 线路上发生 A 相接地时，从图中的分析可得出如下结论：

（1）单相接地时，全系统都将出现零序电压 $3\dot{U}_0 = \dot{U}_A + \dot{U}_B + \dot{U}_C$，而短路点的零序电压在数值上为相电压；

（2）在非故障元件上有零序电流，其数值等于本相原对地电容电流，电容性无功功率的实际方向为由母线流向线路；

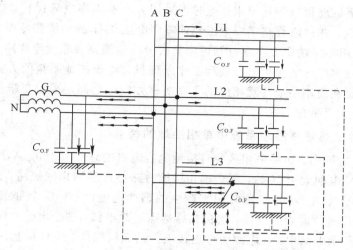

图 2-27 中性点不接地系统单相接地——电容电流分布图

（3）在故障元件上，零序电流为全系统非故障元件对地电容电流之相量和，电容性无功功率的实际方向为由线路流向母线。

2．中性点不接地系统的接地保护

根据中性点不接地系统的单相接地时的以上特点，可构成相应的各种保护。

1）零序电流保护

零序电流保护是利用故障线路零序电流较非故障线路大的特点，来实现有选择性地发出信号或动作于跳闸的保护装置。

用零序电流互感器构成的接地保护如图 2-28 所示，保护装置由零序电流互感器和零序电流继电器所组成。零序功率方向保护原理接线图如图 2-29 所示。

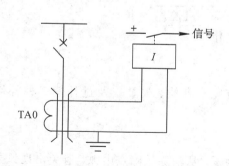

图 2-28 用零序电流互感器构成的接地保护

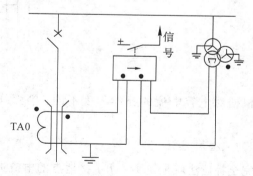

图 2-29 零序功率方向保护原理接线图

零序电流保护装置的启动电流必须大于本线路的零序电容电流（即非故障时本身的电容电流），尤其在出线数目较多的电网中，故障线路的零序电流比非故障线路的零序电流大很多，保护动作灵敏。或被保护线路的电容电流越小时，零序电流保护的灵敏系数就越容易满足要求。

2）方向性零序电流保护

在出线较少的情况下，非故障线路零序电流与故障线路零序电流差别可能不大，采用零序电流保护，灵敏度很难满足要求。此时可采用方向性零序电流保护。中性点不接地电网发生单相接地时，非故障线路零序电流超前零序电压 90°；故障线路零序电流滞后零序电压 90°。因此，利用零序功率方向继电器可明显区分故障线路和非故障线路。

此时，方向性零序电流保护的接线和工作原理与大电流接地系统的方向性零序电流保护极为类似，只是在使用中应注意相应的零序功率方向继电器要采用正极性接入方式接入 $3\dot{U}_0$ 和 $3\dot{I}_0$，且最大灵敏角为 90°。

3. 中性点经消弧线圈接地系统中单相接地的特点

在 3～6 kV 电网中，如果单相接地时接地电容电流的总和大于 30 A，10 kV 电网大于 20 A，22～66 kV 电网大于 10 A，那么单相接地短路会过渡到相间短路，因此在电源中性点需加装一个电感线圈。单相接地时用它产生的感性电流，去补偿全部或部分电容电流。这样就可以减少流经故障点的电流，避免在接地点燃起电弧，这个电感线圈称为消弧线圈。

在图 2-30 所示电网中，在电源中性点接入一消弧线圈。在线路 Ⅱ 上，A 相接地时的电流分布如图 2-30 所示，这时接地故障点的电流包括两个分量，即原来的接地电容电流 $\dot{I}_C$ 和在中性点对地电压的作用下，在消弧线圈中产生的电感电流 $\dot{I}_L$。因为电感电流 $\dot{I}_L$ 的相位与电容电流 $\dot{I}_C$ 的相位相反，相互抵消，起到了补偿作用，结果使接地故障点故障电流减小，从而使接地点的电弧消除。

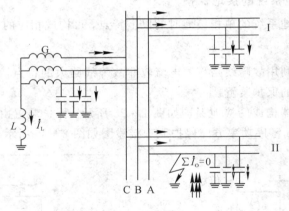

图 2-30　电网

根据对电容电流的补偿程度不同，消弧线圈有完全补偿、欠补偿及过补偿三种补偿方式。

1）完全补偿法

完全补偿法就是使 $I_L=I_C$，接地点的电流近似为零，从消除故障点电弧，避免出现弧光过电压的角度来看，这种补偿方式是最好的。但此时，感抗等于电网的容抗，将产生串联谐振，从而使电源中性点对地电压严重升高，这是不允许的，因此实际上不能采用这种方式。

2）欠补偿法

欠补偿法就是使 $I_L<I_C$，补偿后的接地点电流仍然是电容性的。如果系统运行方式发生变化，当某个元件被切除或因故障跳闸，则电容电流就将减少，很可能又出现 $I_L=I_C$ 的情况，和(1)有相同的缺点。因此这种方式一般也是不采用的。这里顺便说明，一般在电力网中，欠补偿方式是不采用的。

3）过补偿法

过补偿法就是使 $I_L > I_C$，补偿后的残余电流是电感性的。采用这种方式不可能发生串联谐振的过电压问题，因此在实际中获得了广泛的应用。

4. 中性点经消弧线圈接地系统的接地保护

在中性点经消弧线圈接地的电网中，一般采取过补偿运行方式。通常采用以下几种保护方式。

1）绝缘监视装置

在发电厂和变电所的母线上，一般装设网络单相接地监视装置，它利用接地后出现的零序电压，带延时动作于信号。

正常运行时，系统三相电压对称没有零序电压，所以三只电压表读数相等，过电压继电器 KV 不动。当系统任一出线发生接地故障时，接地相对地电压为零，而其他两相对地电压升高 $\sqrt{3}$ 倍，这可以从三只电压表上指示出来。同时在开口三角处出现零序电压，过电压继电器 KV 动作，给出接地信号。绝缘监视装置不能发现哪一路发生接地故障，要想知道是哪一条线路发生故障，需由运行人员顺次短时断开每条线路。当断开某条线路时，若零序电压信号消失，即表明接地故障是在该条线路上，如图 2-31 所示。由于依次拉闸，会造成短时停电，这也是一个缺点。

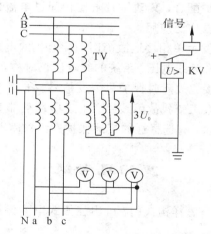

图 2-31　中性点经消弧线圈接地电网单相接地故障

2）采用响应五次谐波电流的接地保护

在电力系统中，由于发电机和变压器铁心的非线性及其他原因，系统电流中常含有谐波电流分量，以五次谐波较为突出。而过补偿方式中，感性电流对容性电流的补偿仅是对基波电流分量而言的，对五次谐波电流分量的补偿则很小。针对五次谐波电流分量来说，故障线路和非故障线路的电流大小和相位的区别与中性点不接地系统单相接地时的特点相同，理论上可采用响应五次谐波的零序电流保护和方向性零序电流保护。

本 章 小 结

电网担负着由电源向负荷输送电能的任务，正常运行流过的是负荷电流。当线路发生短路故障时，电源向故障点提供很大的短路电流，使系统正常运行状态遭到破坏，造成一系列的严重后果。为了消除短路故障给系统造成的危害，利用线路短路故障时电流增大的特点，构成电网故障的电流保护，将故障切除，以保证非故障部分的正常运行。

为解决电流保护用于两侧电源供电线路和单侧电源环网系统的选择性，首先，以两侧供电辐射网为例，提出了功率方向问题。电流保护若能在正向短路时动作，反向短路时不动作，则动作就有选择性。

正确的接线是正确动作的关键。本章介绍了功率方向继电器 90° 接线方式，对于阶段式电流方向保护，结合电流保护的内容，整定计算只需正向相互配合即可。

根据电力系统发生接地故障出现零序这一特点，分析了反应接地故障的保护。

零序电流、电压滤过器是获得零序分量的工具，掌握它们的工作原理与特性是学好接地保护的基础。

对照相间短路的阶段式电流保护，分析阶段式零序电流保护的工作原理和工作特性。阶段式零序电流保护接线简单，保护范围受运行方式的影响小，灵敏度高，零序过电流保护因不需与变压器△侧的保护配合，其动作时限比相间过电流保护短。阶段式零序电流保护在中性点直接接地系统中被广泛应用。

中性点非直接接地系统发生单相接地故障时，接地相的电压为零，中性点电压上升为相电压，非接地相的电压上升为线电压，系统的线电压仍对称，没有短路电流，系统可在接地点继续运行，当发生单相接地故障时保护只需发信号。采用以 $3U_0$ 作判据的绝缘监视装置的动作无选择性，动作后人工查找故障线路。由于中性点非直接接地系统发生单相接地故障时电气量的特殊性，目前，有选择性的接地保护广泛采用微机选线装置。

复习思考题

2-1　三段式电流保护是怎样构成的？画出三段式电流保护各段的保护范围和时限配合图。

2-2　什么是原理图、展开图？它们的特点有何不同？各有何用途？绘制这些图纸时应遵守哪些规定？阅读这些图纸时应注意哪些规律？画出三段式电流保护的原理图和展开图。

2-3　在如图所示电网中，线路 L1、L2 均装有三段式电流保护，当在线路 L2 的首端 k 点短路时，有哪些保护启动？由哪个保护动作跳开哪个断路器？

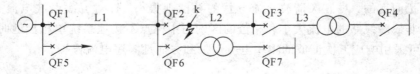

题图 2-3

2-4　在图所示的 35 kV 单侧电源辐射形电网中，已知线路 L1 正常最大工作电流为

112 A,电流互感器的变比为 300/5;最大运行方式下,k1 点三相短路电流为 1200 A,k2 点三相短路电流为 500 A;最小运行方式下,k1 点三相短路电流为 1050 A,k2 点三相短路电流为 485 A。线路 L2 过电流保护的动作时限为 2 s。试计算 L1 线路三段式电流保护各段的继电器动作电流及动作时限,校验Ⅱ、Ⅲ段保护的灵敏度。

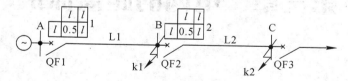

题图 2-4

2-5　在图中,拟在断路器 QF1～QF6 处装设相间第Ⅲ段电流保护和零序第Ⅲ段电流保护,已知 $\Delta t = \Delta t_0 = 0.5$ s,试确定:相间第Ⅲ段电流保护和零序第Ⅲ段电流保护的动作时间。

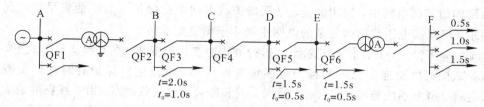

题图 2-5

第三章　电网的距离保护

3.1　距离保护的基本原理

一、距离保护概述

在结构简单的电网中，应用电流、电压保护或方向电流保护一般都能满足继电保护的四性要求。但在高电压或结构复杂的电网中是难于满足要求的。

电流、电压保护，其保护范围随系统运行方式的变化而变化，在某些运行方式下，电流速断保护或限时电流速断保护的保护范围将变得很小，电流速断保护有时甚至没有保护区，不能满足电力系统稳定性的要求。此外，对长距离、重负载线路，由于线路的最大负载电流可能与线路末端短路时的短路电流相差甚微，在这种情况下，即使采用过电流保护，其灵敏性也常常不能满足要求。

因此，在结构复杂的高压电网中，应采用性能更加完善的保护装置，距离保护就是其中的一种。

二、距离保护的基本原理

距离保护就是反映故障点至保护安装处之间的距离，并根据该距离的大小确定动作时限的一种继电保护装置。

以图 3-1 为例，分析距离保护的基本原理。设在图 3-1 的 1 号断路器上装有距离保护，正常运行时保护安装处的测量阻抗 Z_m 为

$$Z_m = \frac{\dot{U}_m}{\dot{I}_m} = Z_1 L + Z_{Ld} \tag{3-1}$$

式中：$\dot{U}_m$ 为测量电压；$\dot{I}_m$ 为测量电流；Z_1 为单位长度的阻抗值；L 为线路长度；Z_{Ld} 为负荷阻抗。

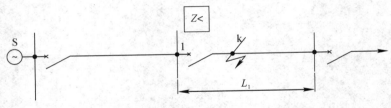

图 3-1　分析距离保护工作系统原理接线图

当被保护线路发生故障时，有

$$Z_{\mathrm{m}} = \frac{\dot{U}_{\mathrm{m}}}{\dot{I}_{\mathrm{m}}} = Z_1 L_{\mathrm{k}} \tag{3-2}$$

式中，L_{k} 为故障点到保护安装处的距离。

比较式（3-1）与式（3-2）可知，故障时的测量阻抗明显变小，且故障时的 Z_{m} 大小与故障点到保护安装处间的距离 L_{k} 成正比，即只要测出故障点到保护安装处阻抗的大小也就等于测出了故障点到保护安装处的距离，所以，距离保护实质上是因阻抗降低而动作的阻抗保护。

根据需要，距离保护也可构成阶段式，图 3-2 为三段式距离保护逻辑框图。图 3-2 各主要元件的作用如下所述。

（1）电压二次回路断线闭锁元件。由式（3-1）和式（3-2）可知，当电压二次回路断线时，$\dot{U}_{\mathrm{m}}=0$，$Z_{\mathrm{m}}=0$，保护会误动作。为防止电压二次回路断线时保护的误动作，当出现电压二次回路断线时将阻抗保护闭锁。

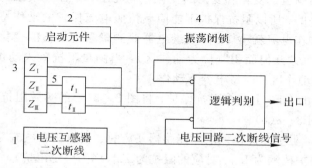

图 3-2　三段式距离保护逻辑框图

（2）启动元件。被保护线路发生短路时，立即启动保护装置，判别被保护线路是否发生故障。

（3）Ⅰ、Ⅱ、Ⅲ段测量元件 Z_{I}、Z_{II}、Z_{III}。这些测量元件用来测量故障点到保护安装处阻抗的大小（距离的长短），判别故障是否发生在保护范围内，决定保护是否动作。

（4）振荡闭锁元件。振荡闭锁元件是用来防止当电力系统发生振荡时距离保护误动作的。当正常运行或系统发生振荡时，振荡闭锁装置将保护闭锁；而当系统发生短路故障时，解除闭锁开放保护。所以，振荡闭锁元件又可理解为故障开放元件。

（5）时间元件。根据保护间配合的需要，为满足选择性而设的必要的延时。

正常运行时，启动元件 Z_{I}、Z_{II}、Z_{III} 均不动作，距离保护可靠不动作。

当被保护线路发生故障时，启动元件启动、振荡闭锁元件开放，Z_{I}、Z_{II}、Z_{III} 测量故障点到保护安装处的阻抗，在保护范围内故障，保护出口跳闸。

三、距离保护的时限特性

距离保护是利用测量阻抗来反映保护安装处至短路点之间距离的，为了保证选择性，获得广泛应用的是阶梯形时限特性，这种时限特性与三段式电流保护的时限特性相同。

距离保护第Ⅰ段是瞬间动作的，其动作时限 t_1 仅为保护装置的固有动作时间。为了与下一条线路保护的Ⅰ段有选择性地配合，两者保护范围不能重叠，因此，Ⅰ段的保护范围不能延伸到下一线路中去，而为本线路全长的 80%～85%，即Ⅰ段的动作阻抗整定 80%～

85%线路全长的阻抗。为了有选择性地动作，距离Ⅱ段的动作时限和启动值要与相邻下一条线路保护的Ⅰ段和Ⅱ段相配合。根据相邻线路之间选择性地配合的原则：如两者的保护范围重叠，则两保护的动作时限整定不同；如动作时限相同，则保护范围不能重叠。距离Ⅲ段为本线路和相邻线路（元件）的后备保护，其动作时限 $t_Ⅲ$ 的整定原则与过电流保护相同，即大于下一条变电站母线出线保护的最大动作时限一个 Δt，其动作阻抗应按躲过正常运行时的最小负荷阻抗来整定。

3.2　阻抗继电器

阻抗继电器是距离保护装置的核心元件，它主要用作测量元件，也可以作启动元件和兼作功率方向元件。

阻抗的变化包括幅值的变化和复角的变化，阻抗在复平面上表示为矢量，不同方向的矢量是不能比较大小的；所以阻抗保护不能简单仿照电流保护的动作特性，只要通过电流继电器的电流大于动作电流就动作。阻抗继电器要测量阻抗幅值的变化和相位的变化，其动作特性为复平面上的"几何面积"（称为动作区），当测量阻抗落入动作区时继电器动作，当测量阻抗 Z_m 落在动作区外时继电器不动作。

设在图 3-3(a) 的 QF3 上装有阻抗保护，将图 3-3(a) 的等效阻抗及第Ⅰ段阻抗保护的动作特性表示于图 3-3(b)。

在图 3-3(a) 中，阻抗元件接入电压互感器 TV 的二次电压和电流互感器 TA 的二次电流，设阻抗保护的保护范围为 L_{set}，对应的阻抗为 Z_{set}（称为整定阻抗），在 k1 点经过渡电阻 R_t 短路，阻抗继电器要完全响应 L_{set} 内的故障，其动作特性应作成以 Z_{set} 和 R_t 为边的平行四边形，如图 3-3 (b) 中的 $ABCO$ 围成的面积。模拟型阻抗继电器要作成 $OABC$ 围成的四边形特性，接线将十分复杂，再说 $OABC$ 围成的动作特性有超越动作（在微机保护中分析）问题；所以模拟型阻抗继电器多作成圆特性。

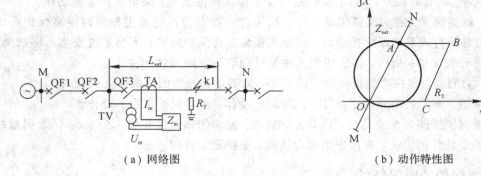

(a) 网络图　　　　　　　　　　　　(b) 动作特性图

图 3-3　阻抗继电器特性分析

一、全阻抗继电器

全阻抗继电器动作边界的轨迹在复数阻抗平面上是一个以坐标原点为圆心（相当于继电器安装点），以整定阻抗 Z_{set} 为半径的圆，如图 3-4 所示，圆内为动作区，圆外为非动作区。

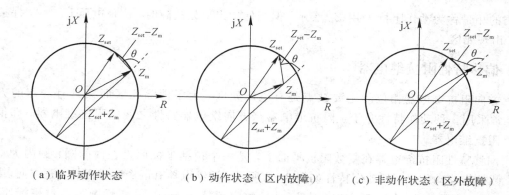

（a）临界动作状态　　　　（b）动作状态（区内故障）　　　（c）非动作状态（区外故障）

图 3-4　全阻抗继电器动作特性图

其特点如下：

（1）无方向性。当测量阻抗位于圆外时，不满足动作条件，继电器不动作；当测量阻抗正好位于圆周上时，处于临界状态，继电器刚好动作，对应此时的阻抗就是继电器的启动阻抗 Z_{set}；当保护正方向短路时，测量阻抗位于第Ⅰ象限，当保护反方向短路时，测量阻抗位于第Ⅲ象限，但保护的动作行为与方向无关，只要测量阻抗小于整定阻抗，落在动作特性圆内，阻抗继电器就动作。

（2）无论加入继电器的电压与电流之间的相角为多大，继电器的动作与整定阻抗在数值上都相等。

二、方向阻抗继电器

由于全阻抗继电器的动作没有方向性，在使用中，将它作为距离保护的测量元件，还必须加装方向元件，从而使保护装置复杂化。为了简化保护装置的接线，选用方向阻抗继电器，它既能测量短路阻抗，又能判断故障的方向。

方向阻抗继电器的动作特性（见图 3-5）：全阻抗继电器之所以没有方向性，是因为特性圆的圆心在圆点，因而阻抗角对动作没有影响。如果将圆心搬离原点，即将保护安装处置于复平面坐标原点，作以整定阻抗 Z_{set} 为直径的圆，该圆即为方向阻抗继电器的动作特性圆。圆内为动作区，圆外为非动作区，方向阻抗继电器的特点是具有方向性。当正方向发生短路故障时，测量阻抗 Z_m 位于第Ⅰ象限，只要测量阻抗 Z_m 落在圆内时，继电器就动作；当反方向发生短路故障时，测量阻抗 Z_m 相量位于第Ⅲ象限，继电器不动。坐标原点到

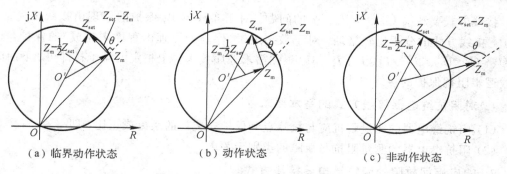

（a）临界动作状态　　　　　（b）动作状态　　　　　　（c）非动作状态

图 3-5　方向阻抗继电器动作特性图

圆周的相量称为动作阻抗，用 Z_{set} 表示，但当保护出口处故障时，测量电压 $\dot{U}_m=0$，保护拒动，出现死区。

三、偏移特性阻抗继电器

方向阻抗继电器相位的主要缺点是有电压死区，为了消除死区而又具有一定的方向性，常采用一种动作特性介于全阻抗继电器与方向继电器特性之间的阻抗继电器，即偏移特性阻抗继电器。

偏移特性阻抗继电器在复数阻抗平面上，是一个包括坐标原点在内的圆，圆内为动作区，圆外为非动作区，其动作特性如图 3-6 所示。该继电器有两个整定阻抗，正方向（第 Ⅰ象限）的整定阻抗为 Z_{set}，反方向（第 Ⅲ 象限）整定阻抗为 $-\alpha Z_{set}$，特性圆不通过坐标原点，而向反方向移动了一定距离，偏移程度用偏移度 $-\alpha$ 来表示，指偏移特性阻抗继电器反映反方向故障的程度。一般用百分数表示，我国取 $\alpha=10\%\sim20\%$，用以消除母线和靠近母线处三相短路时方向阻抗继电器的死区。

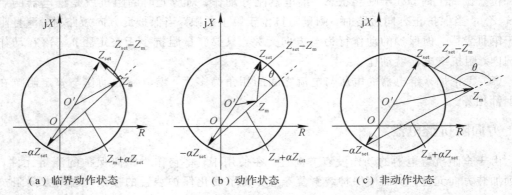

（a）临界动作状态　　　　　（b）动作状态　　　　　（c）非动作状态

图 3-6　偏移特性阻抗继电器动作特性图

偏移特性阻抗继电器的主要优点是：无电压死区，接线简单，但在反方向某一区域内没有方向性。因此，为了防止反方向故障的误动，可将特性圆反方向整定阻抗限制在反方向保护装置第 Ⅰ 段保护范围内，同时保护装置的动作间大于反方向保护装置的第 Ⅰ 段动作时限。

四、阻抗继电器的接线方式

接线方式要解决 $\dot{U}_m=?$，$\dot{I}_m=?$ 的问题。对于布线逻辑（保护的原理由接线来完成）的保护，接线方式的分析比较繁琐，对于数字逻辑（保护的原理由程序来完成）的保护，只需将 $\dot{U}_A$、$\dot{U}_B$、$\dot{U}_C$、$3\dot{U}_0$、$\dot{I}_A$、$\dot{I}_B$、$\dot{I}_C$、$3\dot{I}_0$ 根据需求顺序接入屏上指定的端子排即可。下面分析布线逻辑阻抗保护的接线方式。

1. 对阻抗继电器接线方式的基本要求

（1）阻抗继电器的测量阻抗应与故障点到保护安装处的距离成正比，即 $Z_m \propto L_k$。

（2）阻抗继电器的测量阻抗与故障的类别无关。

2. 响应相间故障的阻抗继电器接线方式

所谓 0°接线方式，假设系统 $\cos\varphi=1$，接入继电器的电流、电压同相位（实际中 $\cos\varphi\neq$

1，若 $\cos\varphi=1$，系统工作在谐振状态，系统无法运行）。

响应相间故障的阻抗继电器采用线电压与两相电流差（也可理解为线电流）的 0°接线方式。由于接入的是"线量"，所以可不考虑零序分量的影响。0°接线方式如表 3-1 所示。

表 3-1 0°接线方式

继电器编号	$\dot{U}_{\rm m}$	$I_{\rm m}$
KR1	$\dot{U}_{\rm AB}$	$I_{\rm A}-I_{\rm B}$
KR2	$\dot{U}_{\rm BC}$	$I_{\rm B}-I_{\rm C}$
KR3	$\dot{U}_{\rm CA}$	$I_{\rm C}-I_{\rm A}$

（1）三相短路时。如图 3-7 所示，由于三相是对称的，三个阻抗继电器 KR1～KR3 的工作情况完全相同，所以以 KR1 为例进行分析。设短路点 $k^{(3)}$ 至保护安装处的距离为 $L_{\rm k}$，线路每千米的正序阻抗为 Z_1，则保护安装处的电压为

$$\dot{U}_{\rm AB}=\dot{U}_{\rm A}-\dot{U}_{\rm B}=\dot{I}_{\rm A}Z_1L_{\rm k}-\dot{I}_{\rm B}Z_1L_{\rm k}=Z_1L_{\rm k}(\dot{I}_{\rm A}-\dot{I}_{\rm B}) \tag{3-3}$$

此时阻抗继电器的测量阻抗为

$$Z_{\rm m}^{(3)}=\frac{\dot{U}_{\rm AB}}{\dot{I}_{\rm A}-\dot{I}_{\rm B}}=Z_1L_{\rm k} \tag{3-4}$$

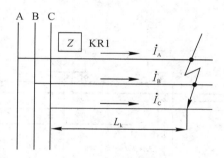

图 3-7 三相短路时测量阻抗分析图

（2）两相短路时。如图 3-8 所示，设在 k 点发生 BC 两相短路，对 KR2 来说，

$$\dot{I}_{\rm m}=\dot{I}_{\rm B}-\dot{I}_{\rm C}=2\dot{I}_{\rm B}$$

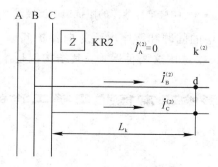

图 3-8 两相短路时测量阻抗分析图

其所加电压为

$$\dot{U}_{BC} = \dot{U}_B - \dot{U}_C = \dot{I}_B Z_1 L_k - \dot{I}_C Z_1 L_k = 2Z_1 L_K \dot{I}_B \qquad (3-5)$$

此时阻抗继电器的测量阻抗为

$$Z_m^{(2)} = \frac{\dot{U}_{BC}}{\dot{I}_B - \dot{I}_C} = \frac{2Z_1 L_k \dot{I}_B}{2\dot{I}_B} = Z_1 L_k \qquad (3-6)$$

可采用同样的方法分析两相接地短路时 $Z_m^{(1,1)} = Z_1 L_k$，即响应相间短路的阻抗继电器采用 0°接线能满足要求。

显然，接入阻抗继电器的电压、电流组合不同，U_m 与 I_m 间的夹角也会不同，如 $\dot{U}_m = \dot{U}_{AB}$、$\dot{I}_m = -\dot{I}_B$，称为 +30°接线，这些接线过去为提高阻抗保护的 K_{sen} 起过一些作用。随着数字保护的广泛应用，这些接线方式现在应用很少，因篇幅所限，这里不再介绍。

3. 响应接地故障的阻抗继电器 0°接线方式

阻抗继电器要响应接地故障，就不能接线电压和线电流。用于响应接地故障的阻抗继电器的接线方式：接相电压和同名相的电流加 $3K\dot{I}_0$，具体接线方式见表 3-2 和图 3-9。

表 3-2　响应接地故障阻抗继电器的接线方式

继电器编号	$\dot{U}_m$	$\dot{I}_m$
KR1	$\dot{U}_A$	$\dot{I}_A + 3K\dot{I}_0$
KR2	$\dot{U}_B$	$\dot{I}_B + 3K\dot{I}_0$
KR3	$\dot{U}_C$	$\dot{I}_C + 3K\dot{I}_0$

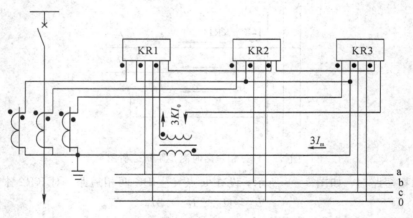

图 3-9　响应接地故障的阻抗继电器接线方式

对于阻抗保护实际应用中的问题和零序电流方向保护问题，将在微机保护的相关内容中讲解。因为，现在和将来只要选用这两种保护，其结构就是微机型。

3.3　影响距离保护正确工作的因素

一、概述

为了保证距离保护正确测量短路点至保护安装处的距离，除了采用正确的接线方式外，还应充分考虑在实际运行中，保护装置会受到一些不利因素的影响，使之发生误动。一般来说，影响距离保护正确动作的因素有：

（1）短路点的过渡电阻；

（2）在短路点与保护安装处之间有分支电路；

（3）电力系统振荡；

（4）测量互感器误差；

（5）电网频率的变化；

（6）在 Y/△-11 变压器后发生短路故障；

（7）线路串联补偿电容的影响；

（8）过渡过程及二次回路断线；

（9）平行双回线互感的影响等。

二、过渡电阻对距离保护的影响

1. 过渡电阻对保护的影响

在相间短路时，过渡电阻主要由电弧电阻构成；

在接地短路时，过渡电阻是故障电流从相到地电路中各部分的总电阻，除电弧电阻外，还包括杆塔接地电阻和杆塔电阻等。

当过渡电阻 R_t 的数值较大时，会使测量阻抗 Z_m 落到动作区外，造成保护的拒动。

R_t 的最大值出现在短路后 $0.3 \sim 0.5$ s，所以 R_t 对第 II 段保护的影响最大，且对方向阻抗继电器的影响最大，如图 3-10 所示。

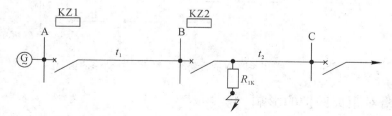

图 3-10 过渡电阻对阻抗继电器的影响

2. 防止过渡电阻影响的措施

1）采用带偏移特性的阻抗继电器

采用能容许较大的过渡电阻而不致拒动的阻抗继电器，如电抗型继电器、四边形动作特性的继电器、偏移特性阻抗继电器等。

2）采用瞬时测量装置

"瞬时测量"就是将测量元件的初始动作状态，通过启动元件的动作将其固定下来。

在图 3-11 中，若故障发生在第 II 段保护范围内时，KA、KZ 在故障瞬间动作，中间继电器 KMO 动作，并通过自己的常开接点，由 KA 实现自保持，故障不切除，启动元件 KA 就不返回。此后 KMO 的动作与 KZ 是否仍处于动作无关。这时跳闸回路中的常开接点 KMO 虽然已闭合，但并不会发出跳闸脉冲，因此时间继电器的延时接点 KT 尚未闭合。如果阻抗测量元件 KZ 受过渡电阻影响而返回，但因短路仍存在，启动元件 KA 不会返回，其常开接点 KA 仍处于闭合状态，中间继电器 KMO 也仍处于励磁状态，同时时间继电器线圈不断电。当Ⅱ段延时达到后，则通过早已闭合的中间继电器 KMO 长开接点接通跳闸回路，保护仍然能正确动作。

　　瞬时测定装置不能用于类似于图 3 - 12 所示的 QF1 上。设故障发生点 k 在 QF5 第Ⅰ段范围，QF6 第Ⅱ段范围内，k 点又在 QF1 保护的第Ⅱ段保护范围内。故障瞬间，QF1 的第Ⅱ段保护由瞬时测量装置使保护处在动作状态，QF5 第Ⅰ段保护动作后，故障并未切除，因为短路电流通过 QF1～QF4、QF6 仍可送至短路点 k，瞬时测定装置中的 KA 为启动元件，保护范围长，QF6 的保护不动作，QF1 的启动元件是不会返回的，最终 QF1 与 QF6 的第Ⅱ段同时动作。可见，QF1 动作无选择性。

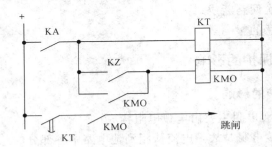

图 3 - 11　有接点的瞬时测量电路

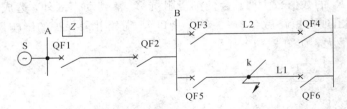

图 3 - 12　采用瞬时测量装置后发生无选择动作的情况

三、分支电路对距离保护的影响

　　当保护安装处与短路点有分支线时，分支电流对阻抗继电器的测量阻抗有影响，现分两种情况加以讨论。

1. 助增电流的影响

　　图 3 - 13 所示为助增电流对测量阻抗影响的示意图。在 k 点短路时，QF1 距离保护的测量阻抗为

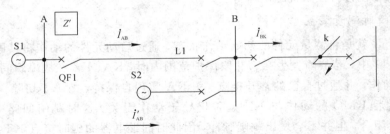

图 3 - 13　具有助增电流的网络图

$$Z_m = \frac{\dot{I}_{AB} Z_1 L_{AB} + \dot{I}_{Bk} Z_1 L_k}{\dot{I}_{AB}} = Z_1 L_{AB} + \frac{\dot{I}_{Bk}}{\dot{I}_{AB}} Z_1 L_k$$
$$= Z_1 L_{AB} + K_{bra} Z_1 L_k \tag{3-7}$$

式中，K_{bra} 为分支系数，$K_{bra} = \dfrac{\dot{I}_{Bk}}{\dot{I}_{AB}}$，一般情况下，可认为 $\dot{I}_{AB}$ 与 $\dot{I}_{Bk}$ 同相位，即 K_{bra} 为实数，考虑助增电流的影响，$K_{bra} > 1$。

式(3-7)说明，由于助增电流的存在，使 QF1 第Ⅱ段距离保护的测量阻抗增大了，保护范围缩短了。在整个计算时，引入大于 1 的分支系数，应适当增加第Ⅱ段的整定阻抗值，以抵消由于助增电流的存在对距离Ⅱ段保护范围缩短的影响。分支系数的大小与运行方式有关，引入分支系数时，应取各种可能的运行方式下的最小值。分支系数取大了，保护范围就增长了，会引起保护超范围动作。

2. 汲出电流的影响

图 3-14 为具有汲出电流的网络，在 k 点短路时，QF1 距离保护的测量阻抗为

$$Z_m = \frac{\dot{I}_{AB} Z_1 L_{AB} + \dot{I}_{Bk2} Z_1 L_k}{\dot{I}_{AB}} = Z_1 L_{AB} + \frac{\dot{I}_{Bk2}}{\dot{I}_{AB}} Z_1 L_k$$
$$= Z_1 L_{AB} + K_{bra} Z_1 L_k \tag{3-8}$$

其中，$K_{bra} = \dfrac{\dot{I}_{Bk2}}{\dot{I}_{AB}}$，其值小于 1。

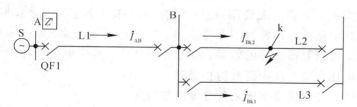

图 3-14 具有汲出电流的网络图

式(3-8)表明，由于汲出电流 $\dot{I}_{Bk1}$ 的存在，使 QF1 第Ⅱ段距离保护的测量阻抗减小了，因而其保护范围扩大了，有可能导致保护超范围而无选择的动作。为防止这种无选择性动作，在计算 QF1 第Ⅱ段整定阻抗时，可引入一个小于 1 的分支支数，使保护范围适当减小，以抵消由于汲出电流存在使保护范围扩大的影响。在引入汲出电流的分支系数时，应取各种可能运行方式下的最小值。这样，当运行方式改变使分支系数增大时，只会使其测量阻抗增大，保护范围缩小，不会造成无选择的动作。

四、电力系统振荡对距离保护的影响及振荡闭锁

1. 电力系统振荡的基本概念

正常运行时，电力系统中所有发电机处于同步运行状态，发电机电势间的相位差 δ 较小并且保持恒定不变，此时系统中各处的电压、电流有效值都是常数。当电力系统受到大的扰动或小的干扰而失去运行稳定时，机组间的相对角度随时间不断增大，线路中的电流亦产生较大的波动。在继电保护范围内，把这种并列运行的电力系统或发电厂失去同步的现象称为振荡。

2. 系统振荡时电气量的变化特点

电力系统发生全相振荡时，各电气量的变化具有如下特点：

(1) 系统振荡时，三相完全对称，电力系统中不会出现电压和电流的负序或零序分量；而在短路故障中，一般会出现电压和电流的负序或零序分量。

(2) 振荡时，电流和各点电压的有效值均出现周期性平滑变化；而在短路时，电流突然增大，电压突然降低，其变化速度很快。

(3) 振荡时，系统各点电压和电流的相位差随振荡角 δ 不同而变化；而在短路故障时，电压和电流的相位差是固定不变的，等于线路阻抗角。

(4) 在振荡中心及其附近，电压变化最为剧烈，当该点电压为零时，相当于这一点发生三相短路故障，但与实际三相短路故障仍有一定区别。

3. 系统振荡时阻抗继电器的测量阻抗

系统振荡时，保护安装地点越靠近振荡中心，受到的影响也越大；而振荡中心在保护范围以外，或位于保护反方向时，则在振荡的情况下距离保护不会误动作。系统振荡周期一般为 0.15～3 s，如保护的动作时间较长，即可避开系统振荡的影响。

4. 振荡闭锁的构成原理

(1) 利用是否出现负序分量来区分振荡与短路。

当电力系统单纯振荡时，由于三相完全对称，一次系统无负序或零序分量存在；而发生不对称短路故障时，总会出现负序分量，因为不对称短路过程中会长期出现负序分量。在三相短路开始时，往往存在各种不对称原因。实验与运行经验表明，采用负序电流和负序电压共同启动，可以取得更好的效果。在这种方法中，负序电流的作用主要是失压时防止误动，而负序电压主要是在振荡时防止误动。

(2) 利用电气量变化速度不同来区分振荡与短路。

电力系统短路故障与振荡两种状态下，电气量的变化速率是不相同的，当系统发生短路时，$\dot{I}$、$\dot{U}$、Z 等电气量是突然变化的，而系统振荡时，这些电气量是平滑而缓慢变化的（与短路故障对比）。由此可见，同一电气量在两种不同状态下，变化速率是有很大差别的。因此，可以利用这一差别来区分振荡与短路，并实现振荡闭锁。

五、电压互感器二次回路断线的影响及克服方法

运行中，测量阻抗 $Z_m = \dot{U}_m / \dot{I}_m$。当电压互感器二次回路断线时，$\dot{U}_m = 0$，$Z_m = 0$，保护将误动作。为防止这种误动作，应设一闭锁装置，当出现电压互感器二次回路断线时，将距离保护闭锁。

图 3-15 所示为磁平衡原理的电压互感器二次回路断线闭锁装置原理接线图。该断线闭锁装置的核心是磁平衡继电器 KL、KL 有两个线圈，分别为 W1、W2，W1 为动作线圈，W2 为制动线圈。工作原理如下：

(1) 正常运行时，W1 及 W2 的两端均无零序电压，KL 不动作。

(2) 当电网发生不对称故障或接地故障时，在 W1 及 W2 的两端均有零序电压，适当调整 W1 和 W2 回路的参数，使 W1 与 W2 中产生的磁动势大小相等，方向相反，总磁动势等于零，KL 不动作。

（3）正常运行时，电压回路断线（指 $\dot{U}_\text{a}$、$\dot{U}_\text{b}$、$\dot{U}_\text{c}$ 断线）W1 两端加 $3\dot{U}_0$，而 W2 两端所加电压为零，KL 动作将距离保护闭锁。

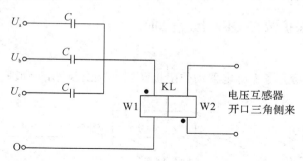

图 3-15　磁平衡原理的电压互感器二次回路断线闭锁装置原理接线图

上述磁平衡断线闭锁装置的优点是，接线简单，动作可靠，但也存在严重的缺点，即电压二次回路先断线，系统再故障，可能造成距离保护的拒动。为此，可采用图 3-16 所示的断线闭锁装置。

在图 3-16 中，动作量仍为 $\dot{U}_\text{A}+\dot{U}_\text{B}+\dot{U}_\text{C}$，制动量仍为 TV 开口三角形侧输出的 $3\dot{U}_0$，但增加了控制门 Y。当电压互感器二次回路断线时，将距离保护闭锁。这时系统再发生故障，启动元件（一般采用负序分量元件或增量元件）将断线闭锁"否"掉。采用这一措施可防拒动，但可能出现在二次断线情况下再故障时保护动作无选择性。取何种断线闭锁装置，应根据具体情况而定。

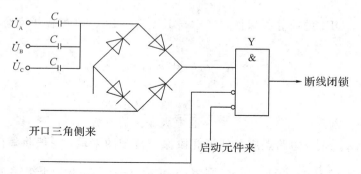

图 3-16　防距离保护拒动的断线闭锁装置逻辑框图

3.4　距离保护的整定原则和计算方法

理想的距离保护时限特性，应该是动作时间与故障点到保护安装处的距离成正比，即故障点离保护安装处越近、动作时间越短，故障点离保护安装处越远、动作时间越长。实际上，要做成上述时限特性太困难。所以，到目前为止，距离保护仍为阶段式特性。第 I 段，动作时限为零（不含阻抗元件的固有动作时间），只能保护被保护线路首端起全长的 80%～85%，否则满足不了选择性的要求。第 II 段保护线路末端（即第 I 段保护不到的部分）和下级线路首端的一部分，上级第 II 段的保护范围不能超过下级第 I 段保护范围，否则也会无选择动作。第 III 段仍为后备保护，按负荷阻抗的大小整定，正常运行不误动即可。第 II 段的动作时限取 0.5 s，第 III 段为阶梯时限。

以图 3-17 所示网络为例,讲解阶段式距离保护的整定及灵敏度校验。距离保护的整定计算,先计算整定阻抗的模(一次值),再根据线路短路角的大小确定阻抗角。

一、距离 I 段(设保护装在 QF1 上,下同)

$$Z_{\text{动作}}^{\text{I}} = K_{\text{可靠}}^{\text{I}} Z_1 L_1 \tag{3-9}$$

式中,$K_{\text{可靠}}$ 为可靠系数,考虑继电器动作阻抗及互感器误差等,一般取 $0.8 \sim 0.85$。

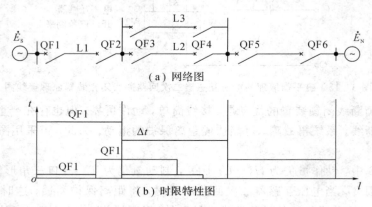

(a) 网络图

(b) 时限特性图

图 3-17　三段式距离保护的整定计算

二、距离 II 段

图 3-17 中,QF1 的第 II 段保护要考虑与下级线路 L2、L3 的保护配合,要引入分支系数,即

$$Z_{\text{动作}}^{\text{II}} = K_{\text{可靠}}^{\text{II}} \left[Z_1 L_1 + K_{\text{最小分支系}} Z_{\text{动作(下)}}^{\text{I}} \right] \tag{3-10}$$

式中

$$K_{\text{最小分支系}} = \frac{\text{短路点的电流}}{\text{通上级保护的电流}}$$

精确计算 $K_{\text{分支系}}$ 时,短路点应取到第 II 段保护范围的末端,一般将短路点取在下级线路的末端,在图 3-16 中,设 $L_2 = L_3$,则 $K_{\text{最小分支系}} = \dfrac{1}{2}$;$Z_{\text{动作(下)}}^{\text{I}}$ 为下级第 I 段的整定阻抗,$K_{\text{可靠}}^{\text{II}}$ 取 $0.8 \sim 0.85$。

第 II 段保护的灵敏度校验为

$$K_{\text{灵敏}}^{\text{II}} = \frac{Z_{\text{动作}}^{\text{II}}}{Z_1 L_1} \geqslant 1.3 \tag{3-11}$$

第 II 段保护的动作时间,与下级第 I 段配合,一般取 $t_{\text{动作}}^{\text{II}} = 0.5 \text{ s}$。

三、距离 III 段

距离 III 段保护为后备保护,保证在正常运行时不动作,其整定阻抗应小于最小负荷阻抗,即

$$Z_{\text{动作}}^{\text{III}} = \frac{Z_{\text{L. min}}}{K_{\text{rel}}^{\text{III}} K_{\text{re}} K_{\text{ast}}} \tag{3-12}$$

式中：K_{rel}^{III} 为可靠系数，取 $1.2 \sim 1.3$；K_{re} 为返回系数，取 $1.15 \sim 1.25$；K_{ast} 为自启动系数，其值大于 1；$Z_{L.min}$ 为最小负荷阻抗。

而

$$Z_{L.min} = \frac{0.9 U_{ph}}{I_{L.max}} \qquad (3-13)$$

式中：U_{ph} 为相电压；$I_{L.max}$ 为不考虑电动机自启动的最大负荷电流。

第 III 段距离保护的灵敏度校验：

作本线路的后备保护时，有

$$K_{灵敏(本)}^{III} = \frac{Z_{动作}^{III}}{Z_1 L_1} \geqslant 1.5 \qquad (3-14)$$

$$K_{灵敏(下)}^{III} = \frac{Z_{动作}^{III}}{Z_1 (L_1 + K_{最大分支系} L_2)} \geqslant 1.2 \qquad (3-15)$$

在图 3-16 中，$K_{最大分支系数} = 1$。

上面算出的 $Z_{动作}$ 为一次阻抗，阻抗继电器的整定阻抗 $Z_{动作.k}$ 要考虑电压、电流互感器的变比。由

$$Z_{m.k} = \frac{\dot{U}_{m.k}}{\dot{I}_{m.k}} = \frac{\dot{U}_m / n_{TV}}{\dot{I}_m / n_{TA}} = \frac{n_{TA}}{n_{TV}} \cdot \frac{\dot{U}_m}{\dot{I}_m} \cdot Z_m$$

得

$$Z_{set.k} = \frac{n_{TA}}{n_{TV}} \cdot Z_{动作}$$

式中：$Z_{m.k}$ 为继电器测量阻抗；$\dot{U}_{m.k}$ 为继电器测量电压；$\dot{I}_{m.k}$ 为继电器测量电流；$Z_{set.k}$ 为继电器整定阻抗；n_{TA} 为电流互感器变比；n_{TV} 为电压互感器变比。

取整定阻抗角 $\varphi_{set} = \varphi_k$（短路阻抗角）。

本 章 小 结

距离保护是测量故障点到保护安装处阻抗的一种保护；距离的长短是通过故障点到保护安装处阻抗的大小（距离的长短与阻抗的大小成正比）间接反映的，所以距离保护的实质为阻抗保护。

由于本章内容多，知识面宽，结构复杂，复习时建议按以下思路进行：

(1) 问题的提出。

(2) 测量阻抗的工具：整流型圆特性继电器（全阻抗、方向阻抗、偏移阻抗）。

(3) 几个重要的物理量。

· 测量阻抗 $Z_m = \dfrac{\dot{U}_m}{\dot{I}_m}$（变量，随系统运行情况而变化）。

· 整定阻抗 Z_{set}（人为规定的值，在全阻抗中为半径，方向阻抗中为直径，偏移特性阻抗继电器中为正向 Z_m）。

· 动作阻抗 Z_{act}（动作与不动作的分界线，在圆特性阻抗继电器中其轨迹为圆）

· 动作区（整个圆平面）。

· 最灵敏角（使继电器动作量最大，制动量最小）$\dot{U}_m \dot{I}_m = \varphi_{sen}$，选定阻抗角等于线路短

路阻抗角，继电器工作最灵敏整，即 $\varphi_{set} = \varphi_k = \varphi_{sen}$。

(4) 接线方式 $\begin{cases} 原则 \\ 相间距离保护 0°接线 \\ 接地距离保护 0°接线 \end{cases}$

(5) 影响阻抗继电器正确工作的因素。

- R_t 的影响：物质性；克服方法。
- K_{bra}：助增 $K_{bra} > 1$；汲出 $K_{bra} < 1$；整定计算，K_{bra} 取最小值。
- 振荡的影响：振荡与短路的区别；振荡闭锁装置。
- 电压二次回路断线的影响及克服方法。

(6) 整定计算。

复习思考题

3-1　简述距离保护的基本工作原理。

3-2　有人说：只要 $|Z_m| < |Z_{set}|$，阻抗继电器就动作。这种说法对吗？为什么？

3-3　理想的阻抗继电器动作特性表示在复平面上应为什么图形？实际应用中为什么广泛采用圆特性？

3-4　比较圆特性全阻抗、方向阻抗、偏移特性阻抗继电器性能，说明各自的优、缺点。

3-5　过渡电阻的物理意义是什么？过渡电阻对各段保护的影响是否相同？过渡电阻对各种特性的阻抗继电器影响是否相同？为什么？

3-6　什么是分支系数？助增系统和汲出系统分支系数的大小是否相同？计算整定阻抗时应如何考虑？

3-7　为什么在距离保护中要设电压互感器二次回路断线闭锁装置？磁平衡继电器构成的断线闭锁装置存在什么缺点？如何克服？

3-8　系统振荡与短路时电气量的变化有何区别？振荡时测量阻抗的变化轨迹有何特点？

3-9　系统振荡对距离保护有何影响？如何克服这种影响？

3-10　在题网络中，已知：线路单位千米正序阻抗为 $0.45\ \Omega$，在平行线路上装设距离保护作为主保护，可靠系数Ⅰ段、Ⅱ段取 0.85，试确定距离保护 AB 线路 A 侧，BC 线路 B 侧的Ⅰ段和Ⅱ段动作阻抗和灵敏度。

其中：电源相间电动势为 $115\ kV$，$Z_{sA.min} = 20\ \Omega$，$Z_{sA.max} = Z_{sB.max} = 25\ \Omega$，$Z_{sB.min} = 15\ \Omega$。

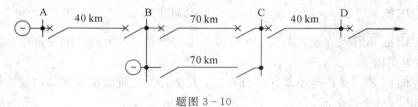

题图 3-10

3-11　在题图所示网络中，各线路首端均装设距离保护，线路单位千米正序阻抗为 0.

4 Ω。试求 AB 线路距离保护 Ⅰ、Ⅱ段动作阻抗及距离保护Ⅱ段的灵敏度。

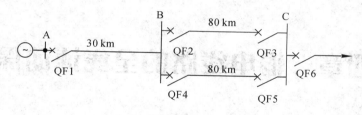

题图 3－11

第四章　输电线路的全线速动保护

随着电力系统容量的扩大，电压等级的提高，线路输电容量的增加，为保证系统的稳定性，要求瞬时切除被保护线路每一点的故障。前述阶段式保护，是将被保护线路一端的电气量引入保护装置，为了保证选择性，第Ⅰ段保护只能保护首端的一部分，不能瞬时切除被保护线路每一点的故障。本章介绍能瞬时切除被保护线路每一点的故障的保护及全线速动保护。

4.1　线路的差动保护

差动保护分为纵联差动保护和横联差动保护。

一、输电线路纵联差动保护

1. 基本工作原理

纵联差动保护是用辅助导线（或称导引线）将被保护线路两侧的电气量连接起来，通过比较被保护的线路始端与末端电流的大小及相位构成的保护。其原理接线如图 4-1 所示。在线路两侧装设性能和变比完全相同的电流互感器，两侧电流互感器一次回路的正极性均置于靠近母线的一侧，二次回路用电缆同极性相连，差动继电器则并联接在电流互感器二次侧的环路上。在正常运行情况下，导引线中形成环流，称为环流法纵差动保护。

电流互感器（TA）对其二次侧负载而言，可等效为电流源。所以，在分析纵差动保护工作原理时，可将电流互感器的二次等效阻抗看成无穷大，即 $Z_{TA}=\infty$；差动继电器线圈的等效阻抗看作零，即 $Z_{KD}=0$。

线路外部 k1 点短路时，电流分布如图 4-1（a）（正常运行时电流分布与它相同）所示。按照图中所给出的电流方向，则正常运行或外部故障时，流入继电器线圈的电流为

$$\dot{I} = \dot{I}_{Ⅰ2} - \dot{I}_{Ⅱ2} = \frac{1}{n_{TA}}(\dot{I}_{Ⅰ} - \dot{I}'_{Ⅰ}) \tag{4-1}$$

式中：$\dot{I}_{Ⅰ2}$、$\dot{I}_{Ⅱ2}$ 为线路首末端电流互感器二次绕组电流；$\dot{I}_{Ⅰ}$、$\dot{I}'_{Ⅰ}$ 为线路首末端电流互感器一次绕组电流，即线路两侧的电流。

正常运行及外部故障时，流经线路两侧的电流相等，即 $\dot{I}_{Ⅰ}=\dot{I}'_{Ⅰ}$，若不计电流互感器的误差，则 $\dot{I}_{Ⅰ2}=\dot{I}_{Ⅱ2}$，流入继电器的电流了 $\dot{I}=0$，继电器不动作。

在保护范围内部故障，即在两电流互感器之间的线路上故障（如 k2 点短路）时，电流分布如图 4-1（b）所示。两侧电源分别向短路点供给短路电流 $\dot{I}_{Ⅰ}$ 和 $\dot{I}'_{Ⅱ}$。由图中可看出，流入继电器的电流为

$$\dot{I} = \dot{I}_{I2} + \dot{I}_{II2} = \frac{1}{n_{TA}}(\dot{I}_{II} + \dot{I}_{I}) = \frac{1}{n_{TA}}\dot{I}_k \qquad (4-2)$$

式中：$\dot{I}_k$ 为故障点短路电流。

流入继电器的电流为短路电流归算到二次侧的数值，当 $\dot{I}$ 大于继电器动作电流时，继电器动作，瞬时跳开线路两侧的断路器。

纵差动保护测量线路两侧的电流并进行比较，它的保护范围是两侧电流互感器之间的线路全长。在其保护范围内部故障时，保护瞬时动作快速切除故障。在其保护范围外部故障时，保护不动作。它不需要与相邻线路的保护在整定值上配合，这是比单端测量的电流保护及距离保护优越的地方。

纵差动保护的基本原理还可用基氏第一定理 $\sum \dot{I} = 0$ 来说明。$\sum \dot{I} = 0$ 是反映电流连续性的定理。对纵差动保护而言：当流入保护区的电流等于流出保护区的电流 $\sum \dot{I} = 0$ 时，说明保护区内没有发生故障，保护不动作；当流入保护区的电流不等于流出保护区的电流 $\sum \dot{I} \neq 0$ 时，说明保护区内发生故障，保护动作。因此，电流差动保护可利用 $\sum \dot{I}$ 作判据，当 $\sum \dot{I} = 0$ 时保护不动作，当 $\sum \dot{I} \neq 0$ 时保护就动作。了解这一点，对理解母线差动保护大有帮助。

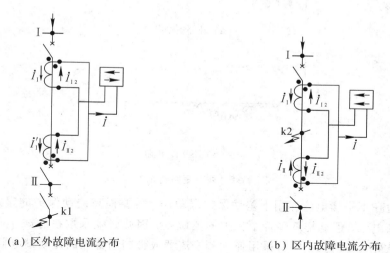

（a）区外故障电流分布 　　　　　（b）区内故障电流分布

图 4-1　线路纵差动保护原理接线图

2. 纵差动保护的不平衡电流

在上述分析保护原理时，正常运行及外部故障不计电流互感器的误差，流入差动继电器中的电流 $\dot{I} = 0$，这是理想的情况。实际上，电流互感器存在励磁电流，并且两侧电流互感器的励磁特性不完全一致，则在正常运行或外部故障时流入差动继电器的电流为

$$\dot{I} = \dot{I}_{I2} - \dot{I}_{II2} = \frac{1}{n_{TA}}[(\dot{I}_I - \dot{I}_{I.E}) - (\dot{I}'_I - \dot{I}'_{I.E})]$$

$$= \frac{1}{n_{TA}}(\dot{I}'_{I.E} - \dot{I}_{I.E}) = \dot{I}_{und} \qquad (4-3)$$

式中，$\dot{I}'_{I.E}$ 与 $\dot{I}_{I.E}$ 为两电流互感器的励磁电流。

此时流入继电器的电流 $\dot{I}$ 称为不平衡电流，用 $\dot{I}_{und}$ 表示，它等于两侧电流互感器的励磁电流相量差。外部故障时，短路电流使铁心严重饱和，励磁电流急剧增大，从而使 $\dot{I}_{und}$ 比正常运行时的不平衡电流大。

由于差动保护是瞬时动作的，因此，还需进一步考虑在外部短路暂态过程中差动回路出现的不平衡电流。图 4-2 表示了外部短路电流 i_k 随时间 t 的变化曲线及暂态过程中的不平衡电流。在外部短路开始时，一次侧短路电流中含有非周期分量，它很难变换到二次侧，而大部分成为电流互感器的励磁电流。同时，电流互感器励磁回路及二次回路电感中的磁通不能突变，将在二次回路引起非周期分量电流。因此，暂态过程中，励磁电流大大地超过稳态值，并含有大量缓慢衰减的非周期分量，使 $\dot{I}_{und}$ 大为增加。图 4-2(b) 为不平衡电流波形，暂态不平衡电流可能超过稳态不平衡电流好几倍，而且由于两个电流互感器的励磁电流含有很大的非周期分量，从而使不平衡电流偏向时间轴一侧。由于励磁回路具有很大的电感，励磁电流上升缓慢，图中不平衡电流最大值出现在短路开始稍后的时刻。

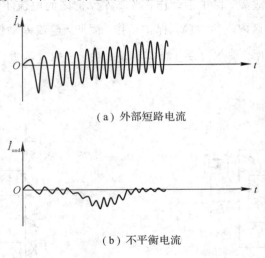

（a）外部短路电流

（b）不平衡电流

图 4-2　外部短路暂态过程

为了避免在不平衡电流作用下差动保护误动作，需要提高差动保护的整定值，使它躲开最大不平衡电流。但这样就降低了保护的灵敏度，因此必须采取措施减小不平衡电流及其影响。在线路纵差动保护中可采用速饱和变流器或带制动特性的差动继电器。

二、平行线路横联方向差动保护

电力系统中常采用双回线路供电方式。平行线路是指参数相同且平行供电的双回线路，采用这种供电方式可以提高供电可靠性，当一条线路发生故障时，另一条非故障线路仍正常供电。为此，要求保护能判别出平行线路是否发生故障及哪条线路故障。判别平行线路是否发生故障，采用测量差回路电流的大小的方法；判别是哪条线路故障，采用测量差回路电流的方向的方法。

1. 横联方向差动保护工作原理

平行线路横联方向差动保护单相原理接线图如图 4-3 所示。保护装在线路的两侧，两条线路电流互感器变比相同、型式相同。M 端 TA1 与 TA2（N 端 TA3 与 TA4）二次绕组异极性端相连。该保护主要由一个电流继电器和两个功率方向继电器构成，电流继电器接于两回线路电流互感器二次侧的差动回路，功率方向继电器电流线圈接在被保护线路的差电流上，电压线圈接到所在母线电压互感器的二次电压上。

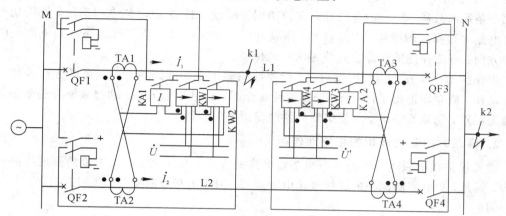

图 4-3　平行线路横联方向差动保护单相原理接线图

现以单侧（M 端）电源线路为例来说明保护的工作原理。

（1）正常运行或外部短路时（如 k2 点）。此时线路 L1 中流过的电流 $\dot{I}_1$，与线路 L2 中流过的电流 $\dot{I}_2$ 相等，M 侧保护的电流继电器 KA1 中流过电流为

$$\dot{I} = \frac{1}{n_{TA}}(\dot{I}_1 - \dot{I}_2) = 0 \tag{4-4}$$

实际上，由于两回线路阻抗不完全相等，电流互感器特性也不一致，KA1 中流过不平衡电流。若能使 KA1 的动作电流大于不平衡电流，则 M 侧的电流继电器不会动作，从图 4-3可知，M侧的整套保护不会启动跳闸。同理 N 侧的保护也不会动作。

（2）任一线路内部故障时（如 k1 点）。若在线路 L1 上发生短路，不考虑负荷电流，则通过线路 L1 和 L2 的短路电流 $\dot{I}_1$ 和 $\dot{I}_2$ 的大小与它们由母线 M 到故障点经过的阻抗值成反比。显然 $\dot{I}_1 > \dot{I}_2$。在 M 侧保护 KA1 中流过电流为

$$\dot{I} = \frac{1}{n_{TA}}(\dot{I}_1 - \dot{I}_2) \tag{4-5}$$

此电流大于电流继电器的整定值时，电流继电器 KA1 动作，功率方向继电器是否动作决定于流过功率方向继电器的电流和所加电压间的相位。根据图中标示的极性，当在线路 L1 上故障时，功率方向继电器 KW1 流过的差电流为从同极性端子流入，所加的母线残压也是从同极性端子加入，故 KW1 判别为正方向故障，KW1 动作。KW2 与 KW1 流过相同的电流，但所加母线电压的方向是从非极性端子加入，KW2 不动作。因此 M 侧的保护 KA1 与 KW1 动作将 QF1 跳开。同时 N 侧的保护，在 k1 点故障时，N 端 TA3 流过电流为 $\dot{I}_2$，TA4 流过电流为 $-\dot{I}_2$，则 KA2 中的差电流为

$$\dot{I} = \frac{1}{n_{TA}}[\dot{I}_2 - (-\dot{I}_2)] = \frac{2}{n_{TA}}\dot{I}_2 \tag{4-6}$$

此电流使 KA2 动作。功率方向继电器 KW3 根据图中标示极性满足动作条件而动作，跳开 QF3。因此，L1 线路故障，M 侧与 N 侧保护动作，将 QF1 与 QF3 跳开。

L2 线路故障时，$\dot{I}_2 > \dot{I}_1$，分析方法同上，KA1 与 KW2 动作将 QF2 跳闸，KA2 与

KW4 动作将 QF4 跳闸。

以上分析说明，差电流继电器 KA1、KA2 在平行线路外部故障时不动作，而在 L1 线路或 L2 线路上故障时都动作，因此电流继电器能判别平行线路内、外部故障，但不能选择出哪一条线路故障。L1 与 L2 线路内部故障时，KA1、KA2 中电流方向不同，故用功率方向继电器来选择故障线路。由此可见，横联方向差动保护是响应平行线路短路电流差的大小和方向，有选择性地切除故障线路的一种保护。

当保护动作跳开一回线路以后，平行线路只剩下一回线路运行时，横联方向差动保护要误动作，应立即退出工作。所以，不论什么原因一回线路断开后，通过被断开的断路器动合辅助触点，切除直流电源，使该侧横差动保护退出运行。

2. 横联方向差动保护的相继动作区

横差保护在电源侧测量的是两线路差电流的大小，在非电源侧，测量的是两线路电流的和，因此，非电源侧保护的灵敏度比电源侧高。但靠近母线故障时，两侧保护存在相继动作的问题。

相继动作区：等对侧保护动作后短路电流重新分布，本侧保护再动作叫相继动作；可能发生相继动作的区域叫相继动作区。

当在平行线路内部任一端母线附近发生短路时，例如在图 4-4 所示线路中，N 端母线附近 k 点故障时，流过 L1 的短路电流 $\dot{I}_1$ 与流过线路 L2 的短路电流 $\dot{I}_2$ 近似相等，此时，对 M 侧保护来说，流过启动元件 KA1 中的电流 $I = \dfrac{1}{n_{TA}}(\dot{I}_1 - \dot{I}_2)$ 很小，当其值小于 KA1 中的动作电流时，M 侧保护不动作。但对 N 侧保护来说，$\dot{I}_2$ 经 QF2、QF4、QF3 流向短路点，流过启动元件 KA2 中电流 $I = \dfrac{1}{n_{TA}}[\dot{I}_2 - (-\dot{I}_2)] = \dfrac{2}{n_{TA}}\dot{I}_2$，其值大于动作电流，N 侧保护动作断开 QF3。这时，故障并未切除，QF3 断开后，短路电流重新分布，$\dot{I}_2 = 0$，短路电流全部经 QF1 流至故障点。M 侧保护流过的电流 $I = \dfrac{1}{n_{TA}}\dot{I}_1$，此电流大于动作电流，使保护动作跳开 QF1。k 点故障分别由 N 侧、M 侧保护先后动作于 QF3、QF1 而切除故障线路，这种两侧保护装置先后动作的现象，称为相继动作。另一种相继动作的情况是：在 M 侧母线附近区域内发生故障，此时，$\dot{I}_1 > \dot{I}_2$，且 $\dot{I}_2$ 很小，因此 N 侧保护不动作，而 M 侧保护先动作断开 QF1。QF1 断开后，$\dot{I}_1 = 0$，$\dot{I}_2$ 增大，于是 N 侧保护又动作断开 QF3，故障由 M、N 侧保护相继动作切除。

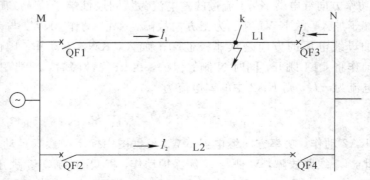

图 4-4　横联方向差动保护相继动作分析

相继动作：可有选择性地切除故障，但切除故障的时间延长 1 倍，因此应尽量减小相继动作区。通常要求，在正常运行方式下，两侧母线附近的相继动作区总长不能超过线路全长的 50％。

3. 评价

横差保护在双回线路运行时能保证有选择性动作，且动作迅速、接线简单。其缺点是有一回线路停止运行时，保护要退出工作，且有相继动作区。为了对双回线上的横联方向差动保护及相邻线路保护起后备作用以及作为单回线路运行时的主保护，通常，在双回线路上还需要装设一套接于双回线路电流之和的三段式电流保护或距离保护。

三、平行线路的电流平衡保护

横差保护用在电源侧时灵敏度往往不能满足要求；因为，电流测量元件反映的是两线路电流的差值（及不平衡电流）。根据这一特点可采用电流平衡保护。

电流平衡保护是平行线路横联方向差动保护的另一种形式，它的工作原理是比较平行两回线路中电流幅值的大小。

1. 电流平衡保护的基本工作原理

电流平衡保护的基本工作原理可用图 4－5 说明。图 4－5 中，KAB 是一个双动作的电平衡继电器，当平行线路正常运行或外部故障时，通过 KAB 两线圈 N1 和 N2 的电流幅值相等，"天平"处在平衡状态，保护不动作。当线路 L1 故障时（如 k1 点故障），则 $I_1 > I_1'$，KAB 的右侧触点闭合，跳开 QF1 切除 L1 的故障，保护不动作。当线路 L2 故障时，KAB 的左侧触点闭合，跳开 QF2 切除 L2 的故障。

实际应用中，平衡继电器考虑的问题较多。一般使用整流型电流平衡继电器，这里不再一一讲解。

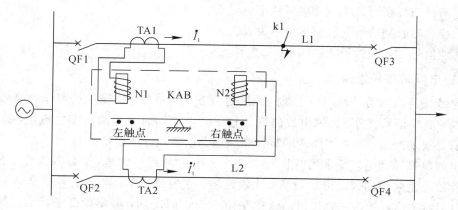

图 4－5 电流平衡保护的基本工作原理说明图

2. 对电流平衡保护的评价

电流平衡保护主要有以下优、缺点：

（1）本身对判别故障线路有利，不需引入功率方向继电器。

（2）接线简单，动作迅速、灵敏度较高。

（3）有相继动作区，但较横差方向的相继动作区小。

（4）根据其工作原理，不能在单电源平行线路受电端使用。因为单侧电源平行线路的任一回线路故障时，对受电端保护来说，两回线路中的电流只有方向的差别，而幅值大小总是相等的，故保护不能动作。

4.2 高频保护的基本原理

一、高频保护的基本原理及分类

线路纵联差动保护能瞬时切除被保护线路全长任一点的短路故障，但是由于它必须敷设与线路相同长度的辅助导线，一般只能用在短线上。为快速切除高压输电线路上任一点的短路故障，将线路两端的电气量转化为高频信号，然后利用高频通道，将此信号送至对端进行比较，决定保护是否动作，这种保护称为高频保护。因为它不响应被保护输电线路范围以外的故障，在定值选择上也无需与下一条线路相配合，故可不带延时。

目前广泛采用的高频保护有：高频闭锁方向保护、高频闭锁距离保护、高频闭锁零序电流保护及电流相位差动高频保护。高频闭锁方向保护是比较被保护线路两端的短路功率方向。高频闭锁距离及高频闭锁零序电流保护分别是由距离保护、零序电流保护与高频收发信机结合而构成的保护，也是属于比较方向的高频保护。电流相位差动高频保护是比较被保护线路两端工频电流相位，简称为相差高频保护。

二、高频通道的构成

继电保护的高频通道有电力输电线路的载波通道、微波通道和光纤通道三种。不论使用什么通道，都应尽量做到：

（1）高频信号在通道中衰耗尽可能小。

（2）接收端收到信号的波形尽量不失真。

（3）使信号受外来的干扰影响小。

1. 输电线路高频通道

输电线路高频通道是利用输电线路载波通信方式构成的，以输电线路作为高频保护的通道，传输高频信号。为了使输电线路既传输工频电流同时又传输高频电流，必须对输电线路进行必要的改造，即在线路两端装设高频耦合设备和分离设备。

输电线路高频通道广泛采用"相—地"制，即利用"导线—大地"作为高频通道。它只需要在一相线路上装设构成通道的设备，比较经济。它的缺点是：高频信号的衰耗和受到的干扰都比较大。输电线路高频通道的频率在 $40 \sim 500$ kHz 间，频率太低干扰大，频率太高衰耗大。

输电线路高频通道的构成如图 4-6 所示。高频通道应能区分高频与工频电流，使高压一次设备与二次回路隔离；使高频信号电流只限于在本线路流通，不能传递到外线路；高频信号电流在传输中的衰耗应最小。因此，高频通道中应装设下列设备，现将其作用分述如下。

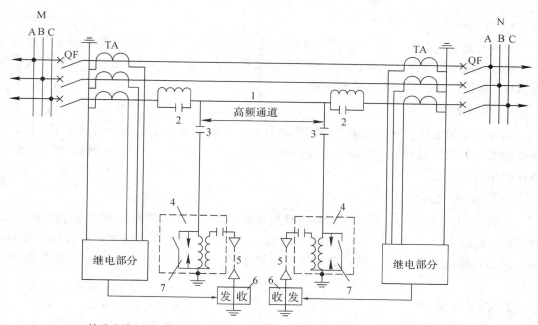

1—输线电线一相导线；2—高频阻波器；3—耦合电容器；4—连接滤波器；
5—高频电缆；6—高频收/发信机；7—放电间隙、接地刀闸

图 4-6　输电线路高频通道的构成

1）高频阻波器

高频阻波器串联在线路两端，其作用是阻止本线路的高频信号传递到外线路。它由一电感线圈与可变电容器并联组成，高频信号工作在并联谐振状态。并联谐振，其阻抗最大，使谐振频率为所用的高频信号频率，这样它就对高频电流呈现很大的阻抗，从而将高频信号限制在输电线路两个阻波器之间的范围内。而对于工频电流，阻波器呈现的阻抗很小（约为 $0.4\ \Omega$），不影响工频电流的传输。

2）耦合电容器

耦合电容器又称结合电容器，它与连接滤波器共同配合，将高频信号传递到输电线路上，同时使高频收发信机与工频高压线路隔离。耦合电容器对工频电流呈现极大的阻抗，故工频泄漏电流极小。

3）连接滤波器

连接滤波器由一个可调节的空心变压器及连接至高频电缆一侧的电容器组成。连接滤波器与耦合电容器共同组成高频串联谐振回路，高频电缆侧线圈的电感与电容也组成高频串联谐振回路，让高频电流顺利通过。

耦合电容器与连接滤波器共同组成一个"带通滤波器"。从线路一侧看，带通滤波器的输入阻抗应与输电线路的波阻抗（约 $400\ \Omega$）相匹配，而从电缆一侧看，则应与高频电缆的波阻抗（约为 $100\ \Omega$）相匹配，从而避免高频信号的电磁波在传送过程中发生反射而引起高频能量的附加衰耗，使收信机得到的高频信号的能量最大。

4）放电间隙、接地刀闸

并联在连接滤过器两侧的接地刀闸是当检查连接滤波器时，作为耦合电容器接地之用。放电间隙是作为过电压保护用，当线路上受雷击产生过电压时，通过放电间隙被击穿而接地，保护高频收发信机不致被击毁。

5）高频电缆

高频电缆用来连接室内继电保护屏高频收发信机到室外变电站的连接滤波器。因为传送高频电流的频率很高，采用普通电缆会引起很大衰耗，所以一般采用同轴电缆，它的高频损耗小、抗干扰能力强。

6）高频收/发信机

高频收/发信机是发送和接收高频信号的装置。高频发信机将保护信号进行调制后，通过高频通道送到对端的收信机中，也可为自己的收信机所接收，高频收信机收到本端和对端发送的高频信号后进行解调，变为保护所需要的信号，作用于继电保护，使之跳闸或闭锁。

2. 微波通道

由于电力系统载波通信和运行的发展，现有电力输电线路载波频率已经不够分配。为解决这个问题，在电力系统中还可采用微波通道。微波的频段在 $300\sim30\ 000$ MHz 间，我国继电保护的微波通道所用微波频率一般为 2000 MHz。

微波通道的示意图如图 4-7 所示。微波信号由一端的发信机发出，经连接电缆送到天线发射，再经过空间的传播，送到对端的天线，被接收后，由电缆送到收信机中。微波信号传送距离一般不超过 $40\sim60$ km，若超过这个距离，就要增设微波中继站来转送。

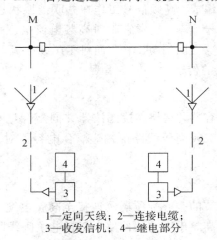

1—定向天线；2—连接电缆；
3—收发信机；4—继电部分

图 4-7　微波通道示意图

微波通道与电力输电线路没有直接的联系，这样线路上任何故障都不会破坏通道的工作，所以不论是内部或外部短路故障，微波通道都可以传送信号，而且不存在工频高压对人身和二次设备的损害问题，输电线路的检修和运行方式的改变也不影响通道的工作。

利用微波通道构成的继电保护称为微波保护。

三、高频通道的工作方式

1. 正常时无高频电流方式

正常运行时，高频通道中无高频电流通过，当电力系统故障时，发信机由启动元件启动发信，通道中才有高频电流出现。这种方式又称为故障时发信方式，其优点是：可以减少对通道中其他信号的干扰，延长收发信机的寿命。其缺点是：要有启动元件，延长了保护的动作时间，需要定期启动发信机来检查通道是否良好。目前广泛采用这一方式。

2. 正常时有高频电流方式

正常运行时，发信机发信，通道中有高频电流通过，故这种方式又称长期发信方式。其优点是：使高频通道处于经常的监视状态，可靠性较高；保护装置中无需收发信机的启动元件，使保护简化，并可提高保护的灵敏度。其缺点是：收发信机的使用年限减少，通道间的干扰增加。

3. 移频方式

正常运行时，发信机发出 f_1 频率的高频电流，用以监视通道及闭锁高频保护。当线路发生短路故障时，高频保护控制发信机移频，发出 f_2 频率的高频电流。移频方式能经常监视通道情况，提高通道工作的可靠性，加强保护的抗干扰能力。

四、高频信号

高频信号与高频电流是不同的概念。信号是在系统故障时，用来传送线路两端信息的。对于故障时发信方式，有高频电流，就是有信号。对于长期发信方式，无高频电流，就是有信号。对于移频方式，故障时发出的某一频率的高频电流为有信号。

按高频信号的作用，高频信号可分为闭锁信号、允许信号和跳闸信号三种。

1. 闭锁信号

闭锁信号是制止保护动作将保护闭锁的信号。当线路内部故障时，两端保护不发出闭锁信号，通道中无闭锁信号，保护作用于跳闸。因此，无闭锁信号是保护动作于跳闸的必要条件，其逻辑图如图 4-8(c)所示。当线路外部短路故障时，通道中有高频闭锁信号，两端保护不动作。由于这一方式只要求外部故障时通道才传送高频信号，而内部故障时则不传递高频信号。因此，线路故障对传送闭锁信号无影响，通道可靠性高。所以，在输电线路作高频通道时，广泛采用故障启动发信方式。

2. 允许信号

允许信号是允许保护动作于跳闸的高频信号。收到高频允许信号是保护动作于跳闸的必要条件；图 4-8(b)是允许信号的逻辑图。从图中可见，只有在继电保护动作的同时又有允许信号时，保护才能动作于跳闸。

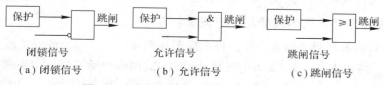

图 4-8　高频保护信号作用的逻辑关系图

3. 跳闸信号

跳闸信号是线路对端发来的直接使保护动作于跳闸的信号。只要收到对端发来的跳闸信号，保护就动作于跳闸，不管本端保护是否启动。跳闸信号的逻辑图如图 4－8(a)所示，它与本端继电保护部分间具有"或"逻辑关系。

4.3　高频闭锁方向保护

一、高频闭锁方向保护的基本原理

高频闭锁方向保护的基本原理是比较线路两端的短路功率方向。保护采用故障时发信方式。在继电保护中规定，从母线流向线路的短路功率为正方向，从线路流向母线的短路功率为负方向。当系统发生故障时，接收反向功率的那一侧发高频信号，收信机收到高频信号保护不动作(收信机采用单频制，即本侧收信机既可接收本侧发信机发出的信号，也可接收对侧发信机发出的信号)，故称为高频闭锁方向保护。

现以图 4－9 为例来说明保护装置的工作原理。设在线路 BC 上发生故障，则短路功率的方向如图所示。安装在线路 BC 两端的高频闭锁方向保护 3 和 4 的功率方向为正，故保护 3、4 都不发出高频闭锁信号，保护动作，瞬时跳开两端的断路器。但对非故障线路 AB 和 CD，其靠近故障一端的功率方向为由线路流向母线，即功率方向为负，则该端的保护 2 和 5 发出高频信号。此信号一方面被自己的收信机接收，同时经过高频通道把信号分别送到对端的保护 1 和 6，使得保护装置 1、2 和 5、6 都被高频信号闭锁，保护不动作。利用非故障线路功率为负的一侧发高频信号，闭锁非故障线路的保护防其误动，这样就可以保证在内部故障并伴随有通道的破坏时，故障线路的保护装置仍然能够正确动作。这是它的主要优点，也是高频闭锁信号工作方式得到广泛应用的主要原因之一。

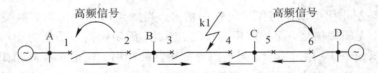

图 4－9　高频闭锁方向保护的工作原理

二、高频闭锁方向保护的构成及工作原理

高频闭锁方向保护的继电部分由两种主要元件组成：一是启动元件，主要用于故障时启动发信机，发出高频闭锁信号；二是方向元件，主要测量故障方向，在保护的正方向故障时准备好跳闸回路。高频闭锁方向保护按启动元件的不同可以分为三种，下面分别介绍这三种启动方式的高频闭锁方向保护的工作原理。

1. 非方向性启动元件的高频闭锁方向保护

电流元件启动的高频闭锁方向保护构成框图如图 4－10 所示。被保护线路两侧装有相同的半套保护。图中 KA1、KA2 为电流启动元件，故障时启动发信机和跳闸回路，KA1 的灵敏度高(整定值小)用于启动发信；KA2 的灵敏度较低(整定值较高)，用于启动跳闸。S

为方向元件,只有测得正方向故障时才动作。

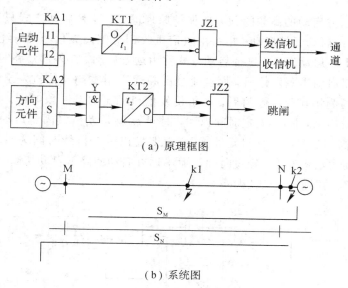

(a) 原理框图

(b) 系统图

图 4－10 电流元件启动的高频闭锁方向保护原理框图

图 4－10 所示保护的工作原理如下。

(1) 正常运行时,启动元件不动作,发信机不发信,保护不动作。

(2) 区外故障,启动元件动作,启动发信机发信,但靠近故障点的那套保护接收的是反方向电流,方向元件 S 不动作,两侧收信机均能收到这侧发信机发出的高频信号,保护被闭锁,有选择地不动作。

(3) 内部故障时,两侧保护的启动元件启动。KA1 启动发信,KA2 启动跳闸回路,两侧方向元件均测得正方向故障而动作,经 t_2 延时后,将控制门 JZ1 闭锁,使两侧发信机均停信,此时两侧收信机收不到信号,两侧控制门 JZ2 均开放,故两侧保护都动作于跳闸。

采用两个灵敏度不同的电流启动元件,是考虑到被保护线路两侧电流互感器的误差不同和两侧电流启动元件动作值的误差。如果只用一个电流启动元件,在被保护线路外部短路而短路电流接近启动元件动作值时,近短路点侧的电流启动元件可能拒动,导致该侧发信机不发信;而远离短路侧的电流启动元件可能动作,导致该侧收信机收不到高频信号,从而引起该侧断路器误跳闸。采用两个动作电流不等的电流启动元件,就可以防止这种无选择性动作。用动作电流较小的电流启动元件 KA1 去启动发信机,用动作电流较大的启动元件 KA2 启动跳闸回路,这样,被保护线路任一侧的启动元件 KA2 动作之前,两侧的启动元件 KA1 都已先动作,从而保证了在外部短路时发信机能可靠发信,避免了上述误动作。

时间元件 KT1 是瞬时动作、延时返回的时间电路,它的作用是在启动元件返回后,使接收反向功率那一侧的发信机继续发闭锁信号。这是为了在外部短路切除后,防止非故障线路接收正向功率的那一侧,方向元件在闭锁信号消失后来不及返回而发生误动。

时间元件 KT2 是延时动作、瞬时返回的时间电路,它的作用是为了推迟停信和接通跳闸回路的时间,以等待对侧闭锁信号的到来。在区外故障时,让远故障点侧的保护收到对侧送来的高频闭锁信号,从而防止保护误动。

2. 远方启动

图 4-11 为远方启动的高频闭锁方向保护原理框图。这种启动方式只有一个启动元件 KA，发信机既可由启动元件启动；也可由收信机收到对侧高频信号后，经延时元件 KT3，或门 H，禁止门 JZ1 启动发信，这种启动方式称为远方启动。在外部短路时，任何一侧启动元件启动后，不仅启动本侧发信机，而且通过高频通道用本侧发信机发出的高频信号启动对侧发信机，在两侧相互远方起信后，为了使发信机固定启动一段时间，设置了时间元件 KT3，该元件瞬时启动，经 t_3 固定时间返回，时间 t_3 就是发信机固定启动时间。在收信机收到对侧发来的高频信号时，时间元件 KT3 立即发出一个持续时间为 t_3 的脉冲，经或门 H，禁止门 JZ1 使发信机发信。经过时间 t_3 后，远方启动回路就自动切断。t_3 的时间应大于外部短路可能持续的时间，一般取 5~8 s。

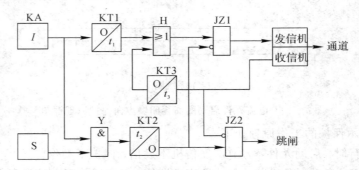

图 4-11 远方启动的高频闭锁方向保护原理框图

在外部短路时，如果近故障侧启动元件不动作，远离短路侧的启动元件启动，则近故障点侧的保护可由远方启动，将对端保护闭锁，防止远短路点侧的保护误动作。为此，在 t_2 延时内，一定要收到对侧发回的高频信号，以保证 JZ2 一直闭锁。因此，t_3 的延时应大于高频信号在高频通道上往返一次所需的时间。

远方启动方式的主要缺点是：在单侧电源下内部短路时，受电侧被远方启动后不能停信。这样就会造成电源侧保护拒动。因此，单侧电源输电线路的高频保护不采用远方启动方式。

3. 方向元件启动的高频闭锁方向保护

方向元件启动的高频闭锁方向保护原理框图如图 4-12 所示，它的工作原理与图 4-10 的工作原理基本相同，所不同的是，将启动元件换成了 S_。线路两侧装设完全相同的两个半套保护，采用故障时发信并使用闭锁信号的方式。图中 S_ 为反方向短路动作的方向元件，即反方向短路时，S_ 有输出，用以启动发信。S_+ 为正方向短路动作的方向元件，即正方向故障时，S_+ 有输出，启动跳闸回路。为区分正常运行和故障，方向元件一般采用负序功率方向元件，保护装置动作过程如下。

正常运行时，两侧保护的方向元件均不动作，既不启动发信，也不开放跳闸回路。

区外故障时（k 点），远故障点 M 侧的正方向元件 S_{M+} 有输出，准备跳闸；近故障点侧的反方向元件 S_{N-} 有输出，启动发信机发出高频闭锁信号。两侧收信机均收到闭锁信号后，将控制门 JZ2 关闭，两侧保护均被闭锁。

双侧电源线路区内故障时，两侧反方向短路方向元件 S_{M+}、S_{N-} 都无输出，两侧的发信机都不发信，收信机收不到信号，控制门 JZ2 开放，同时两侧正方向短路方向元件均有输出，经 t_2 延时后，两侧断路器同时跳闸。单侧电源线路区内故障时，受电侧肯定不发信，不会造成保护拒动。

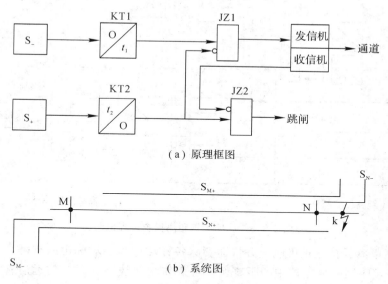

（a）原理框图

（b）系统图

图 4-12　方向元件启动的高频闭锁方向保护

　　设置 KT2 延时电路的目的，与图 4-10 中 KT2 相同。KT2 延时动作后将控制门 JZ1 关闭，这可防止在区外故障的暂态过程中保护动作。

　　设置 KT1 延时返回电路的目的是：在区外故障切除后，继续一段时间发信，避免远故障点侧的保护因高频闭锁信号过早消失及本侧的方向元件迟返回而造成误动。

　　由于启动元件换成了方向元件，仅判别方向，没有定值，所以灵敏度高。

三、高频闭锁距离保护

　　高频闭锁方向保护可以快速地切除保护范围内部的各种故障，但不能作为下一条线路的后备保护。而距离保护，在内部故障时，利用高频闭锁保护的特点，能瞬时切除线路任一点的故障；而当外部故障时，利用距离保护的特点，起到后备保护的作用。它兼有高频方向和距离两种保护的优点，并能简化保护的接线。

　　高频闭锁距离保护原理框图如图 4-13 所示。它由距离保护和高频闭锁两部分组成。距离保护为三段式，Ⅰ、Ⅱ、Ⅲ 段都采用独立的方向阻抗继电器作为测量元件。高频闭锁部分与距离保护部分共用同一个负序电流启动元件 KA（对称故障瞬间该元件也能动作），方向判断元件与距离保护的第Ⅱ段（也可用第Ⅲ段）共用方向阻抗继电器 Z_{II}。

　　当被保护线路发生区内故障时，两侧保护的负序电流启动元件 KA 和测量元件 Z_{II} 都启动，经 t_1 延时，分别跳开两侧断路器，其高频闭锁部分工作情况与前述基本相同。此时线路一侧或两侧的距离Ⅰ段保护也可动作于跳闸，但要受振荡闭锁回路的控制。

　　若发生区外故障时，近故障点侧保护的测量元件 Z_{II} 不启动，跳闸回路不会启动。近故障点侧的负序电流启动元件 KA 启动发信，两侧收信机收到信号，闭锁两侧跳闸回路。此时，远故障点侧距离保护的Ⅱ或Ⅲ段可以经出口继电器 KOM 跳闸，作相邻线路保护的后备。

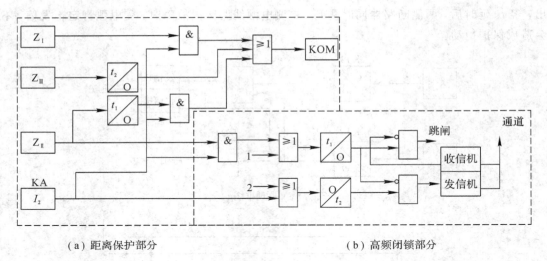

（a）距离保护部分 （b）高频闭锁部分

图 4-13 高频闭锁距离保护原理框图

高频闭锁距离保护能正确响应并快速切除各种对称和不对称短路故障，且保护有足够的灵敏度。高频闭锁距离保护中的距离保护可兼作相邻线路和元件的远后备保护，当高频部分故障时，距离保护仍可继续工作，对线路进行保护。

图 4-13 中的 1 和 2 端子如果与零序电流方向保护的有关部分相连，则可构成高频闭锁零序电流方向保护。

4.4 相差高频保护

一、相差高频保护的基本原理

利用高频信号将电流的相位传到对侧进行比较决定是否动作的保护称为相差高频保护。如图 4-14 所示的 MN 线路，假定电流的正方向由母线指向线路，当线路内部 k1 点故障时，两端电流 $\dot{I}_M$、$\dot{I}_N$ 相位相同，它们之间的相角差 $\varphi=0°$，当线路外部 k2 点故障时，靠近故障点一侧的电流由线路指向母线，远故障点侧的电流由母线指向线路，$\dot{I}_M$ 与 $\dot{I}_N$ 相角差 $\varphi=180°$，因此相差高频保护可以根据线路两侧电流之间的相位角 φ 的不同，来判别线路是内部故障还是外部故障。

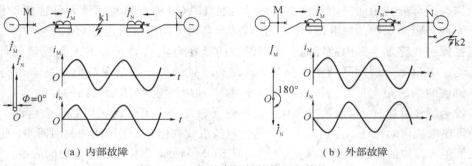

（a）内部故障 （b）外部故障

图 4-14 相差高频保护的原理接线

二、相差高频保护的组成元件及工作原理

在我国传统的相差高频保护广泛采用故障启动发信的相差高频保护，其构成框图如图 4-15 所示。保护主要由继电部分、收/发信机和高频通道三部分组成。继电部分由启动元件、操作元件和比相元件所组成。下面介绍继电部分的工作原理。

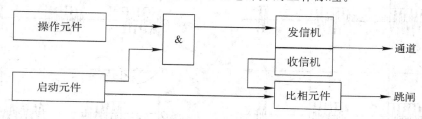

图 4-15　相差高频保护的基本构成框图

1. 启动元件

启动元件的作用是判断系统是否发生故障，只有发生故障，启动元件才启动发信并开放比相。

2. 操作元件

操作元件的作用是将被保护线路的工频三相电流变换成单相的操作电压，控制发信机在工频正半周发信，负半周停信，故发信机发出的高频信号的宽度约为工频电角度180°，而这种高频信号的宽度变化代表着工频电流的相位变化。操作元件对发信机的这种控制作用，在继电保护技术中称为"操作"，相当于通信技术中的"调制"。

每侧收信机既能接收对侧发信机发来的高频信号，同时也能接收到本侧发信机发出的高频信号，收信机收到的是两侧高频信号的综合。

3. 比相元件

（1）比相元件用来测量收信机输出高频信号的宽度的。被保护线路内部故障，比相元件动作，作用于跳闸；外部故障时，比相元件不动作，保护不跳闸。

相差高频保护的工作原理用图 4-16 说明。当内部故障时，线路两侧电流都从母线流向线路，两侧电流 $\dot{I}_M$、$\dot{I}_N$ 同相，相位差 $\varphi = 0°$。

在启动元件与操作元件作用下，两侧发信机于工频电流正半周同时发信，于工频电流负半周停信。$i_{h.M}$ 与 $i_{h.N}$ 分别为 M 侧与 N 侧发送的高频电流信号。收信机收到的两侧综合高频信号 $i_{h.MN}$ 是间断的高频电流，间断角度为180°（对应于工频，下同），比相元件动作，从而使保护跳闸。

当线路外部故障时，如图 4-16(b)所示，被保护线路两侧工频电流 $\dot{I}_M$、$\dot{I}_N$ 反相，相位差 $\varphi = 180°$，两侧发信机在正半周发信，负半周不发信，故 $i_{h.M}$ 与 $i_{h.N}$ 的相位仍相差180°。两侧收信机接收的高频电流 $i_{h.MN}$ 为连续的高频信号，间断的角度为 0°，比相元件无输出，两侧保护不动作。收信机收到的对侧信号在传输时有衰减，故在 $i_{h.MN}$ 信号中，本侧信号幅值大于所收到的对侧信号。显然，当内部故障时，每侧保护不需要通道传送对侧的高频电流，保护就能正确动作。而当外部故障时，每侧保护必须接收对侧发出的高频电流，收信机收到连续的高频电流，保护才被闭锁，因此，高频通道传送的是闭锁信号。

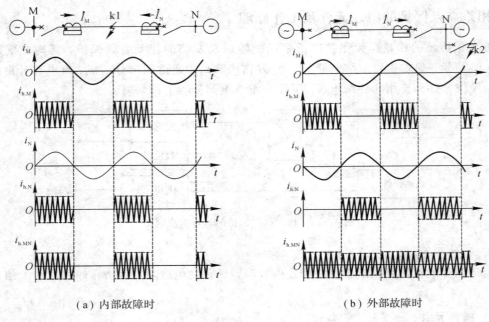

（a）内部故障时　　　　　　　　　　　（b）外部故障时

图 4-16　相差高频保护的工作原理

（2）比相元件的闭锁角。比相元件是相差高频保护的重要元件，当外部故障时，它不应动作，而内部故障时，则应可靠动作。为此，必须保证在外部故障时比相元件不误动，线路内部故障时能可靠动作。

如前所述，在理想情况下，外部故障时，线路两侧操作电流的相位差是180°。但实际上由于各种误差的影响，两侧操作电流的相位差并不是180°。误差有：

① 两侧电流互感器的角度误差，一般为7°。

② 保护装置本身的相位误差，包括操作滤过器和操作回路的角误差，一般为15°。

③ 高频电流从线路的对侧以光速传送到本侧所需要的时间 t 产生的延迟角 α，为

$$\alpha = \frac{l}{100}6°$$

式中，l 为线路长度，km。

④ 为保证动作选择性，考虑一个裕度角，一般取15°，则

$$\beta = 7° + 15° + \frac{l}{100}6° + 15° = 37° + \frac{l}{100}6° \tag{4-7}$$

式中，β 为闭锁角。

在 110~220 kV 线路上，通常选择 $\beta = 60°$，对于工频电流，电角度60°对应的时间为3.3 ms。

三、相差高频保护引起关注的几个问题

（1）为提高可靠性采用两次比相的问题。采用两次比相后，保护的动作时间至少延长了 10 ms，且保护装置的接线更复杂。

（2）传统的相差高频保护只能用在长度不超过 300 km 的输电线路上。高频信号从线路

的一侧传送到另一本侧是需要时间的，线路越长高频信号传送需要的时间也越长，外部故障时，收信机接收的高频信号间断角越大；为了使相差高频保护在外部故障时不动作，闭锁角 β 必须大于外部故障时收信机接收的高频信号的间断角。这样，内部故障时保护可能拒动，后果是严重的。

（3）数值逻辑的继电保护实现比相原理较困难，这也限制了相差高频保护的发展。但引入 UPS 技术，可以准确地判别线路两侧在相同时刻的采样量，用该采样量实现相差保护，可克服传统相差高频保护的缺点。这类保护正在研究与开发之中。

4.5 光纤纵联差动保护

随着国民经济的发展，光纤通信技术在电力系统的应用正在逐步推广，由光纤作为通信通道得到了越来越多的应用，如：电力调度自动化信息系统、利用光纤通信的纵联保护以及配电自动化通信网等，都应用光纤通信。

光纤保护是输电线路的理想保护。光纤通道容量大、抗腐蚀、敷设及检修方便，还可以节省大量有色金属；并且可以解决纵联保护中导引线保护以及高频保护的通道易受电磁干扰、高频信号衰耗等问题。随着光纤通信技术的发展，纵联差动保护的辅助导线已被光纤取代，在输电线路上采用其他原理的保护不能满足要求时，不论线路长短，均可采用光纤作为引线构成光纤数字式纵联差动保护。

一、架空地线复合光缆

1. 架空地线复合光缆的结构、特征

近年来，架空地线复合光缆在高压电力系统中得到了广泛应用。架空地线复合光缆又称光纤架空地线（简称 OPGW），是在电力传输线路的地线中含有供通信用的光纤单元。OPGW 包含一个管状结构，内含一条或多条光缆，而外围由钢及铝组成。架空地线复合光缆结构如图 4-17 所示。

图 4-17 架空地线复合光缆结构图

架空地线复合光缆架设在超高压铁塔的最顶端。它具有两种功能，其一是作为输电线路的避雷线，对输电导线遭雷击时放电；其二是通过复合在地线中的光纤，作为传送光信号的介质，可以传送音频、视频、数据和各种控制信号，组建多路宽带通信网。OPGW 一般有骨架式、中心管式和层绞式等几种。

典型的 OPGW 内含低传输损耗的单模光纤，达到远距离高速传输的目的。而 OPGW

的外在性质与钢芯铝绞线类似，用于在高压铁塔的最上方作为架空地线。OPGW 与埋设在地下的光缆比较，优势如下：架设成本较低；埋设在地下的光缆容易因路面施工挖掘而被挖断，OPGW 不会有这种问题。

光缆铠装层有很好的机械强度特性，因此，光纤能得到最好的保护（不受磨损、不受拉伸的应力、不受侧向压力），在根本上保证了光纤不受外力的损害。光缆铠装层有很好的抗雷击放电性能和短路电流的过负荷能力，因此，在雷电和短路电流过负荷的情况下，光纤仍可正常运行。OPGW 可直接作为架空地线安装在任意跨距的电力杆塔的地线挂点上。

特殊设计的 OPGW 可直接替换原有高压线路的架空地线，不用更换原有塔头，与高压线路同步建设光缆通信系统，可节省光缆施工费用，降低通信工程造价，缆径小，重量轻，不会给铁塔带来大的额外荷载，运行温度在 $-40\sim70℃$。

2. 光纤通信的特点

（1）通信容量大。从理论上讲，用光纤作载波通道可以传输 100 亿个话路。实际上，目前一对光纤一般可通过几百路到几千路，而一根细小的光缆又可包含几十根光纤到几百根光纤，因此光纤通信系统的通信容量是非常大的。

（2）节约大量金属材料。光纤由玻璃或硅制成，其来源丰富，供应方便。光纤很细，直径约为 $100\ \mu m$，对于最细的单模纤维光纤，1 kg 的玻璃可拉制光纤几万千米长；对较粗的多模纤维光纤，也可拉制光纤 100 多千米长。而 100 km 长的 1800 路同轴通信电缆就需用铜 12 t、铝 50 t。由此可见，光纤通信的经济效果是很可观的。

（3）光纤通信还有保密性好，敷设方便，不怕雷击，不受外界电磁干扰，抗腐蚀和不怕潮等优点。

（4）光纤最重要的特性是无感应性能，因此利用光纤可以构成无电磁感应的、极为可靠的通道。这一点对继电保护来说尤为重要，在易受地电位升高、暂态过程及其他严重干扰的金属线路地段之间，光纤是一种理想的通信介质。

光纤通信美中不足的是通信距离还不够长，在长距离通信时，要使用中继器及其附加设备。此外，当光纤断裂时不易查找故障点或连接，不过，由于光缆中的光纤数目多，可以将断裂的光纤迅速用备用光纤替换。

二、光纤保护的组成及原理

光纤保护是将线路两侧的电气量调制后转化为光信号，以光缆作为通道传送到对侧，解调后直接比较两侧电气量的变化，然后根据特定关系，判定内部或外部故障的一种保护。

1. 光纤保护的组成

光纤保护主要由故障判别元件（继电保护部分）和信号传输系统（PCM 端机、光端机以及光缆通道）组成，如图 4-18 所示。

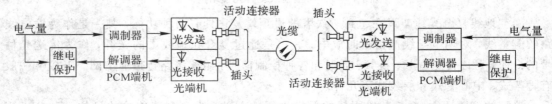

图 4-18　光纤保护的组成框图

1) 信号传输系统

信号传输系统包括两侧 PCM 端机、光端机和光缆。

（1）PCM 端机。PCM 端机由 PCM 调制器和 PCM 解调器组成。PCM（Pulse Code Modulation）调制器的原理是脉冲编码调制。PCM 调制器由时序电路、模拟信号编码电路、键控信号编码电路、并/串转换电路及汇合电路组成。PCM 解调器由时序电路、串/并转换电路、同步电路、模拟解调电路及键控解码电路组成。

（2）光端机。两侧装置中，每一侧的光端机都包括光发送部分和光接收部分。光信号在光纤中单向传输，两侧光端机需要两根光纤。一般采用四芯光缆，两芯运行，两芯备用。光端机与光缆经过光纤活动连接器连接。活动连接器一端为裸纤，与光缆的裸纤焊接，另一端为插头，可与光端机插接。

光发送部分主要由试验信号发生器、PCM 码放大器、驱动电路和发光管（LED）组成。其核心元件是电流驱动的 LED，驱动电流越大，输出光功率越高。PCM 码经过放大，电流驱动电路，从而驱动 LED 工作，使输出的光脉冲与 PCM 码的电脉冲信号一一对应，即输入脉冲为"1"时，输出一个光脉冲，输入"0"时，没有光信号输出。

光接收部分的核心元件是光接收管（PIN）。它将接收到的光脉冲信号转换为微弱的电流脉冲信号，经前置放大器、主放大器放大，成为电压脉冲信号，经比较整形后，还原成 PCM 码。

（3）光缆。光缆由光纤组成，光纤是一种很细的空心石英丝或玻璃丝，直径仅为 $100\sim 200\ \mu m$。光在光纤中传播。

2) 继电保护部分

常用的电流差动光纤保护有三相电流综合比较和分相电流差动比较原理。数字纵联保护的关键是线路两侧保护之间的数据交换。其电流差动保护动作特性一般采用具有制动特性的保护完成。动作方程如下：

$$\left| \dot{I}_{M2} + \dot{I}_{N2} \right| > 0.75 \left| \dot{I}_{M2} - \dot{I}_{N2} \right| \tag{4-8}$$

式中，$\left| \dot{I}_{M2} + \dot{I}_{N2} \right|$ 为差动电流，它是两侧电流向量和的幅值；$\left| \dot{I}_{M2} - \dot{I}_{N2} \right|$ 为制动电流，它为两侧向量差的幅值。

2. 光纤保护的原理

故障判别元件即继电保护装置，利用线路两侧输入电气量的变化，根据特定关系来区分正常运行、外部故障以及内部故障。光端机的作用是接收、发送光信号。光端机的光发送部分通过 PCM 端机的调制器将发送电气量的模拟信号调制成数字光信号进行发送，经光缆通道传输到线路对侧；光端机的光接收部分收到被保护线路对侧的数字光信号后，通过 PCM 端机的解调器还原成电气量的模拟信号，然后提供给保护，作为故障判别的依据。PCM 端机调制器的作用是：将各路模拟信号进行采样和模-数转换、编码，与键控信号的并行编码一同转换成适合光缆传输的串行码；PCM 端机解调器的作用是将接收到的 PCM 串行码转换成并行码，并将这些并行码经数-模转换和键控解码，解调出各路的模拟信号和键控信号。光缆通道的作用是将被保护线路一侧反映电气量的光信号，传输到被保护线路的另一侧。

三、光纤差动保护装置实例

下面就以 LFP-900 系列光纤电流纵差保护为例加以说明。

1. 装置的整体构成

输入电流或电压首先经过电流变换器或电压变换器传送至二次侧，成为小信号电压，然后进入 VFC（电压/频率变换器）插件，将电压信号经压频变换器转换成频率信号，供 CPU_1 和 CPU_2 作保护测量信号，还有一路模拟量送给管理机，由内部 A-D 转换器转换成数字信号，作启动元件。

CPU_3 内设装置总启动元件，启动后开放出口继电器正电源。CPU_1 内是一套完整的主保护，CPU_2 内是一套完整的后备保护，两套保护均输出至出口继电器。同时 CPU_3 还作为通信管理机，负责三个 CPU 之间的通信、人机对话以及打印输出和对外通信。

2. 装置总启动元件

启动元件分两部分，一部分测量相电流工频变化量的幅值，其判据为

$$\Delta I_{\Phi max} > 1.25\Delta I_T + 0.2I_n \tag{4-9}$$

式中，$0.2I_n$ 为固定门槛，ΔI_T 是浮动门槛，随着变化量输出增大而逐步自动增大，取 1.25 倍，可保证门槛电压始终略高于不平衡输出；$\Delta I_{\Phi max}$ 是取三相中最大一相电流的半波积分值。

该判据满足时，总启动元件动作并展宽 7 s，去开放出口继电器的正电源。

另一部分为零序过电流元件。当零序电流大于整定值时，零序启动元件动作，同时也作为总启动元件输出去开放出口继电器的正电源。

3. 纵联差动保护原理

从 VFC 压频变换器来的三相电流对应的频率信号，经计数器转换成相应的数字信号，进行数据处理后，启动发送数据中断，将本侧数据发往对侧。LFP-900 系列的差动继电器有两种：一是相差动继电器，A、B、C 三相共有三个；另一种为零序差动继电器。这四个继电器并行实时计算。

$$I_d = |\dot{I}_{act1} + \dot{I}_{act2}| - 0.7|\dot{I}_{act1} - \dot{I}_{act2}| \geqslant 0.15I_n \tag{4-10}$$

对于相差动继电器，有

$$\left.\begin{array}{l} \dot{I}_{act1} = \dot{I}_M + 4\Delta\dot{I}_M \\ \dot{I}_{act2} = \dot{I}_N + 4\Delta\dot{I}_N \end{array}\right\} \tag{4-11}$$

对于零序差动继电器，有

$$\left.\begin{array}{l} \dot{I}_{act1} = \dot{I}_M \\ \dot{I}_{act2} = \dot{I}_N \end{array}\right\} \tag{4-12}$$

式中，$\dot{I}_M$、$\dot{I}_N$ 是本侧、对侧相电流相量；$\Delta\dot{I}_M$、$\Delta\dot{I}_N$ 是本侧、对侧相电流的变化相量；$0.15I_n$ 是动作门槛；I_d 为差动电流；$\dot{I}_{act1}$ 为本侧动作电流；$\dot{I}_{act2}$ 为对侧动作电流。

该纵联差动保护具有制动特性。加入工频变化量的目的，是为了增加差动继电器的灵敏度，而且由于在区内故障时，两侧工频变化量电流严格同相；区外故障时，两侧工频变化量电流严格相反。这可以大大减小经接地电阻故障时，穿越性负荷电流的影响，提高差动继电器的可靠性。

本 章 小 结

　　本章介绍能保护全线长且快速动作的保护。这些保护有线路的差动保护，平行线路的横差保护、电流平衡保护及高频保护。本章分析了这些保护的工作原理、不平衡电流对差动保护的影响、相继动作区对横差保护的影响；介绍了高频保护中高频通道的构成及高频加工设备的作用；分析了高频闭锁方向保护、高频闭锁距离保护及相差高频保护的工作原理；介绍了各种保护的优缺点。

　　前几章介绍的电流保护和距离保护，是将线路一端的电气量引入保护装置，为了保护的选择性，保护的Ⅰ段只能保护线路的一部分，本线路其余部分发生故障，只能由第Ⅱ段保护延时切除。而在高压大容量的电力系统中，为保证系统的稳定性，要求在全线路范围内任意一点发生故障都能瞬时切除。因此在这种情况下必须装设输电线路的全线速动保护。全线速动保护一般都测量被保护线路两端的电气量，这就有个两端电气量的信息交换（通信）问题，本章介绍了这方面的一些内容，希望掌握这方面内容的基本概念。

复习思考题

　　4－1　说明纵差保护的工作原理及不平衡电流产生的因素。

　　4－2　纵差保护有哪些优缺点？适用于什么样的线路？

　　4－3　说明横联方向差动保护的构成和工作原理。

　　4－4　什么是横联方向差动保护的相继动作和相继动作区？对保护的性能有何影响？

　　4－5　横联方向差动保护有哪些优缺点？

　　4－6　试述电流平衡保护的工作原理。为什么在单侧电源平行线路的受电端不能采用电流平衡保护？

　　4－7　试述高频保护的基本工作原理。

　　4－8　"相—地"制高频通道的原理接线图由哪些元件组成？各元件作用如何？

　　4－9　说明高频收发信机的构成。

　　4－10　什么是闭锁信号、允许信号和跳闸信号？采用闭锁信号有何优点和缺点？

　　4－11　说明高频闭锁方向保护的基本工作原理。

　　4－12　什么叫远方启动？它有什么作用？

　　4－13　在线路 MN 上装有图 4－10 所示的高频闭锁方向保护。如果变电所 M 侧或 N 侧有一侧保护：

　　（1）发信机出了故障，不能发信时，试分析在何种情况下发生短路会导致保护误动或拒动。

　　（2）收信机出了故障不能收信时，试分析在何种情况下发生短路会导致保护误动或拒动？

　　4－14　说明相差高频保护的工作原理与组成元件。

第五章　输电线路的自动重合闸

5.1　输电线路自动重合闸的作用及分类

一、自动重合闸装置(简称 ARC)在电力系统中的作用

在电力系统中,输电线路特别是架空线路最容易发生故障,因此,必须设法提高输电线路供电的可靠性。而自动重合闸装置正是提高输电线路供电可靠性的有力措施。

输电线路的故障按其性质可分为瞬时性故障和永久性故障两种。瞬时性故障主要是指由雷电引起的绝缘子表面闪络、线路对树枝放电、大风引起的短时碰线、通过鸟类身体的放电等原因引起的短路。这类故障由继电保护动作断开电源后,故障点的电弧自行熄灭、绝缘强度重新恢复,故障自行消除,此时,若重新合上线路断路器,就能恢复正常供电。而永久性故障,如倒杆、断线、绝缘子击穿或损坏等,在故障线路电源被断开之后,故障点的绝缘强度不能恢复,故障仍然存在,即使重新合上断路器,又要被继电保护装置再次断开。

运行经验表明,输电线路的故障大多是瞬时性故障,约占总故障次数的 $80\% \sim 90\%$。因此,若线路因故障被断开之后再进行一次合闸,其成功恢复供电的可能性是相当大的。而自动重合闸装置就是将被切除的线路断路器重新自动投入的一种自动装置。

采用自动重合闸装置后,如果线路发生瞬时性故障,保护动作切除故障后,重合闸动作,能够恢复线路的供电;如果线路发生永久性故障,重合闸动作将断路器合闸后,继电保护会再次动作,使断路器跳闸,重合不成功。根据多年来运行资料的统计,输电线路上自动重合闸装置动作的成功率(重合闸成功的次数/总的重合次数)一般可达 $60\% \sim 90\%$。可见,采用自动重合闸装置来提高供电可靠性的效果是很明显的。

输电线路上采用自动重合闸装置的作用可归纳如下:

(1) 提高输电线路供电可靠性,减少线路停电次数,特别对单侧电源的单回供电线路尤其显著。

(2) 提高系统并列运行的稳定性,从而提高线路的输送容量。

(3) 可以纠正由于断路器本身机构不良,或继电保护误动作而引起的误跳闸。

(4) 自动重合闸与继电保护相配合,在很多情况下可以加速切除故障。

由于自动重合闸装置带来的效益可观,而且本身结构简单、工作可靠,因此,在电力系统中得到了广泛的应用。但是,采用自动重合闸装置后,对系统也会带来不利影响,主要表现在以下两方面:

（1）当重合于永久性故障时，系统再次受到短路电流的冲击，可能引起系统振荡。

（2）断路器在短时间内连续两次切断短路电流，使断路器的工作条件恶化。因此，自动重合闸的使用有时受系统结构和设备条件的制约。

目前在 10 kV 及以上的架空线路和电缆与架空线的混合线路上，广泛采用重合闸装置，只有在个别系统中由于条件的限制，不能使用重合闸。用于发电厂出口线路的重合闸装置，应防止重合闸合于永久性故障，以避免产生更大的扭转力矩，对轴系造成破坏。鉴于单母线或双母线的变电所在母线故障时会造成全停电或部分停电的严重后果，有必要在枢纽变电所装设母线重合闸装置。根据系统的运行条件，事先安排哪些元件重合、哪些元件不重合、哪些元件在符合一定条件时才重合，如果母线上的线路及变压器都装有三相重合闸装置，则使用母线重合闸时不需要增加设备与回路，只是在母线保护动作时不去闭锁那些预计重合的线路和变压器，比较容易实现。

二、对自动重合闸装置的基本要求

（1）自动重合闸装置动作应迅速。为了尽量减少停电对用户造成的损失，要求自动重合闸装置动作时间越短越好。但自动重合闸装置动作时间必须考虑保护装置的复归、故障点去游离后绝缘强度的恢复、断路器操作机构的复归及其准备好再次合闸的时间。

（2）手动跳闸时不应重合。当运行人员手动操作控制开关或通过遥控装置使断路器跳闸时，属于正常运行操作，自动重合闸装置不应动作。

（3）手动合闸于故障线路时，继电保护动作使断路器跳闸后，不应重合。因为在手动合闸前，线路上还没有电压，如果合闸到故障线路，则线路故障多为永久性故障，即使重合也不会成功。

（4）自动重合闸装置宜采用控制开关位置与断路器位置不对应的原理启动，即当控制开关在合闸位置而断路器实际上处在断开位置的情况下启动重合闸。这样，可以保证无论什么原因使断路器自动跳闸以后，都可以进行自动重合闸。

（5）自动重合闸装置动作次数应符合规定。在任何情况下（包括装置本身的元件损坏以及继电器触点粘住或拒动），均不应使断路器重合次数超过规定。否则，当重合于永久性故障时，系统将遭受多次冲击，可能损坏断路器，并扩大事故。

（6）自动重合闸装置动作后应自动复归，准备好再次动作。这对于雷击机会较多的线路是非常必要的。

（7）自动重合闸装置应能在重合闸动作后或重合闸动作前，加速继电保护的动作。自动重合闸装置与继电保护相互配合，可加速切除故障。

（8）自动重合闸装置可自动闭锁。当断路器处于不正常状态（如操作机构气压或液压低）不能实现自动重合闸时，或某些保护动作不允许自动合闸时，应将自动重合闸装置闭锁。

三、自动重合闸装置的分类

自动重合闸装置的类型很多，根据不同特征，通常可分为如下几类：

（1）按作用于断路器的方式，可以分为三相 ARC、单相 ARC 和综合 ARC 三种。

（2）按运用的线路结构，可分为单侧电源线路 ARC、双侧电源线路 ARC。双侧电源线路 ARC 又可分为快速 ARC、非同期 ARC、检定无压和检定同期的 ARC 等。

四、自动重合闸方式的选择原则

《继电保护和安全自动装置技术规程》（GB/T 14285—2006）中规定了各等级电力线路不同运行条件下的自动重合闸方式的选定原则。

1. 装设自动重合闸装置的有关规定

（1）3 kV 及以上的架空线路及电缆与架空混合线路，在具有断路器的条件下，如用电设备允许且无备用电源自动投入时，应装设自动重合闸。

（2）旁路断路器与兼作旁路的母线联络断路器，应装设自动重合闸装置。

（3）必要时，母线故障可采用母线自动重合闸装置。

2. 110 kV 及以下单侧电源线路的自动重合闸装置的装设规定

（1）采用三相一次重合闸。

（2）当断路器断流容量允许时，下列线路可采用两次重合闸方式：

① 无经常值班人员的变电所引出的无遥控的单回线；

② 给重要负荷供电，且无备用电源的单回线。

（3）由几段串联线路构成的电力网，为了补救速动保护无选择性动作的问题，可采用带前加速的重合闸或顺序重合闸方式。

3. 110 kV 及以下双侧电源线路的自动重合闸装置的装设规定

（1）并列运行的发电厂或电力系统之间，具有 4 条以上联系的线路或 3 条紧密联系的线路时，可采用不检查同期的三相自动重合闸方式。

（2）并列运行的发电厂或电力系统之间，具有 2 条联系的线路或 3 条联系不紧密的线路时，可采用同期检定和无电压检定的三相重合闸。

（3）双侧电源的单回线路，可采用下列重合闸方式：

① 解列重合闸方式，即将一侧电源解列，另一侧装设线路无电压检定的重合闸方式；

② 当水电厂条件许可时，可采用自同期重合闸方式；

③ 为避免非同期重合闸及两侧电源均重合于故障线路上，可采用一侧无电压检定，另一侧检定同期的重合闸方式。

4. 220～500 kV 线路的重合闸方式

（1）对 220 kV 的单侧电源线路，采用不检定同期的三相重合闸方式。

（2）对 220 kV 的线路，当满足上述 3 中（1）有关采用三相重合闸方式的规定时，可采用不检查同期的三相重合闸方式。

（3）对 220 kV 的线路，当满足上述 3 中（2）有关采用三相重合闸方式的规定时，且电力系统稳定要求能满足时，可采用检查同期的三相重合闸方式。

（4）对不符合上述条件的 220 kV 线路，应采用单相重合闸方式。

（5）对 330～500 kV 的线路，一般情况下应采用单相重合闸方式。

（6）对可能发生跨线故障的 330～500 kV 的同杆并架双回线路，如输送容量较大，且为了提高电力系统安全稳定运行的水平，可考虑采用按相自动重合闸方式。

上述三相重合闸方式也包括仅在单相故障时的三相重合闸。

本章重点介绍单侧电源线路的三相一次 ARC，并在此基础上引入双侧电源线路的三相一次自动重合闸方式，对单相 ARC 和综合 ARC 作一般介绍。

5.2 单侧电源线路的三相一次自动重合闸

单侧电源线路只有一侧电源供电，不存在非同步重合的问题，自动重合闸装置装于线路的送电侧。

在我国的电力系统中，单侧电源线路广泛采用三相一次重合闸方式。所谓三相一次重合闸方式，是指不论在输电线路上发生相间短路还是单相接地短路，继电保护装置都应动作，将线路三相断路器一起断开，然后重合闸装置动作，将三相断路器重新合上的重合闸方式。若故障为瞬时性的，重合成功；若故障为永久性的，则继电保护再次将三相断路器一起断开，不再重合。其工作流程可用图 5-1 所示的流程图表示。

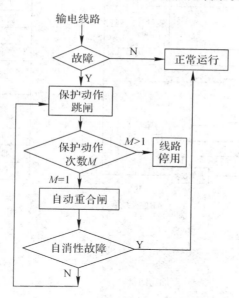

图 5-1 单侧电源线路的三相一次 ARC 工作流程图

一、三相一次 ARC 的构成

三相一次 ARC 由重合闸启动回路、重合闸时间元件、一次合闸脉冲元件及执行元件四部分组成。重合闸启动回路是用以启动重合闸时间元件的回路，一般按控制开关与断路器位置不对应原理启动；重合闸时间元件是用来保证断路器断开之后，故障点有足够的去游离时间和断路器操动机构复归所需的时间，以使重合闸成功；一次合闸脉冲单元用以保证重合闸装置只重合一次，通常利用电容放电来获得重合闸脉冲；执行元件用来将重合闸动作信号送至合闸回路和信号回路，使断路器重合及发出重合闸动作信号。

二、三相一次自动重合闸装置

1. 装置接线

图 5-2(a)示出了电气式三相一次自动重合闸装置接线展开图。它是按不对应原理启动的，具有后加速保护动作性能的三相一次自动重合闸装置。

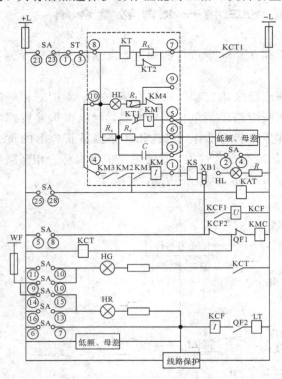

控制小母线	
熔断器	
启动回路	自动重合闸回路
信号灯回路	
动作回路	
充电与放电电阻	
电容器放电	
自保持回路	
加速继电器	
防跳跃回路	
合闸回路	
跳闸位置继电器	
跳闸指示灯	
合闸指示灯	
手动跳闸	
低频减载跳闸	
保护跳闸	

（a）ARC接线展开图

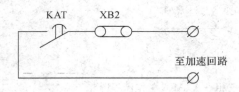

至加速回路

操作状态		手动合闸	合闸后	手动跳闸	跳闸后
	2-4	-	-	-	×
SA触点号	5-8	×	-	-	-
	6-7	-	-	×	-
	21-23	×	×	-	-
	25-28	×	-	-	-

（b）SA控制开关触点通、断情况，×号表示接通

图 5-2　电气式三相一次自动重合闸装置接线展开图

图中虚框内为 DH-2A 型重合闸继电器内部接线，其内部由时间继电器 KT、中间继电器 KM、电容 C、充电电阻 R_4、放电电阻 R_6 及信号灯（HL）组成。

KCT 是断路器跳闸位置继电器，当断路器处于断开位置时，KCT 的线圈通过断路器辅助动断触点 QF1 及合闸接触器 KMC 的线圈而励磁，KCT 的动合触点闭合。由于 KCT 线圈电阻的限流作用，流过 KMC 中电流很小，此时 KMC 不会动作去合断路器。

KCF 是防跳继电器，用于防止因 KM 的接触点粘住时引起断路器多次重合于永久性故障线路。

KAT 是加速保护动作的中间继电器。它具有瞬时动作，延时返回的特点。

KS 是表示重合闸动作的信号继电器。

SA 是手动操作的控制开关，触点的通断情况如图 5-2(b)所示。

ST 用来投入或退出重合闸装置。

2. 工作原理

1）线路正常运行时

控制开关 SA 和断路器都处在对应的合闸位置上，断路器辅助动触点 QF1 打开，动合触点 QF2 闭合，KCT 线圈失电，KCT1 触点打开，SA 触点㉑、㉓接通，ST 置"投入"位置，其触点①、③接通。电容 C 经电阻 R_4 充满电，电容器两端电压等于直流电源电压，ARC 处于准备动作状态，用来监视继电器 KM 触点及电压线圈是否完好的信号灯 HL 亮。

2）当线路发生瞬时故障或由于其他原因使断路器跳闸时

控制开关 SA 和断路器位置处于不对应状态。因断路器跳闸，所以其辅助触点 QF1 闭合，QF2 打开，跳闸位置继电器 KCT 动作，KCT1 触点闭合，启动重合闸时间继电器 KT，其瞬动触点 KT2 断开，串进电阻 R_5，保证 KT 线圈的热稳定。时间继电器 KT 的延时触点 KT1 经整定时间闭合，接通电容器 C 对中间继电器 KM 电压线圈的放电回路，从而使 KM 动作，其动合触点闭合，接通了断路器的合闸接触器回路（＋→SA㉑、㉓→ST①、③→KM3→KM2→KM1→KM 电流线圈→KS 线圈→XB1→KCF2→QF1→KMC→－），KMC 励磁，使断路器重新合上。同时 KS 励磁、动作，发出重合闸动作信号。

KM 电流线圈在这里起自保持作用，只要 KM 被电压线圈短时启动一下，便可通过电流自保持线圈使 KM 在合闸过程中一直处于动作状态，从而使断路器可靠合闸；连接片 XB1 用以投切 ARC 或实验。

断路器重合成功后，其辅助触点 QF1 断开，继电器 KCT、KT、KM 均返回，整个装置自动复归。电容器 C 重新充电，经 15～25 s 后电容器 C 充满电，准备好下次动作。

3）线路上发生永久性故障时

ARC 的动作过程与上述相同，但在断路器重合后，因故障并未消除，继电保护将再次动作使断路器第二次跳闸，重合闸装置再次启动，KT 励磁，KT1 经延时闭合接通电容 C 对 KM 的放电回路，但因电容器 C 充电时间（保护第二次动作时间＋断路器跳闸时间＋KT 延时时间）短，小于 15～25 s，电容器 C 来不及充电到 KM 的动作电压，故不能使 KM 动作，因此断路器不能再次重合。这时电容器 C 也不能继续充电，因为 C 与 KM 电压线圈并联。KM电压线圈两端的电压由电阻R_4（约几兆欧）和KM电压线圈（电阻值为几千欧）串联电路的分压比决定，其值远小于KM的动作电压，保证了ARC只动作一次的要求。

4）用控制开关SA手动跳闸时

控制开关SA和断路器均处于断开的对应位置，ARC不会动作。当控制开关SA在手动跳闸位置时，其触点㉑、㉓断开，切断了ARC的正电源。跳闸后，SA②、④接通了电容器C对R_6的放电回路，因R_6电阻值只有几百欧，故放电很快，使电容器C两端电压接近于零，所以ARC不会使断路器合闸。

5）用控制开关SA手动合闸于故障线路时

线路断路器合闸之时，因ARC是退出的，故电容器C没有充电。在操作SA手动合闸时，SA㉑、㉓接通，SA②、④断开，电容器C才开始充电，但同时SA㉕、㉘接通，使加速继电器KAT动作。如线路在合闸前已存在故障，则当手动合上断路器后，保护装置立即动作，经加速继电器KAT的动合触点使断路器加速跳闸。这时由于电容器C充电时间很短，来不及充电到KM的动作电压，所以断路器不会重合。

6）重合闸闭锁电路

在某些情况下，断路器跳闸后不允许自动重合。例如，按频率自动减负荷装置动作或母线保护动作时，重合闸装置不应动作。在这种情况下，应将自动重合闸装置闭锁，为此，可将母线保护动作触点。自动按频率减负荷装置的出口辅助触点与SA②、④触点并联。当母线保护或自动按频率减负荷装置动作时，相应的辅助触点闭合，接通电容器C对R_6的放电回路，从而保证了重合闸装置在这些情况下不会动作，达到闭锁重合闸的目的。

7）防止断路器多次重合于永久性故障的措施

如果线路发生永久性故障，并且第一次重合时出现了KM3、KM2、KM1触点粘住而不能返回现象时，当继电保护第二次动作使断路器跳闸后，由于断路器辅助触点QF1又闭合，若无防跳继电器，则被粘住的KM触点会立即启动合闸接触器KMC，使断路器第二次重合。因为是永久性故障，保护将再次动作跳闸。这样断路器跳闸、合闸不断反复，形成"跳跃"现象，这是不允许的。为此，装设了防跳继电器KCF。KCF在其电流线圈通电流时动作，电压线圈有电压时保持。当断路器第一次跳闸时，虽然串在跳闸线圈回路中的KCF电流线圈使KCF动作，但因KCF电压线圈没有自保持电压，当断路器跳闸后，KCF自动返回。当断路器第二次跳闸时，KCF又动作，如果这时KM触点粘住而不能返回，则KCF电压线圈得到自保持电压，因而处于自保持状态，其动断触点KCF2一直断开，切断了KMC的合闸回路，防止了断路器第二次合闸。同时KM动合触点粘住后，KM的动断触点KM4断开，信号灯HL熄灭，给出重合闸故障信号，以便运行人员及时处理。

当手动合闸于故障线路时，防跳继电器KCF同样能防止因合闸脉冲过长而引起的断路器多次重合。

3. 接线特点

（1）采用控制开关SA与断路器位置不对应的启动方式。其优点是：断路器因任何意外原因跳闸时都能进行自动重合，即使误碰引起的跳闸也能自动重合，所以这种启动方式很可靠。

（2）利用电容器 C 放电来获得重合闸脉冲。电容器 C 的充放电回路具有充电慢放电快的特点。因而这种方式既能保证 ARC 动作后自动复归，也能有效地保证 ARC 在规定时间内只发一次重合闸脉冲，而且接通电容器 C 的放电回路就可闭锁 ARC，故利用电容充放电原理构成的重合闸具有工作可靠、控制容易、接线简单的优点，因而应用很普遍。

（3）断路器合闸可靠，因在断路器合闸回路中设 KM 电流自保持线圈，所以只有当断路器可靠合上，辅助动断触点 QF1 断开后，KM 才返回，合闸脉冲才消失，故断路器能可靠合闸。

（4）装置中设有加速继电器 KAT，保证了手动合闸于故障线路或重合于故障线路时快速切除故障。

4. 参数整定

为保证自动重合闸装置功能的实现，应正确整定其参数。

1）重合闸动作时限值的整定

对图 5-2 所示 ARC 装置，重合闸动作时限是指时间继电器 KT 的整定时限。在整定该时限时必须考虑如下两个方面的要求：

（1）必须考虑故障点有足够的断电时间，以使故障点绝缘强度恢复。否则，即使在瞬时性故障下，重合也不能成功。在考虑绝缘强度恢复时，还必须计及负荷电动机向故障点反馈电流使得绝缘强度恢复变慢的影响。再者，对于单电源环状网络和平行线路来说，由于线路两侧继电保护可能以不同时限切除故障，因而断电时间应从后跳闸的一侧断路器断开时算起。所以在整定本侧重合闸时限时。应考虑本侧保护以最小动作时限跳闸，对侧以最大动作时限跳闸后有足够的断电时间来整定。

（2）必须考虑当重合闸动作时，继电保护装置一定要返回，断路器的操动机构等已恢复到正常状态，才允许合闸的时间。

运行经验表明，单电源线路的三相重合闸动作时限取 $0.8\sim 1$ s 较为合适。

2）重合闸复归时间的整定

重合闸复归时间就是电容器 C 上两端电压从零值充电到能使中间继电器 KM 动作的时间。整定复归时间时，一方面必须保证断路器重合到永久性故障时，由最长时限的保护切除故障，ARC 不会再动作去重合断路器；另一方面，必须保证断路器切断能力的恢复，当重合闸动作成功后，复归时间不小于断路器恢复到再次动作所需时间。综合两方面的要求，重合闸复归时间一般取 $15\sim 25$ s。

三、软件实现的自动重合闸

1. 三相一次自动重合闸的程序流程图

在使用三相一次自动重合闸的中、低压线路上，自动重合闸是由该线路微机保护测控装置中的一段程序来完成的。该程序模拟了电气式自动重合闸装置中的电容充放电原理来设计的。图 5-3 所示为三相一次重合闸的程序流程图。

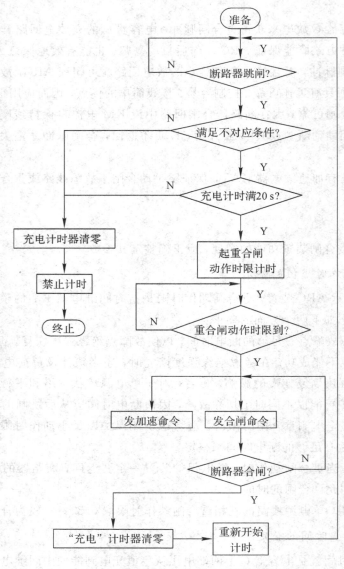

图 5-3 三相一次重合闸的程序流程图

在数字式重合闸中(程序实现的重合闸),模拟电容器充电是由一个计数器来完成的,计数器计数相当于电容器充电,计数器清零相当于电容器放电。重合闸的充电条件同前所述。

从线路投入运行开始,程序就开始做重合闸的准备。在微机保护测控装置中,常采用一个计数器计时是否满 20 s(该值就是重合闸的复归时间定值,并且是可以整定的,为便于说明,这里先假设为固定值)来表明重合闸是否已准备就绪。当计数器计时满 20 s 时,表明重合闸已准备就绪,允许重合闸。否则,当计数器计时未满 20 s 时,即使其他条件满足,也不允许重合闸。如果在计数器计时的过程中,或计数器计时已满 20 s 后,有闭锁重合闸的条件出现,程序会将计数器清零,并禁止计数。程序检测到计数器计时未满时,则禁止重合闸。许多产品说明书中仍以充电是否完成来描述重合闸是否准备就绪。以后,我们把该计数器称为充电计数器。

重合闸启动后，并不立即发出合闸命令，而是当重合闸动作时限的延时结束后才发合闸命令。在发出合闸命令的同时，还要发加速保护的命令。

当断路器合闸后，重合闸充电计数器重新开始计时。如果是线路发生瞬时性故障引起的跳闸或断路器误跳闸，重合闸命令发出后，重合成功，重合闸充电计数器重新从零开始计时，经 20 s 后计时结束，准备下一次动作。如果是线路永久性故障引起的跳闸，则断路器会被线路保护再次跳开，程序将循环执行。当程序开始检测重合闸是否准备就绪时，由于重合闸充电计数器的计时未满 20 s（这是由于在断路器重合闸后，重合闸充电计数器是从零重新开始计时的，虽然经线路保护动作时间和断路器跳闸时间，但由于保护已被重合闸加速，所以它们的动作时间总和很短，故充电计数器计时不足 20 s），程序将充电计数器清零，并禁止重合闸。在微机保护测控装置中，常常兼用两种启动方式（注意：在有些保护装置中这两种方式不能同时投入，只能经控制字选择一种启动方式）。图 5－3 中仅画出了不对应启动方式的启动过程。

当微机保护测控装置检测到断路器跳闸时，先判断是否符合不对应启动条件，即检测控制开关是否在合闸位。如果控制开关在分闸位，那么就不满足不对应条件（即控制开关在分闸位，断路器也在分闸位，它们的位置对应），程序将充电计数器清零，并退出运行。如果没有手动跳闸信号，那么说明不对应条件满足（即控制开关在合闸位，而断路器在跳闸位置，它们的位置不对应），程序开始检测重合闸是否准备就绪，即充电计数器计时是否满20 s。如果充电计数器计时不满 20 s，程序将充电计数器清零，并禁止重合闸；如果计时满20 s，则立即启动重合闸动作时限计时。

2. 软件重合闸的动作逻辑

为了保证重合闸的可靠性和稳定性，设置了充电条件，只有充电条件满足后，才可能启动重合闸。

充电条件完成的动作逻辑如图 5－4 所示，重合闸保护元件的动作逻辑如 5－5 所示。

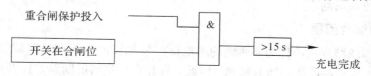

图 5－4　重合闸充电条件完成的动作逻辑

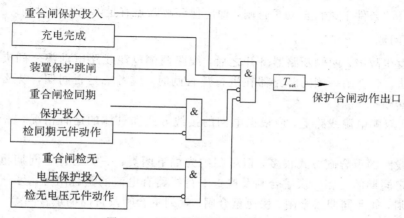

图 5－5　重合闸保护元件的动作逻辑

图5-5中，T_{set}为重合闸的动作时限定值。

重合闸检同期元件的动作判据：线路抽取线电压和母线电压满足相位差（即同期角度，可整定）在允许范围内。

重合闸检无电压元件动作判据：$U_{XAB} \leqslant U_{set}$。其中，$U_{XAB}$为线路抽取线电压；$U_{set}$为检无电压整定值。

后加速保护元件的动作逻辑如图5-6所示。

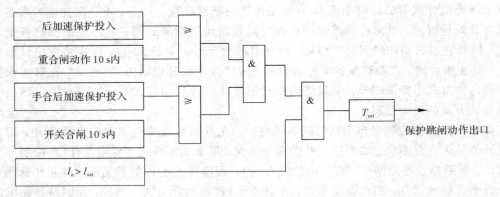

图5-6　后加速保护元件的动作逻辑

图5-6中，I_{set}为过电流保护整定值，T_{set}为后加速保护时限的整定值；I_n为任一相的保护电流。

5.3　双侧电源线路三相自动重合闸

双端均有电源的输电线路，采用自动重合闸装置时，除了满足前述基本要求外，还应考虑下述两个特殊问题：

1. 时间的配合问题

当双侧电源线路发生故障时，两侧的继电保护装置可能以不同的时限动作于两侧的断路器，即两侧的断路器可能不同时跳闸，因此，只有在后跳闸的断路器断开后，故障点才能断电而去游离。为使重合闸成功，应保证线路两侧断路器均已跳闸，故障点电弧熄灭且绝缘强度已恢复的条件下进行自动重合闸，即应保证故障点有足够的断电时间。

2. 同期问题

当线路发生故障，两侧断路器跳开之后，线路两侧电源线路电动势之间夹角摆开，有可能失去同步。后合闸一侧的断路器在进行重合闸时，应考虑是否同期，以及是否允许非同期合闸的问题。

因此，在双侧电源线路上，应根据电网的接线方式和具体的运行情况，采取不同的重合闸方式。

双电源线路的重合闸方式很多，但可归纳为如下两类：一类是检定同期重合闸，如检定无压和检定同期的三相一次重合闸及检查平行线路有电流的重合闸等；另一类是不检定同期的重合闸，如非同期重合闸、快速重合闸、解列重合闸及自同期重合闸等。下面介绍其中三种重合闸方式。

一、三相快速自动重合闸

三相快速自动重合闸就是当输电线路上发生故障时，继电保护能很快使线路两侧断路器跳开，并随即进行重合。因此，采用三相快速自动重合闸必须具备以下条件：

（1）线路两侧都装有能瞬时切除全线故障的继电保护装置，如高频保护等。

（2）线路两侧必须具有快速动作的断路器，如空气断路器等。

若具备上述两条件，就可以保证从线路短路开始到重新合闸的整个时间间隔在 0.5～0.6 s 以内，在这样短的时间内，两侧电源电动势之间夹角摆开不大，系统不会失去同步，即使两侧电源电动势间角度摆开较大，因重合周期短，断路器重合后也会很快被拉入同步。显然，三相快速重合闸方式具有快速的特点，所以 220 kV 及以上的线路应用比较多。它是提高系统并列运行稳定性和供电可靠性的有效措施。

由于三相快速重合闸方式不检定同期，所以在应用这种重合闸方式时须校验线路两侧断路器重新合闸瞬间所产生的冲击电流，要求通过电气设备的冲击电流周期分量不超过规定的允许值。

二、三相非同期自动重合闸

三相非同期自动重合闸就是指当输电线路发生故障时，两侧断路器跳闸后，不管两侧电源是否同步就进行自动重合。非同期重合时，合闸瞬间电气设备可能要承受较大的冲击电流，系统可能发生振荡。所以，只有当线路上不具备采用快速重合闸的条件，且符合下列条件并认为有必要时，才采用非同期重合闸。

（1）非同期重合闸时，流过发电机、同步调相机或电力变压器的冲击电流未超过规定的允许值，冲击电流的允许值与三相快速自动重合闸的规定值相同，不过在计算冲击电流时，两侧电动势间夹角取 180°。当冲击电流超过允许值时，不应使用三相非同期重合闸。

（2）在非同期重合闸所产生的振荡过程中，对重要负荷的影响应较小。

因为在振荡过程中，系统各点电压发生波动，从而产生甩负荷的现象，所以必须采取相应的措施减小其影响。

（3）重合后，电力系统可以迅速恢复同步运行。

此外，非同期重合闸可以引起继电保护误动，如系统振荡可能引起电流、电压保护和距离保护误动作；在非同期重合闸过程中，由于断路器三相触头不同时闭合，可能短时出现零序分量，从而引起零序Ⅰ段保护误动。为此，在采用非同期重合闸方式时，应根据具体情况采取措施，防止继电保护误动作。

线路三相非同期自动重合闸装置通常有按顺序投入线路两侧断路器和不按顺序投入线路两侧断路器两种方式。

不按顺序投入线路两侧断路器的方式是在线路两侧均采用单侧电源三相自动重合闸接线。其优点是：接线简单，不需要装设线路电压互感器或电压抽取装置，系统恢复并列运行快，从而提高了供电可靠性；其缺点是：在永久性故障时，线路两侧断路器均要重合一次，对系统产生的冲击次数较多。

按顺序投入线路两侧断路器方式的非同期自动重合装置，预先规定线路两侧断路器的合闸顺序，先重合闸侧采用单侧电源线路重合闸接线，后重合侧采用检定线路有电压的自动重合闸接线，即在单电源线路重合闸的启动回路中串进检定线路有电压的电压继电器的动合触点。当线路故障时，继电保护动作跳开两侧断路器后，先重合侧重合该侧断路器，若是瞬时性故障，则重合成功，于是线路上有电压，后重合侧检查到线路有电压而重合，线路恢复正常运行。如果是永久性故障，先重合侧重合后，因是永久性故障，该侧保护加速动作切除故障后，不再重合，而后重合侧由于线路无电压不会进行重合。可见，这种重合闸方式的优点是后重合侧在永久性故障情况下不会重合，避免了再一次给系统带来冲击影响；缺点是：后重合侧必须在检定线路有电压后才能重合，因而整个重合闸的时间较长，线路恢复供电的时间也较长。而且，在线路侧必须装设电压互感器或电压抽取装置，增加了设备投资。

在我国，110 kV 及以上线路，非同期重合闸通常采用不按顺序投入线路两侧断路器的方式。

三、检定无压和检定同期的三相自动重合闸

在没有条件或不允许采用三相快速自动重合闸、非同期重合闸的双电源单回线上或弱联系的线路上，可考虑采用检定无压和检定同期三相一次自动重合闸。这种重合闸方式的特点是：当线路两侧断路器跳开后，其中一侧先检定线路无电压而重合，称为无压侧；另一侧在无压侧重合成功后，检定线路两侧电源满足同期条件时，才允许进行重合，称为同步侧。显然，这种重合闸方式不会产生危及设备安全的冲击电流，也不会引起系统振荡，合闸后能很快拉入同步。

1. 工作原理

其工作流程如图 5-7 所示。

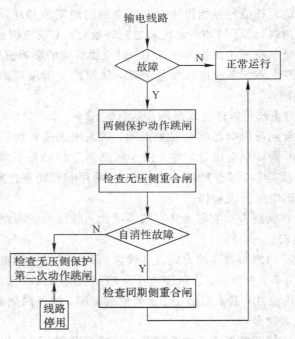

图 5-7　检定无压和检定同期三相一次自动重合闸工作流程图

图 5-8 为检定无压和检定同期的三相自动重合闸的原理接线示意图。这种重合闸方式是在单侧电源线路的三相一次自动重合闸的基础上增加附加条件来实现的，即除在线路两侧均装设单侧电源线路三相一次重合闸装置外，两侧还装设有检定线路无压的低电压继电器 KV 和检定两侧电源同步的同步继电器 KY，并把 KV 和 KY 触点串入重合闸时间元件的启动回路中。正常运行时，两侧同步检定继电器 KY 通过连接片均投入，而检定无压继电器 KV 仅一侧投入（如 M 侧），另一侧（如 N 侧）KV 通过无压连接片断开。其工作原理如下：

（1）当输电线路上发生故障时，两侧断路器被继电保护装置跳开后，线路失去电压，两侧的 KY 继电器不动作，其触点打开。这时检查线路无压的 M 侧低电压继电器 KV 动作，其触点闭合，经无压连接片启动 ARC，经预定时间，M 侧断路器重新合闸。如果线路发生永久性故障，则 M 侧后加速保护装置动作再次跳开该侧断路器，不再重合。由于 N 侧断路器已跳开，这样 N 侧线路无电压，只有母线上有电压，故 N 侧同步继电器 KY 因只一侧有电压而不能启动重合闸装置，所以 N 侧 ARC 不动作。

如果线路上发生的是瞬时性故障，则 M 侧检定无压重合成功，N 侧线路有电压。这时，N 侧同步继电器既加入母线电压也加入线路电压，于是 N 侧 KY 开始检查两电压的电压差、频率差和相角差是否在允许范围内，当满足同期条件时，KY 触点闭合时间足够长，经同步连接片使 N 侧 ARC 动作，重新合上 N 侧断路器，线路便恢复正常供电。

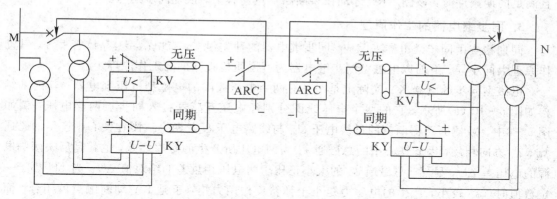

图 5-8　检定无压和检定同期的三相自动重合闸的原理接线示意图

由以上分析可知，无压侧的断路器在重合至永久性故障时，将连续两次切断短路电流，其工作条件显然比同步侧恶劣，为使两侧断路器工作条件相同，利用连接片定期切换两侧重合闸的工作方式。

（2）在正常运行情况下，由于某种原因（保护误动作、误碰跳闸等）使断路器误跳闸时，如果是同步侧断路器误跳，可通过该侧同步继电器检定同期条件使断路器重合；如果是无压侧断路器误跳，由于线路上有电压，无压侧不能检定无压而重合，为此，无压侧也投入同步继电器，以便在这种情况下也能自动重合闸，恢复同步运行。

这样，无压侧不仅要投入检定无压继电器 KV，还应投入同步继电器 KY，无压连接片和同步连接片均接通，两者并联工作。而同步侧只投入检定同步继电器，检定无压继电器不能投入，否则会造成非同期合闸。因而两侧同步连接片均投入，但无压连接片一侧投入，另一侧断开。

2. 启动回路的工作情况

检定无压和检定同期的三相自动重合闸装置的启动回路如图 5-9 所示。在无压侧（如图 5-8 中的 M 侧），无压连接片 XB 接通。线路故障时两侧断路器跳开后，因线路无电压，低电压继电器 KV1 触点闭合，KV2 触点打开，跳闸位置继电器 KCT 动作，其触点 KCT1 闭合，这样，由 KV1、XB、KCT1 触点构成的检查无压启动回路接通，ARC 动作，M 侧断路器重新合闸。如果 M 侧断路器误跳闸，则线路侧有电压，KV1 触点打开，KV2 触点闭合，KCT 动作，KCT1 闭合，同步继电器 KY 检定同期条件后，重合该侧断路器。

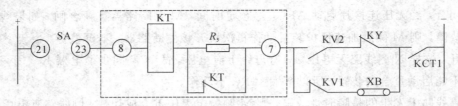

图 5-9　检定无压和检定同期的三相重合闸装置启动回路

在同步侧（图 5-8 中的 N 侧），无压连接片 XB 断开，切断了检定线路无电压重合的启动回路。只有在断路器跳闸，线路侧有电压，即 KCT1 触点闭合，KV2 触点闭合的情况下，且满足同期条件时，该侧 ARC 才动作将断路器重新合上，恢复同步运行。

3. 同步继电器的工作原理

同期检查由同步继电器来完成。同步继电器的种类很多，有电磁型、晶体管型等，其动作原理大同小异。下面以电磁型同步继电器为例说明检查同期的工作原理。

电磁型同步继电器 KY 实际上是一种有两个电压线圈的电磁型电压继电器，其内部结构如图 5-10 (a) 所示。它的两个电压线圈分别经电压互感器接入同步点两侧电压，例如图 5-8 中，M 侧断路器两侧的母线电压 $\dot{U}_\mathrm{M}$ 与线路电压 $\dot{U}_\mathrm{L}$，两个线圈在铁心中产生的磁通 $\dot{\phi}_\mathrm{M}$、$\dot{\phi}_\mathrm{L}$ 方向相反，因此铁心中的总磁通 $\dot{\phi}_\Sigma$ 为两电压所产生的磁通之差，也就是反映两侧电源的电压差 $\Delta\dot{U}$，显然，总磁通 $\dot{\phi}_\Sigma$ 的大小正比于两电压相量差的绝对值 ΔU。当 ΔU 小于一定数值时，ϕ_Σ 较小，产生的电磁力矩小于弹簧反作用力矩，于是 KY 动断触点就闭合。而电压 $\Delta\dot{U}$ 的大小与两侧电源电压的电压差、频率差、相位差有关。

当两侧电源电压的幅值不相等，即压差较大时，即使两电压同相，ΔU 仍较大，ϕ_Σ 也较大，产生的电磁力矩会大于弹簧反作用力矩，于是 KY 的触点不可能闭合。因此，只有在电压差小于一定数值时，ΔU 足够小，KY 的动合触点才能闭合，从而检定了同期条件之一——电压差的大小。

当两个电压的角频率不相等，存在着角频率差 ω_s（$\omega_\mathrm{s}=\omega_\mathrm{M}-\omega_\mathrm{N}$）时，两个电压间相角差 δ 将随时间 t 在 0°～360°之间变化。设 $U_\mathrm{M}=U_\mathrm{L}=U$，即电压有效值相等时，从图 5-10(b) 分析可得 ΔU 与 δ 的关系为

$$\Delta U=|\dot{U}_\mathrm{M}-\dot{U}_\mathrm{L}|=2U\left|\sin\frac{\delta}{2}\right| \tag{5-1}$$

$$\delta=\omega_\mathrm{s}t \tag{5-2}$$

根据式(5-2)可作出 ΔU 随 δ 角的变化曲线，如图5-10(c)所示。δ 角变化360°时，ΔU 变化一周。

当 ΔU 达到 KY 继电器动作电压 U_{act} 时，KY 开始动作，动断触点打开，动合触点闭合，此时对应的 δ 角为动作角 δ_{act}；当 δ 角增大至向360°趋近时，ΔU 减小，达到 KY 的返回电压 U_r 时，继电器开始返回，动断触点闭合，动合触点打开，从继电器开始返回到 $\Delta U=0$ 所对应的 δ 角为返回角 δ_r。如图5-10(c)所示，继电器 KY 在曲线的 1 点位置开始返回，在 2 点位置开始动作。显然，从 1 点到 2 点这段时间内，继电器 KY 动断触点是闭合的，现将这段时间记为 t_{KY}。从图5-10(c)看出

$$t_{KY}\omega_s = \delta_{act} + \delta_r \qquad (5-3)$$

计及继电器的返回系数 $K_r = \dfrac{\delta_r}{\delta_{act}}$，式(5-3)可改写成

$$t_{KY} = \frac{(1+K_r)\delta_{act}}{\omega_s}$$

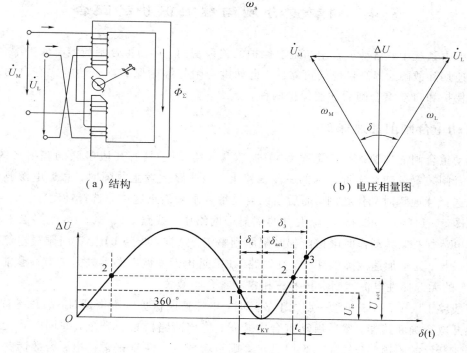

（a）结构

（b）电压相量图

（c）ΔU 与 δ 角的关系曲线

图5-10 同步继电器及其工作原理

动作角 δ_{act} 一旦整定好后（一般在20°～40°范围内）就不再变化。于是 $\dot{U}_M$ 与 $\dot{U}_L$ 之间的角频率差 ω_s 越小时，继电器 KY 动断触点闭合的时间 t_{KY} 越长，反之，ω_s 越大，t_{KY} 就越短。如果重合闸时间继电器 KT 的整定时间为 t_{KT}，则当 $t_{KY} > t_{KT}$ 时，继电器 KT 的延时触点来得及到达终点而闭合，使重合闸动作；当 $t_{KY} < t_{KT}$ 时，则在 KT 的延时触点尚未闭合之前，重合闸启动回路便因 KY 触点打开而断开，于是 KT 线圈失磁，其延时触点中途返回，重合闸不能动作。可见，通过对 t_{KT} 与 t_{KY} 的比较，就达到了对角频率差控制的目的，要想 t_{KY} 足够大，角频率差 ω_s 就得足够小。

$t_{KY}=t_{KT}$ 是重合闸的临界动作条件，相应的角频率差即为整定角频率差，设为 $\omega_{s,set}$。设其在合闸过程中不变，则

$$\omega_{s,set}=\frac{(1+K_r)\delta_{act}}{t_{KT}} \tag{5-4}$$

当实际角频率差 $\omega_s<\omega_{s,set}$ 时，有 $t_{KY}>t_{KT}$，重合闸动作，从而检定了同期的第二条件频差的大小。

临界情况下，在图 5-10（c）中 2 点发出重合闸脉冲，由于断路器合闸时间 t_c 的存在，断路器主触头闭合时，$\dot{U}_M$ 与 $\dot{U}_L$ 的实际相角差为 δ_3（见图 5-10（c）中 3 点）。若 ω_s 保持不变，则 δ_3 角为

$$\delta_3=\delta_{act}+\omega_s t_c \tag{5-5}$$

如果相角差 δ_3 的大小为系统所允许，则也就检定了同期的第三个条件——相位差的大小。

5.4　自动重合闸与继电保护的配合

在电力系统中，自动重合闸与继电保护的关系密切。自动重合闸与继电保护配合工作，可以加速切除故障，提高供电的可靠性。自动重合闸与继电保护配合的方式有自动重合闸前加速保护和自动重合闸后加速保护两种。

一、自动重合闸前加速保护

自动重合闸前加速保护，简称为"前加速"，一般用于具有几段串联的辐射形线路中，自动重合闸装置仅装在靠近电源的一段线路上。当线路上发生故障时，靠近电源侧的保护首先无选择性地瞬时动作跳闸，而后借助自动重合闸来纠正这种非选择性动作。

如图 5-11(a)所示的单电源供电的辐射形网络中，线路 L1、L2、L3 上各装有一套定时限过电流保护，其动作时限按阶梯时限原则整定。这样，线路 L1 上定时限过电流保护动作时限最长。为了加速故障的切除，在线路 L1 靠近电源侧的断路器处另装有一套能保护到线路 L3 的无选择性电流速断保护和三相自动重合闸装置。

当线路 L1、L2、L3 任意一点发生故障时，电流速断保护因不带延时，故总是首先动作瞬时跳开电源侧断路器，然后启动重合闸装置，将该断路器重新合上，并同时将无选择性的电流速断保护闭锁。若故障是瞬时性的，则重合成功，恢复正常供电；若故障是永久性的，则依靠各段线路定时限过电流保护有选择性地切除故障。可见，ARC 前加速保护既能加速切除瞬时故障，又能在 ARC 动作后，有选择性地切除永久性故障。

实现自动重合闸前，加速保护动作的方法是将重合闸装置中加速继电器 KAT 的动断触点串联接于电流速断保护出口回路，如图 5-11(b)所示，图中，KA1 是电流速断保护继电器，KA2 是过电流保护继电器。当线路发生故障时，因加速继电器 KAT 未动作，电流速断保护的 KA1 动作后经加速继电器 KAT 的动断触点启动保护出口中间继电器 KCO，使电源侧断路器瞬时跳闸，随即 ARC 启动，发合闸脉冲，同时启动加速继电器 KAT，使 KAT 的动断触点打开，动合触点闭合。如果重合于永久性故障，则 KA1 触点再闭合，使 KAT 自保持，电流速断保护不能经 KAT 的触点去瞬时跳闸，只有等过电流保护时间继电器

KT 的延时触点闭合后，才能去跳闸。这样，重合闸动作后，保护有选择性地切除永久性故障。

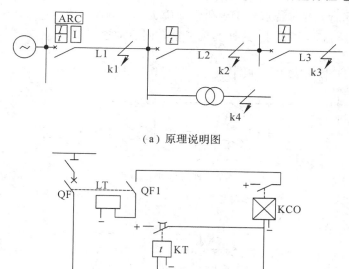

（a）原理说明图

（b）原理接线图

图 5-11 自动重合闸前加速保护

采用 ARC 前加速的优点是：能快速切除瞬时故障，而且设备少，只需一套 ARC 装置，接线简单，易于实现。其缺点是：切除永久性故障时间长；装有重合闸装置的断路器动作次数较多，且一旦此断路器或 ARC 装置拒动，则使停电范围扩大。因此，ARC 前加速主要适用于 35 kV 及以下的发电厂、变电所引出的直配线上，以便能快速切除故障。

二、自动重合闸后加速保护

自动重合闸后加速保护一般又简称"后加速"。采用 ARC 后加速时，必须在各线路上都装设有选择性的保护和自动重合闸装置，如图 5-12（a）所示。当任一线路上发生故障时，首先由故障线路的保护有选择性动作，将故障切除，然后由故障线路的自动重合闸装置进行重合。如果是瞬时故障，则重合成功，线路恢复正常供电；如果是永久性故障，则加速切除故障的线路保护装置，使之不带延时地将故障再次切除。这样，就在重合闸动作后加速了保护动作，使永久性故障尽快地切除。

实现 ARC 后加速的方法是，将加速继电器 KAT 的动合触点与过电流保护的电流继电器 KA 的动合触点串联，如图 5-12（b）所示。

当线路发生故障时，KA 动作，加速继电器 KAT 未动作，其动合触点打开。只有当按选择性原则动作的延时触点 KT 闭合后，才启动出口中间继电器 KCO，跳开相应线路的断路器，随后自动重合闸动作，重新合上断路器，同时也启动加速继电器 KAT，KAT 动作后，其动合触点闭合。这时若重合于永久性故障上，则 KA 再次动作，KAT 动合触点瞬时启动 KCO，使断路器再次跳闸，这样实现了重合闸后加速保护。

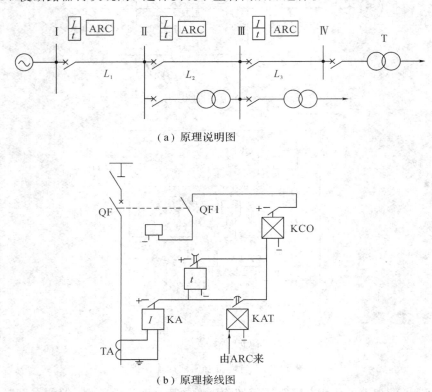

（a）原理说明图

（b）原理接线图

图 5 - 12 自动重合闸后加速保护

采用 ARC 后加速的优点是：第一次保护装置动作跳闸是有选择性的，不会扩大停电范围。特别是在重要的高压电网中，一般不允许保护无选择地动作，故应用这种重合闸后加速方式较合适；其次，这种方式使再次断开永久性故障的时间加快，有利于系统并联运行的稳定性。其缺点是：第一次切除故障可能带延时，因而影响了重合闸的动作效果。

自动重合闸后加速保护广泛用于 35 kV 及以上的电网中，应用范围不受电网结构的限制。

5.5 综合重合闸简介

一、综合重合闸的重合闸方式

前面所讨论的自动重合闸都是三相的，即不论输电线路发生单相接地还是相间短路，继电保护动作都使断路器三相一起断开，自动重合闸装置再将三相断路器一起合闸。

但是，在 220 kV 及以上电压等级的大接地电流系统中，由于架空线路的线间距离大，发生相间故障的机会减少，而单相接地故障的机会较多。运行经验表明，在高压输电线路的故障中，绝大部分故障都是瞬时性单相接地故障。因此，如果能在线路上装设可以分相操作的三个单相断路器，当发生单相接地故障时，只断开故障相，然后进行重合，让未发生故障的两相继续运行。这样，不仅可以大大提高供电的可靠性和系统并列运行的稳定性，而且还可以减少相间故障的发生，这种方式的重合闸就是单相自动重合闸。当在线路上发生相间故障时，跳开三相断路器，而后进行三相自动重合闸，称为三相自动重合闸。单相自动重合闸和三相重合闸合称综合重合闸。综合重合闸的工作流程如图 5-13 所示。

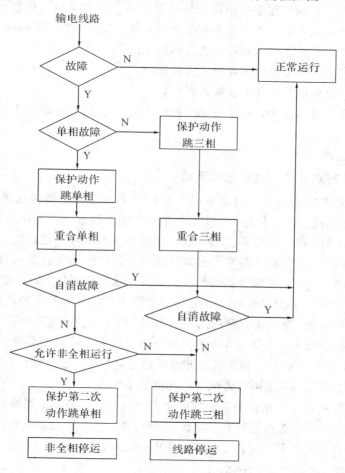

图 5-13　综合重合闸的工作流程

综合重合闸利用切换开关的切换，一般可以实现以下四种重合闸方式。

（1）单相重合闸方式。线路上发生单相故障时，只跳故障相，然后进行单相重合；当重合到永久性单相故障，保护再次动作跳开三相并不再进行重合。当线路发生相间故障时，保护动作跳开三相后不进行自动重合。

（2）三相重合闸方式。线路上发生任何形式故障时，均实行三相自动重合闸；当重合到永久性故障时，断开三相并不再进行重合。

（3）综合重合闸方式。线路上发生单相接地故障时，只跳开故障相，实行单相自动重合闸；当重合到永久性单相故障时，若不允许长期非全相运行，则应断开三相不再进行自动重合。当线路上发生相间短路故障时，跳开三相断路器，实行三相自动重合闸；当重合到永久性相间故障时，断开三相不再进行自动重合。

（4）停用方式。线路上发生任何形式的故障时，保护动作均跳开三相不进行重合。此方式亦叫直跳方式。

二、综合重合闸的特殊问题

综合重合闸与一般的三相重合闸相比只是多了一个单相重合闸的性能。因此，综合重合闸需要考虑的特殊问题是由单相重合闸引起的，主要有四个方面的问题。

（1）需要设置接地故障判别元件和故障选相元件。

（2）应考虑潜供电流对综合重合闸装置的影响。

（3）应考虑非全相运行对继电保护的影响。

（4）若单相重合闸不成功，根据系统运行的需要，应考虑线路需转入长期非全相运行时的影响。

现分别进行讨论。

1. 接地故障判别元件和故障选相元件

综合重合闸方式要求在单相接地故障时进行单相重合闸，相间故障时进行三相重合闸。因此，当输电线路上发生故障时，需要判断是单相接地故障还是相间故障，以确定是单相跳闸还是三相跳闸，即判断故障类型。如果确定为单相故障，还要进一步确定是哪一相故障，即选择故障相。判断故障类型和选择故障相别的任务是由接地故障判别元件和故障选相元件来完成的，也就是在综合重合闸装置中要加装故障判别元件和故障选相元件。

目前，我国 220 kV 系统中广泛采用零序分量作为接地故障判别的依据。线路发生相间短路时，没有零序分量，接地故障判别元件不动作，继电保护直接动作于三相断路器。当线路发生接地短路时，出现零序分量，选相元件选出故障相，并判断是单相接地还是两相接地。单相接地时，继电保护经选相元件跳开故障相断路器；两相接地时，继电保护通过选相元件构成的三取二回路启动，可靠地跳开三相断路器。

故障选相元件是实现单相自动重合闸的重要元件，其任务是：当线路发生接地短路时选出故障相。常用的故障选相元件有相电流选相元件、相电压选相元件、阻抗选相元件和相电流差突变量选相元件等，其基本原理可参见相关保护。

2. 潜供电流对综合重合闸的影响

当线路发生单相接地短路时，故障相自两侧断开后，由于非故障相与断开相之间存在着电（通过相间耦合电容）和磁（通过相间互感）的联系，这时短路电流虽然已被切除，但在故障点的弧光通道中，仍然有一定电流流过，这些电流的总和称为潜供电流。

由于潜供电流的影响，将使短路时弧光通道中的去游离受到严重阻碍，电弧不能很快熄灭，而自动重合闸只有在故障点的电弧熄灭，绝缘强度恢复以后，才有可能成功。因此，单相重合闸的时间必须考虑潜供电流的影响。

潜供电流的大小与线路的参数有关，线路电压越高、线路越长、负荷电流越大，潜供电流就越大，对单相重合闸的影响也越大。通常在 220 kV 及以上的线路上，单相重合闸时间要选择 0.6 s 以上。

3. 非全相运行状态对继电保护的影响

采用综合重合闸后，要求在单相接地短路时只跳开故障相的断路器，这样在重合闸周期内出现了只有两相运行的非全相运行状态，使线路处于不对称运行状态，从而在线路中出现负序分量和零序分量的电流和电压，这就可能引起本线路保护以及系统中的其他保护误动作。对于可能误动的保护，应在单相重合闸动作时予以闭锁，或使保护的动作值躲开非全相运行，或使其动作时限大于单相重合闸周期。现分别讨论如下：

（1）零序电流保护。在单相重合闸过程中，当两侧电动势摆开角度不大时，所产生的零序电流较小，一般只会引起零序过电流保护的误动作。但在非全相运行状态下系统发生振荡时，将产生很大的零序电流，会引起零序速断和零序限时速断的误动作。

对零序过电流保护，采用延长动作时限来躲过单相重合闸引起的零序电流；对零序电流速断和零序电流限时速断，当动作电流值不能躲过非全相运行的振荡电流时，应由单相重合闸实行闭锁，使其在单相重合闸过程中退出工作，并增加零序不灵敏Ⅰ段保护。

（2）距离保护。在非全相运行时，接于未断开两相上的阻抗继电器能够正确动作，但在非全相运行又发生系统振荡时可能会误动作。

（3）相差动高频保护。在非全相运行时不会误动作，外部故障时也不动作，而内部发生故障时却有拒动的可能。

（4）响应负序功率方向和零序功率方向的高频保护。当零序电压或负序电压取自线路侧电压互感器时，在非全相运行时不会误动作。

若单相重合闸不成功，根据系统运行的需要，线路需转入长期非全相运行时，应考虑的问题

（1）长期出现负序电流对发电机的影响。

（2）长期出现负序和零序电流对电网继电保护的影响。

（3）长期出现零序电流对通信线路的干扰。

三、对综合重合闸接线线路的基本要求

综合重合闸除应满足三相重合闸的基本要求外，还应满足如下要求：

（1）综合重合闸的启动方式。综合重合闸除了采用断路器与控制开关位置不对应启动方式外，考虑到在单相重合闸过程中需要进行一些保护的闭锁，逻辑回路中需要对故障相实现选相固定等，还应采用一个由保护启动的重合闸启动回路。因此，在综合重合闸的启动回路中，有两种启动方式。其中以不对应启动方式为主，保护启动方式作为补充。

（2）综合重合闸的工作方式。重合闸装置通过切换应能实现四种工作方式，即综合重合闸方式、三相重合闸方式、单相重合闸方式和停用方式。

（3）综合重合闸与继电保护的配合。在设置综合重合闸的线路上，保护动作后一般要经过综合重合闸才能使断路器跳闸，考虑到非全相运行时，某些保护可能误动，须采取措施进行闭锁，因此，为满足综合重合闸与各种保护之间的配合，一般设有五个保护接入端子，即 M、N、P、Q、R 端子。

① M 端子接本线路非全相运行时会误动，而相邻线路非全相运行时不会误动的保护，如零序Ⅱ段等。

② N 端子接本线路和相邻线路非全相运行时不会误动的保护，如相差高频保护。

③ P 端子接相邻线路非全相运行时会误动的保护。

④ Q 端子接任何故障都必须切除三相并允许进行三相重合的保护，如进行重合闸的母线保护。

⑤ R 端子接入的保护是只要求直跳三相断路器，而不再进行重合闸的保护，如长延时的后备保护。

（4）单相接地故障时只跳故障相断路器，然后进行单相重合，如重合不成功则跳开三相不再重合。

（5）当选相元件拒动时，应能跳开三相断路器，并进行三相重合。如重合不成功，应再次跳三相。

（6）相间故障时跳开三相断路器，并进行三相重合。如重合不成功，仍跳三相，并不再重合。

（7）任两相的分相跳闸继电器动作后，应联跳第三相，使三相断路器均跳闸。

（8）当单相接地故障时，故障相跳开后重合闸拒绝动作时，则系统处于长期非全相运行状态，若系统不允许长期非全相运行，应能自动跳开其余两相。

（9）无论单相或三相重合闸，在重合不成功后，应能实现加速切除三相断路器，即实现重合闸后加速。

（10）在非全相运行过程中，如又发生另一相或两相的故障，保护应能有选择地切除故障。上述故障如果发生在单相重合闸的合闸脉冲发出之前，则在故障切除后应能进行一次三相重合；如发生在重合闸脉冲发出之后，则切除故障后不再进行重合。

（11）对空气断路器或液压传动的油断路器，当气压或液压降低至不允许实行重合闸时，应将重合闸回路自动闭锁。

5.6　重合器与分段器

运行积累的资料表明，配电网络 95％ 的故障在起始时都是暂时性的，主要是由于雷电、风、雨、雪以及树或导线的摆动造成的。采用具有多次自动重合闸功能的线路设备，即可有选择地、有效地消除瞬时性故障，使其不致发展成永久性故障，又可切除永久性故障，故而能够极大地提高供电可靠性。

自动重合器和自动分段（简称重合器、分段器）是比较完善的、具有高可靠性的自动化设备，它不仅能可靠及时地消除瞬时故障，而且能将永久性故障引起的停电范围限制到最小。由于重合器、分段器适用于配电网络，因此在有些国家配电网络中已得到广泛应用。

一、自动重合器的功能与特点

自动重合器是一种具有保护、检测、控制功能的自动化设备，具有不同时限的安-秒特性曲线和多次重合闸功能，是一种集断路器、继电保护、操动机构为一体的机电一体化新型电器。它可自动检测通过重合器主回路的电流，当确认是故障电流后，持续一定时间按反时限保护特性自动断开故障电流，并根据要求多次自动地重合闸，使线路恢复供电。如果故障是瞬时性的，重合闸成功，线路恢复供电；如果故障是永久性的，重合器在完成预先整定的重合闸次数（通常为 3 次）后，确认线路故障为永久性故障，则自动闭锁，不再对故障线路送电，直至人为排除故障后，重新将重合闸闭锁解除，恢复正常状态。

重合器的具体功能与特点如下：

（1）重合器在开断性能上具有开断短路电流、多次重合闸操作、保护特性的顺序、保护系统的复位等功能。

（2）重合器由灭弧室、操动机构及控制系统合闸线圈等部分组成。

（3）重合器是本体控制设备，在保护控制特性方面，具有自身故障检测、判断电流性质、执行开合等功能，并能恢复初始状态、记忆动作次数及完成重合闸闭锁、操作顺序选择等。用于线路上的重合器无附加操作装置，其操作电源直接取自高压线路。

（4）重合器适用于在户外柱上安装，既可在变电所内，也可在配电线路上。

（5）不同类型重合器的闭锁操作次数、分闸快慢动作特性、重合闸间隔等特性一般都不同，其典型的四次分断三次重合的操作顺序为：分—合—分—合—分—合—分，不同产品可以根据运行中的需要调整重合闸次数及重合闸间隔时间。

（6）重合器的相间故障开断都采用反时限特性，以便与熔断器的安-秒特性相配合（但电子控制重合器的接地故障开断一般采用定时限）。重合器有快、慢两种安-秒特性曲线。通常它的第一次开断都整定在快速曲线，使其在 0.03～0.04 s 内即可切断额定短路开断电流，以后各次开断，可根据保护配合的需要，选择不同的安-秒特性曲线。

二、自动分段器的功能与特点

分段器是配电系统中用来隔离故障线路区段的自动保护装置，通常与自动重合器或断路器配合使用。分段器没有安-秒特性曲线，不需要像重合器那样进行特性曲线的配合。它必须与电源侧前级主保护开关（断路器或重合器）配合，在无电压或无电流的情况下自动分闸。

当发生永久性故障时，分段器的后备保护重合器或断路器动作，分段器的计数功能开始累计重合器的跳闸次数。当分段器达到预定的记录次数后，在后备装置跳开的瞬间自动跳闸，分断故障线路段。重合器再次重合，恢复其他线路供电。若重合器跳闸次数未达到分段器预定的记录次数就已消除了故障，分段器的累计计数在经过一段时间后自动消失，恢复初始状态。

分段器按相数分为单相式与三相式两种；按控制方式分为液压控制式和电子控制式。液压控制式的分段器采用液压控制计数，而电子控制式的分段器采用电子控制计数。自动分段器的功能与特点主要有以下几个方面：

（1）分段器具有自动对上一级保护装置跳闸次数的计数功能。

（2）分段器可断开负荷电流、关合短路电流，但不能开断短路电流，因此不能单独作为主保护的开关使用，可作为手动操作的负荷开关使用。

（3）分段器可进行自动和手动跳闸，但合闸必须是手动的。分段器跳闸后呈闭锁状态，只能通过手动合闸恢复供电。

（4）分段器有串接于主电路的跳闸线圈，更换线圈即可改变最小动作电流。

（5）分段器与重合器之间无机械和电气的联系，其安装地点不受限制。

（6）分段器没有安-秒特性，故在使用上有特殊的优点。如它能用在两个保护装置的保护特性曲线很接近的场合，从而弥补了在多级保护系统中有时增加步骤也无法实现配合的缺点。

三、重合器与分段器的配合

自动重合器和自动分段器配合可实现排除瞬时故障、隔离永久性故障区域及保证非故障线段的正常供电。其典型结构如图 5-14 所示。

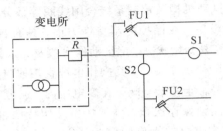

R—自动重合器；S1、S2—自动分段器；FU1、FU2—跌开式熔断器

图 5-14　重合器与分段器配合的典型结构

理论上讲，线路上的每一个分支点都应作为一个分断点考虑，这样，即使在较短分支线路上出现永久性故障时，也可有选择地予以分段，保持其他区段的正常供电。但出于经济和运行条件的限制，往往不可能做到这点，因而需从实际出发，因地制宜。重合器、分段器均是智能化设备，具有自动化程度高等诸多优点。但是只有当正确配合使用时才能发挥其作用，因此应遵守以下配合原则。

（1）分段器必须与重合器一起使用，并装在重合器的负荷侧。

（2）后备重合器必须能检测到并能作用于分段器保护范围内的最小故障电流。

（3）分段器的启动电流必须小于其保护范围内的最小故障电流。

（4）分段器的热稳定额定值和动稳定额定值必须满足要求。

（5）分段器的启动电流必须小于 80％后备保护的最小分闸电流，大于预期最大负荷电流的峰值。

（6）分段器的记录次数必须比后备保护闭锁前的分闸次数少 1 次以上。

（7）分段器的记忆时间必须大于后备保护的累积故障开断时间。后备保护动作的总累积时间，为后备保护顺序中的各次故障涌流时间与重合闸间隔时间之和。

由于分段器没有安-秒特性，所以重合器与控制分段器的配合不要求研究保护曲线。后备保护重合器整定为四次跳闸后闭锁，这些操作可以是任何快速和慢速（或延时）操作方式的组合，分段器的整定次数选择三次计数。如果分段器负荷侧线路发生永久性故障。分段器将在重合器第三次重合前分开并隔离故障，然后重合器再对非故障线路供电。

假如另有串联配制的分段器，它们整定的闭锁次数应一级比一级小。最末级分段器负荷侧线路故障时，重合器动作，串联的分段器都记录重合器的开断电流次数，最末级达到动作次数后分闸，隔离故障，重合器再重合接通非故障线路，恢复正常供电。未达到计数次数的分段器在规定的复位时间后复位到初始状态。

本 章 小 结

自动重合闸广泛应用于 35 kV 及以上的架空线路及电缆与架空混合线路中。《继电保护和安全自动装置技术规程》(GB/T 14285—2006)中规定了自动重合闸装置的装设条件及装设要求，应正确理解和掌握这些具体规定。

自动重合闸装置可按不同条件进行分类。如按作用于断路器的方式，可分为三相重合闸、单相重合闸和综合重合闸；根据重合闸控制断路器连续次数的不同，可将重合闸分为多次重合闸和一次重合闸等。

单侧电源的线路广泛采用三相一次重合闸方式。重合闸的实现可采用电气式自动重合闸装置及软件实现的重合闸。在使用三相自动重合闸的中、低压线路上，自动重合闸是由该线路微机保护测控装置中的一段程序来完成的。

重合闸的启动有两种方式：控制开关与断路器位置不对应启动和保护启动。在电气式重合闸回路中，一般只采用不对应启动方式来启动重合闸，而在微机保护测控装置中，常常兼用两种启动方式。在某些情况下，断路器跳闸后不允许自动重合闸，应将重合闸装置闭锁。

在我国电力系统中，常采用的有三相快速自动重合闸、三相非同期自动重合闸、检同期重合闸、解列重合闸、无电压检定和同期检定的重合闸、检定平行线路电流的自动重合闸以及自同期重合闸等。各种重合闸方式的选定都有一定的条件。

为了能利用重合闸所提供的条件加速切除故障，继电保护与之配合时，一般采用重合闸前加速保护和重合闸后加速保护两种方式，根据不同的线路及其保护配置的方式选用。

单相自动重合闸中需设置故障选相元件，还应注意潜供电流的影响。常用的选相元件有如下几种：相电流选相元件、相电压选相元件、阻抗选相元件及相电流差突变量选相元件。

在设计线路重合闸装置时，把单相重合闸和三相重合闸综合在一起考虑，构成综合重合闸装置，被广泛应用于 220 kV 及以上电压等级的大接地电流系统中。综合重合闸除必须装设选相元件外，还应该装设故障判别元件，用它来判别故障是接地故障还是相间故障。综合重合闸装置一般可以实现四种重合闸方式。

重合器与分段器广泛应用于配电网络中，重合器与分段器的配合动作可实现排除瞬时故障、隔离永久故障区域及保证非故障线路的正常运行。

复习思考题

5-1　输电线路为什么要采用自动重合闸装置？

5-2　电力系统对自动重合闸的基本要求是什么？

5-3　输电线路的自动重合闸怎样分类？

5-4　图 5-2 所示重合闸装置接线中，当线路发生永久性故障时，试说明如何保证只重合一次。

5-5　自动重合闸采用什么启动方式？启动方式的优缺点有哪些？

5-6　重合闸充电有何条件？为何重合闸充电时间一般需在 15 s 以上？

5-7　在检无电压和检同期三相自动重合闸中，在重合闸启动时一侧电源突然消失，试述重合闸的动作过程，并说明结果。

5-8　输电线路重合闸有哪些闭锁条件？

5-9　何谓重合闸前加速保护、后加速保护？各具有什么优点？结合其接线原理图说明工作原理。

5-10　三相快速重合闸在何种场合下可应用？为什么？

5-11　双侧电源线路上故障点断电时间与哪些因素有关？试说明。

5-12　110 kV 及以下单侧电源线路自动重合闸方式如何选择？110 kV 及以下双侧电源线路自动重合闸方式如何选择？

5-13　综合重合闸装置能实现哪几种重合闸方式？

5-14　潜供电流是如何产生的？它对自动重合闸装置的动作时间有何影响？

5-15　单相重合闸为什么要设置故障判别元件和选相元件？常用的选相元件有哪几种？

5-16　当线路的一组断路器设置有两套重合闸装置（如线路的两套保护装置均有重合闸功能）且投入运行，实际运行中，线路故障时应实现几次重合闸？

5-17　线路的自动重合器、分段器的功能特点是什么？它们如何配合使用？

模块 B　电力变压器的继电保护

电力变压器的故障、异常工作状态及其保护方式

变压器的瓦斯保护

变压器的纵差动保护

变压器的微机保护

变压器的接地保护

变压器相间短路的后备保护

学习本模块的目的和意义

◇ 学习"电力变压器的保护"的目的

本模块分析在电力变压器发生各种故障和不正常工作状态的前提下，切除这些故障和发现不正常工作状态的保护装置，通过掌握变压器的各种工作原理和性能，了解这些保护存在的问题及解决的方法。

▲ 能明确电力变压器可能发生的故障和可能出现的不正常的工作状态。

▲ 能掌握瓦斯保护的工作原理和特性。

▲ 能分析变压器差动保护中各种因素引起的不平衡电流及克服方法。

▲ 能掌握变压器零序保护的工作原理。

▲ 能分析负序电压滤过器的工作原理。

▲ 能掌握变压器后备保护的工作原理。

◇ 学习"电力变压器的保护"的意义

电力变压器作为电力系统的重要环节，对电力系统安全运行的重要性不言而喻。本模块通过对变压器在实际运行中可能发生的故障及不正常工作状态等因素分析，并通过掌握变压器的各保护工作原理和性能，以帮助读者提高实践技能，避免变压器发生故障时影响整个电力系统的运行。

本专题内容构成

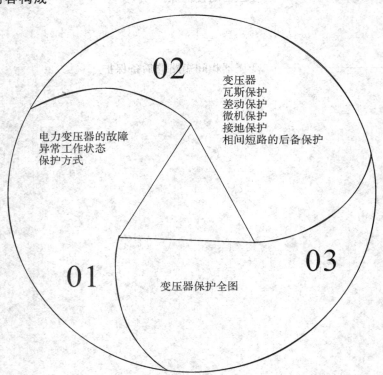

02

变压器
瓦斯保护
差动保护
微机保护
接地保护
相间短路的后备保护

电力变压器的故障
异常工作状态
保护方式

01

03

变压器保护全图

第六章　电力变压器的保护

6.1　电力变压器的故障、异常工作状态及其保护方式

电力变压器的故障通常可分为油箱内部故障和油箱外部故障。

油箱内部故障主要是指发生在变压器油箱内包括高压侧或低压侧绕组的相间短路、匝间短路、中性点直接接地系统侧绕组的单相接地短路。变压器油箱内部故障是很危险的，因为故障点的电弧不仅会损坏绕组绝缘与铁心，而且会使绝缘物质和变压器油剧烈汽化，由此可能引起油箱的爆炸。所以，继电保护应尽可能快地切除这些故障。

油箱外部故障主要是变压器绕组引出线和套管上发生的相间短路和接地短路（直接接地系统）。

变压器的不正常工作状态主要有过负荷、外部短路引起的过电流、外部接地短路引起的中性点过电压、油箱漏油引起的油面降低或冷却系统故障引起的温度升高等。此外，大容量变压器，由于其额定工作磁通密度较高，工作磁密与电压频率比成正比例，在过电压或低频率下运行时，可能引起变压器的过励磁故障等。

变压器继电保护的任务就是响应上述故障或异常运行状态，并通过断路器切除故障变压器，或发出信号告知运行人员采取措施消除异常运行状态。同时，变压器保护还应能用作相邻电气元件的后备保护。针对上述各种故障与不正常工作状态，变压器应装设下列继电保护：

（1）响应变压器油箱内部各种故障和油面降低的瓦斯保护。0.8 MVA 及以上油浸式变压器和 0.4 MVA 及以上车间内油浸式变压器，均应装设瓦斯保护。当油箱内故障产生轻微瓦斯或油面下降时，应瞬时动作于信号；当产生大量瓦斯时，应动作于断开变压器各侧断路器。

（2）响应变压器引出线、套管及内部短路故障的纵联差动保护或电流速断保护。保护瞬时动作于断开变压器的各侧断路器。

（3）响应变压器外部相间短路并作瓦斯保护和纵联差动保护（或电流速断保护）后备的过电流保护、低电压启动的过电流保护、复合电压启动的过电流保护、负序电流保护和阻抗保护，保护动作后应带时限动作于跳闸。

① 过电流保护宜用于降压变压器。

② 复合电压启动的过电流保护，宜用于升压变压器、系统联络变压器和过电流保护不满足灵敏性要求的降压变压器。

③ 负序电流和单相式低电压启动过电流保护，可用于 63 MVA 及以上升压变压器。

④ 当采用上述（2）、（3）的保护不能满足灵敏性和选择性要求时，可采用阻抗保护。

（4）响应大接地电流系统中变压器外部接地短路的零序电流保护。110 kV 及以上大接地电流系统中，如果变压器中性点可能接地运行，对于两侧或三侧电源的升压变压器或降

压变压器应装设零序电流保护,作变压器主保护的后备保护,并作为相邻元件的后备保护。

(5)响应变压器对称过负荷的过负荷保护。对于 400 kVA 及以上的变压器,当台数并列运行或单独运行并作为其他负荷的备用电源时,应根据可能过负荷的情况装设过负荷保护。对自耦变压器和多绕组变压器,保护装置应能对公共绕组及各侧过负荷的情况作出反应。过负荷保护应接于一相电流上,带时限动作于信号。在无经常值班人员的变电所,必要时过负荷保护可动作于跳闸或断开部分负荷。

(6)响应变压器过励磁的过励磁保护。

6.2 变压器的瓦斯保护

当变压器内部故障时,故障点的局部高温将使变压器油温升高,体积膨胀,甚至出现沸腾,油内空气被排出而形成上升气泡。若故障点产生电弧,则变压器油和绝缘材料将分解出大量气体,这些气体自油箱流向油枕上部。故障越严重,产生的气体越多,流向油枕的气流速度越快,甚至气流中还夹杂着变压器油。利用上述气体来实现的保护,称为瓦斯保护。如果变压器内部发生严重漏油或匝数很少的匝间短路、铁心局部烧损、线圈断线、绝缘劣化和油面下降等故障,往往差动保护及其他保护均不能动作,而瓦斯保护却能够动作。因此,瓦斯保护是变压器内部故障最有效的一种主保护。瓦斯保护主要由瓦斯继电器来实现,它是一种气体继电器,安装在变压器油箱与油枕之间的连接导油管中,如图 6-1(a)所示。这样,油箱内的气体必须通过瓦斯继电器才能流向油枕。为了使气体能够顺利地进入瓦斯继电器和油枕,变压器安装时应使顶盖沿瓦斯继电器方向与水平面保持 1%~1.5% 的升高坡度,且要求导油管具有不小于 2% 的升高坡度。瓦斯继电器的形式较多。下面将以性能较好的开口杯挡板式瓦斯继电器为例说明其结构情况和工作原理。

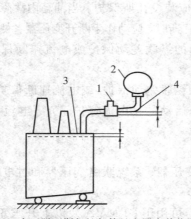

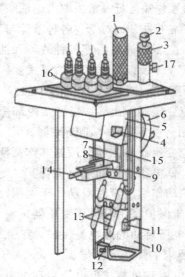

(a)变压器瓦斯保护气体继电器安装位置 (b)OJ1-80(开口杯挡板式)气体继电器结构图

图 6-1 变压器的瓦斯保护

正常情况下,如图 6-1(b)所示,继电器内充满油,开口杯在油的浮力与重锤 6 的作用下，处于上翘位置，永久磁铁4远离干簧触点13，干簧触点13断开。挡板10在弹簧9的保持下，处于正常位置，其附带的永久磁铁远离干簧触点13，干簧触点13可靠断开。当变压器内部发生轻微故障时，产生少量气体，汇集在气体继电器上部，迫使气体继电器内油面下降，使开口杯露出油面。物体在气体中所受浮力比在油中受到的浮力小，因而开口杯失去平衡，绕轴落下，永久磁铁4随之落下，接通干簧触点，发出"轻瓦斯动作"信号。当变压器严重漏油时，同样会发出"轻瓦斯动作"信号。

当变压器内部发生严重故障时，油箱内产生大量的气体，形成强烈油流，油流从油箱通过瓦斯继电器冲向油枕，该油流速度将超过重瓦斯（下挡板）整定的油流速度，油流对挡板的冲击力将克服弹簧的作用力，挡板被冲动，永久磁铁靠近干簧触点，使干簧触点闭合，重瓦斯动作，发出跳闸脉冲，断开变压器各电源侧的断路器。瓦斯保护的原理接线图如图6-2所示。瓦斯继电器KG的上接点由开口杯控制，闭合后延时发出"轻瓦斯动作"信号。KG的下接点由挡板控制，动作后经信号继电器KS启动出口继电器KOM，使变压器各侧断路器跳闸。为防止变压器油箱内严重故障时油速不稳定，造成重瓦斯接点时通时断而不能可靠跳闸，KOM采用带自保持电流线圈的中间继电器。为防止瓦斯保护在变压器换油、瓦斯继电器试验、变压器新安装或大修后投入运行之初时误动作，出口回路设有切换片XB，将XB倒向电阻R侧，可使重瓦斯保护改为只发信号。

瓦斯保护能对应油箱内各种故障作出反应，且动作迅速、灵敏性高、接线简单，但不能对油箱外的引出线和套管上的故障作出反应，故不能作为变压器唯一的主保护，需与差动保护配合，共同作为变压器的主保护。

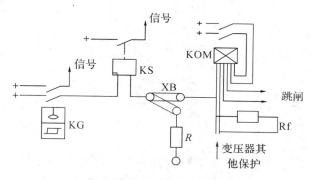

图6-2 变压器瓦斯保护的原理接线图

6.3 变压器的纵差动保护

纵差动（简称纵差）保护选择性好，灵敏度高。纵差保护用作线路保护时，需要装设同被保护线路一样长的辅助导线，所以只能用在短线路上；而用作变压器保护时不存在辅助导线长的问题。因此，对于容量较大的变压器，纵差保护是必不可少的主保护；它用来对变压器绕组、套管及引出线的各种故障作出反应，且与气体保护相配合作为变压器的主保护，使保护的性能更加全面和完善。

一、变压器纵差动保护的特点

变压器纵差动保护原理与线路的纵差保护相同，是通过比较变压器各侧电流的大小和相位而构成的保护。图 6-3 为其单相原理接线图，两侧电流互感器 TA1 和 TA2 之间的区域为差动保护的保护范围，保护动作于断开两侧断路器 QF1、QF2。

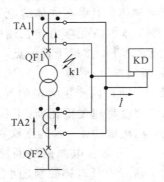

图 6-3　变压器纵差动保护单相原理接线图

变压器纵差动保护的差动回路中不平衡电流大，形成不平衡电流的因素多，所以必须采取措施躲过不平衡电流或设法减小不平衡电流的影响，以下分别进行讨论。

1. 变压器励磁涌流的特点及减小其对纵差保护影响的措施

励磁涌流的产生及特点：变压器的励磁电流只通过变压器的一次绕组，它通过电流互感器进入差动回路形成不平衡电流，如图 6-4 所示。

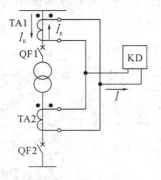

图 6-4　变压器励磁电流形成的不平衡电流

在正常运行情况下，其值很小，一般不超过变压器额定电流 3%～5%。当发生外部短路时，由于电压降低，励磁电流更小，因此这些情况下对励磁电流的影响一般可以不考虑。

当变压器空载合闸或外部故障切除后，电压恢复过程中由于变压器铁心中的磁通急剧增大，使铁心瞬间饱和，这时，出现数值很大的励磁电流，其值可达 5～10 倍的额定电流，称为励磁涌流。此电流通过差回路，如不采取措施，纵差动保护将会误动作。

励磁涌流是变压器的铁心严重饱和产生的。变压器稳态工作时，铁心中的磁通滞后于外加电压 90°，如图 6-5(a)所示。假设铁心无剩磁情况，于电压瞬时值 $U=0$ 时投入变压器，铁心中出现一磁通—Φ_m。由于铁心中的磁通不能突变，因此必须产生一个幅值等于 Φ_m 的非周期分量的磁通，抵消—Φ_m。若忽略非周期分量的衰减则半周后，总磁通的幅值将达到 $2\Phi_m$，铁心严重饱和，励磁涌流达到最大值 $I_{E.max}$，如图 6-5(b)所示。显然在电压瞬时值最大时合闸就不会出现励磁涌流，只有正常的励磁电流。但对于三相变压器，无论何时合闸，至少有两相出现不同程度的励磁涌流。励磁涌流 I_E 的变化曲线如图 6-6 所示。

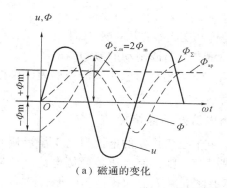

（a）磁通的变化

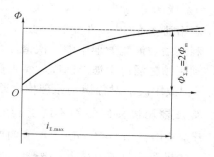

（b）励磁涌流与磁通的关系曲线

图 6-5　电压瞬时值为零投入变压器时的磁通与励磁涌流

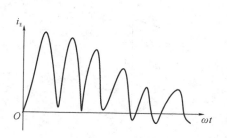

图 6-6　励磁涌流变化曲线

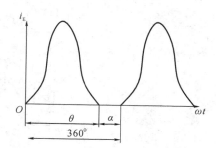

图 6-7　励磁涌流波形的间断角

励磁涌流具有如下特点：

其值在初始很大，可达额定电流的 5～10 倍，含有大量非周期分量和高次谐波分量，且随时间衰减。在起始瞬间，励磁涌流衰减的速度很快，对于一般的中小型变压器，经 0.5～1 s 后，其值不超过额定电流的 0.25～0.5 倍，大型变压器励磁涌流的衰减速度较慢，衰减到上述值要 2～3 s，即变压器的容量越大，衰减越慢，完全衰减需要十几秒的时间。变压器内部短路电流和励磁涌流中各次谐波分量的比例见表 6-1。

表 6-1　变压器内部短路电流和励磁涌流中各次谐波分量的比例

谐波分量与基波分量的比例 /（%）	励磁涌流			短路电流	
	例 1	例 2	例 3	不饱和	饱和
基波	100	100	100	100	100
2 次谐波	36	50	23	9	4
3 次谐波	7	9.4	1.0	4	32
4 次谐波	9	5.4	—	7	9
5 次谐波	5	—	—	4	2
直流	66	62	73	38	—

注　表中数值是以基波分量为基准。

减小励磁涌流影响的措施：在变压器差动保护中，如不采取有效措施消除励磁涌流影响，必将导致保护的误动作。根据励磁涌流的特点，可采取下列措施：

① 利用延时动作或提高保护动作值来躲过励磁涌流。但前者失去速动的优点，后者降

低了保护动作的灵敏度。

②利用励磁涌流中的非周期分量，采用具有速饱和变流器的差动继电器构成差动保护。

③利用励磁涌流波形中的二次谐波分量，采用二次谐波制动的差动继电器。

④利用励磁涌流中波形间断的特点(见图 6-7)，采用具有鉴别间断角的差动继电器构成差动保护或用波形对称识别原理构成差动保护。

2. 变压器两侧接线组别不同引起的不平衡电流及消除措施

电力系统中常用的 Y-d/11 接线的变压器，由于三角形侧的电流超前于星形侧同一相电流 30°，如果两侧电流互感器都按通常接线接成星形，则即使变压器两侧电流互感器二次电流的数值相等，在差动保护回路中也会出现不平衡电流 I_{und}，如图 6-8 所示。

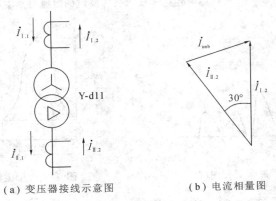

（a）变压器接线示意图　　　　（b）电流相量图

图 6-8　Y-d/11 接线变压器两侧电流互感器的二次电流

为了消除此不平衡电流，可采用相位补偿法。即将变压器星形侧的电流互感器的二次侧接成三角形，而将变压器三角形侧的电流互感器二次侧接成星形，从而将电流互感器二次侧的电流相位校正来，如 6-9(a)所示。图 6-9(b)所示为有关电流的相量图。

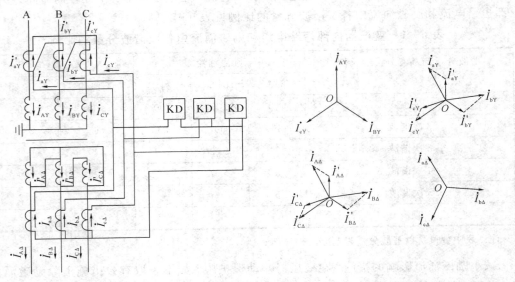

（a）相位补偿的接线图　　　　　　（b）相位补偿的相量图

图 6-9　Y-d/11 接线变压器差动保护的接线图和相量图

相位补偿后，在通过穿越性电流时，两侧流入差动臂中的二次电流同相位，但还需使每相两差动臂中的电流大小相等，所以在选择电流互感器的变比 n_{TA} 时，应引入电流互感器的接线系数 K_C，即差动臂中的电流为 $K_C I_1 / n_{TA}$，其中 I_1 为一次电流。当电流互感器按三角形接线时，$K_C = \sqrt{3}$，按星形接线时，$K_C = 1$。电流互感器的二次电流为 5 A，两侧电流互感器的变比计算如下：

变压器星形侧的电流互感器变比为

$$n_{TA(Y)} = \frac{\sqrt{3}\, I_{N(Y)}}{5}$$

变压器三角形侧的电流互感器变比为

$$n_{TA(\triangle)} = \frac{I_{N(\triangle)}}{5}$$

式中，$I_{N(Y)}$ 为变压器星形侧额定电流；$I_{N(\triangle)}$ 为变压器三角形侧额定电流。

实际选择电流互感器变比时，应按照上式算出的变比计算，选择一个接近且略大于计算值的标准变比作为实际变比。

3. 电流互感器的实际变比与计算变比不等引起的不平衡电流及减小影响的措施

由于电流互感器都是标准化的定型产品，所以选择的电流互感器的变比与计算变比往往不相等，因此，在差动回路中会引起不平衡电流。这种不平衡电流的影响，可采用电流补偿法来消除。如图 6 - 10 所示，将电流互感器二次电流大的那一侧，经电流变换器 TAA 变换后，使 TAA 的输出与另一侧电流互感器二次电流的大小相等，从而消除电流互感器的实际变比与计算变比不等而引起的不平衡电流。

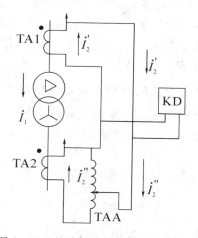

图 6 - 10　差动保护电流补偿法接线图

当采用带速饱和变流器的差动继电器构成变压器差动保护时，可采用平衡线圈克服电流互感器的实际变比与计算变比不等引起的不平衡电流的影响。如图 6 - 11 所示，N_{op}、N_{bal}、N_{sec} 分别为差动继电器中的差动线圈、平衡线圈和二次线圈（见差动继电器部分）。二次线圈 N_{sec} 接继电器的执行元件，平衡线圈 N_{bal} 通常接二次电流较小的一侧。调整 N_{bal} 线圈的匝数，使在正常情况下具有如下关系：

$$(I_{2Y} - I_{2\triangle})N_{op} = I_{2\triangle} N_{bal} \tag{6-1}$$

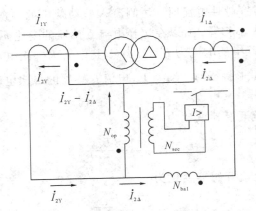

图 6-11　利用差动继电器中平衡线圈消除 I_{unb} 影响原理图

按式(6-1)中极性，两线圈中产生的磁动势大小相等，方向相反，相互抵消，铁心中没有磁通，从而二次线圈 N_{sec} 中无感应电动势，继电器 KA 中无感应电流。若式(6-1)计算的平衡线圈 N_{bal} 的匝数与可选择的匝数相符，即消除了变压器两侧电流互感器实际变比与计算变比不等产生的不平衡电流。

在微机型纵差动保护中，可以成比例地将二次电流小的那一侧进行放大，使两侧二次电流完全相等，彻底消除由于计算变比与实际变比不同引起的不平衡电流。

4. 两侧互感器型号不同产生的不平衡电流及采取的措施

此不平衡电流是由两侧电流互感器的相对误差引起的，型号相同，相对误差较小，型号不同，相对误差就会较大。变压器各侧的电压等级和额定电流不同，因而采用的电流互感器的型号不同，它们的特性差别较大，故引起较大的不平衡电流。此不平衡电流应在保护的整定计算中予以考虑，即适当增大保护的动作电流。其具体做法是：在不平衡电流计算中引入电流互感器同型系数 K_{ss}，若同型，K_{ss} 取 0.5；若不同型，K_{ss} 取 1。

5. 变压器调压分接头改变产生的不平衡电流及解决方法

带负荷调压的变压器在运行中常常需要改变分接头来调电压，这样就改变了变压器的变比，原已调整平衡的差动保护，又会出现新的不平衡电流。一般利用提高差动保护动作电流的方法来解决。

根据以上分析，变压器的差动保护的最大不平衡电流为

$$I_{unb.max} = (10\% K_{aper} K_{SS} + \Delta U + \Delta f_{za})\frac{I_{k.max}}{n_{TA}} \tag{6-2}$$

式中：K_{aper} 为非周期分量影响系数，一般取 1.3～1.5；10% 为电流互感器容许的最大误差；K_{SS} 为同型系数，两侧电流互感器同型时 $K_{SS} = 0.5$，不同型时 $K_{SS} = 1.0$；ΔU 为变压器分接头改变引起的相对误差，取调压范围的一半；Δf_{za} 为平衡线圈整定匝数与计算匝数不等产生的相对误差；$I_{k.max}/n_{TA}$ 为外部最大短路电流归算到二次侧的数值。

变压器差动保护的主要问题是不平衡电流的影响，其中励磁涌流的影响为最大。

二、采用 BCH-2 型继电器构成的差动保护

外部故障引起的不平衡电流和变压器励磁涌流中都含有大量的非周期分量，采用带速

饱和变流器的差动继电器,能有效地克服非周期分量的影响。BCH-2型为带加强型速饱和变流器的差动继电器。BCH-2型差动继电器克服励磁涌流影响的效果更好。

1. BCH-2型继电器结构及原理

BCH-2型差动继电器由速饱和变流器和电流继电器构成。速饱和变流器结构如图6-12所示,为三柱铁心型式,中间柱B的截面积比两边柱A、C的截面积大一倍。差动线圈 N_{op} 和两个平衡线圈 N_{bal1}、N_{bal2} 以相同绕向绕在中间柱上。短路线圈分 N_{k1} 和 N_{k2} 两部分,分别绕在B柱和A柱上,两个线圈极性的连接是使它们产生的磁通在A柱和B柱中为同方向相加。二次线圈 N_{sec} 绕C柱上,并接入执行元件(电流继电器KA)。

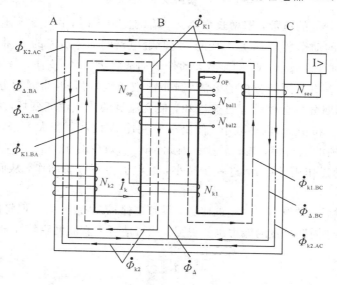

图6-12 BCH-2型差动继电器

当在差动线圈中加入电流 $\dot{I}_{op}$ 时,磁动势 $N_{op}\dot{I}_{op}$ 将在B柱中产生磁通 $\dot{\Phi}_\Delta$,此磁通由B柱中流出后,分为 $\dot{\Phi}_{\Delta.BA}$ 和 $\dot{\Phi}_{\Delta.BC}$,分别通过A柱和C柱,$\dot{\Phi}_\Delta$ 和 $\dot{\Phi}_{\Delta.BA}$ 在 N_{k1} 和 N_{k2} 中感应电动势,形成电流 $\dot{I}_k$。磁动势 $N_{k1}\dot{I}_k$ 产生磁通 $\dot{\Phi}_{k1}$,它分成 $\dot{\Phi}_{k1.BA}$ 和 $\dot{\Phi}_{k1.BC}$,分别通过A柱和C柱形成回路。磁动势 $N_{k2}\dot{I}_k$ 产生磁通 $\dot{\Phi}_{k2}$,分成 $\dot{\Phi}_{k2.AC}$ 和 $\dot{\Phi}_{k2.AB}$,分别通过B柱和C柱形成回路。

综合上述分析结果,在C柱中的总磁通为

$$\dot{\Phi}_C = \dot{\Phi}_{\Delta.BC} - \dot{\Phi}_{k1.BC} + \dot{\Phi}_{k2.AC} \tag{6-3}$$

通过C柱的磁通 Φ_C 在二次线圈中感应电动势,并产生电流,当此电流达到电流继电器的动作电流时,执行元件立即动作(也即差动继电器动作)。由此可见,继电器的动作条件决定于 $\dot{\Phi}_{\Delta.BC}$、$\dot{\Phi}_{k1.BC}$ 和 $\dot{\Phi}_{k2.AC}$ 三个磁通的合成结果,也即要受短路线圈的影响(其中 $\dot{\Phi}_{k1.BC}$ 起去磁作用,$\dot{\Phi}_{k2.AC}$ 起助磁作用),具体分析如下。

(1)短路线圈开路,无短路线圈产生的磁通,即为普通带速饱和变流器的差动继电器。

(2)接入短路线圈后,若 N_{op} 中仅通入周期分量电流,且保持 $2N_{k1} = N_{k2}$,则 $\dot{\Phi}_{k2.AC} = \dot{\Phi}_{k1.BC}$,此时助磁与去磁作用互相抵消,相当于短路线圈不起作用,继电器的动作磁动势与无短路线圈时的动作值相同。短路线圈内部的接线如图6-13所示。只要采取标号相同字母（如 A1—A2，B1—B2 等）的抽头，则 $2N_{k1} = N_{k2}$。

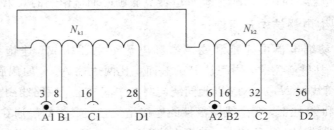

图 6-13　短路线圈的内部接线

如果单独增大 N_{k2} 的匝数，即增长率 N_{k2}/N_{k1} 的比值大时，由于助磁作用加强，将使 $\dot{\Phi}_C$ 增大，而执行元件的动作电流 I_{sec} 是不变的，此时继电器的动作所需的 I_{op} 将减小（即 $I_{op}N_{op} <$ 60 安匝）。反之，如单独增大 N_{k1} 的匝数，动作磁动势将大于 60 安匝。

如 N_{op} 中通入含有非周期分量的电流（例如励磁涌流）时，因非周期分量电流不能变换到二次侧，故非周期分量会使铁心迅速饱和，使变流器的传变性能变坏，N_{sec} 中的感应电动势减小；磁通 $\dot{\Phi}_{k2.AC}$ 和 $\dot{\Phi}_{k1.BC}$ 也将减小。但由于 B 柱比 A 柱截面积大一倍，且 B 柱到 C 柱的磁路比 A 柱到 C 柱的磁路短，漏磁较少。因此，$\dot{\Phi}_{k2.AC}$ 减少的比 $\dot{\Phi}_{k1.BC}$ 多，则 $\dot{\Phi}_{k1.BC} > \dot{\Phi}_{k2.AC}$，即去磁作用大于助磁作用，使 $\dot{\Phi}_C$ 进一步减小，继电器更不容易动作，从而加强了躲开非周期分量的能力。

当铁心饱和以后，增加 N_{k1}、N_{k2} 的匝数，尽管还保持 $2N_{k1} = N_{k2}$，但将使短路线圈的磁动势增大，因此躲过非周期分量的能力也就更强。此特性可用直流助磁特性 $\varepsilon = f(t)$ 表示，其中

$$
\left.
\begin{aligned}
\varepsilon &= \frac{I_{k.act}}{I_{k.act.0}} \\
K &= \frac{I_d}{I_{k.act}}
\end{aligned}
\right\} \tag{6-4}
$$

式中：ε 为相对动作电流；K 为偏移系数；I_d 为直流助磁电流；$I_{k.act}$ 为不加直流助磁时的交流动作电流；$I_{k.act.0}$ 为具有直流助磁时的交流动作电流。

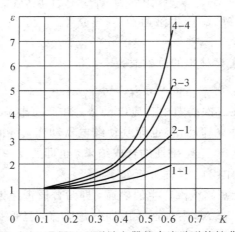

图 6-14　4BCH-2 型继电器的直流助磁特性曲线

图 6-14 为短路绕组在不同匝数下的直流助磁特性曲线。需要指出的是，N_{k1}、N_{k2} 匝数增加越多，曲线越陡，躲过非周期分量的能力越强，但在内部故障时，由于短路电流中非周期分量的作用，使继电器的动作延时。所以，N_{k1}、N_{k2} 匝数的选择应根据实际情况考虑。一般按如下条件选择：

（1）对于小型变压器，由于励磁涌流倍数大，而内部故障时非周期分量衰减较快，同时对保护动作时间要求较低，故一般选用较大匝数，如 C1—C2 或 D1—D2 抽头。

（2）对于中型变压器，由于励磁涌流倍数较小，非周期分量衰减慢，并要求尽快地切除故障，故一般选用较小匝数的抽头，如 A1—A2 或 B1—B2。选用的抽头是否合适，最后应经过变压器空载投入试验后再确定。

2. 用 BCH-2 型差动继电器构成的变压器差动保护的接线

采用 BCH-2 型差动继电器构成的双绕组变压器差动保护单相内部接线如图 6-15 所示。除二次线圈 N_{sec} 外，其他各线圈均有一定数量的抽头，供整定之用。两组平衡线圈 N_{bal1}、N_{bal2} 分别接于两差动臂。适当选择各线圈的匝数，使它们在正常情况下满足 $I_{zY}(N_{\text{bal1}}+N_{\text{op}})=I_{2\Delta}(N_{\text{op}}+N_{\text{bal2}})$，实现电流补偿。在内部故障时，平衡线圈产生的磁动势与差动线圈的磁动势方向相同，继电器能灵敏动作。每个平衡线圈具有两组抽头，可组成 0～19 整数匝数，但螺杆插入时不要造成平衡线圈短路或开路，否则会引起保护误动作或造成二次回路开路。

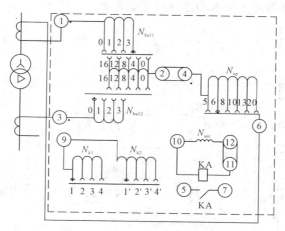

图 6-15　采用 BCH-2 型差动继电器构成的双绕组变压器差动保护单相内部接线图

Y-d/11 接线双绕组变压器采用 BCH-2 型继电器构成的差动保护三相原理接线如图 6-16 所示。图中 KD1、KD2、KD3 为差动继电器，每只差动继电器的内部接线与图 6-15 所示接线相同。当差动保护动作后，断开变压器两侧的断路器 QF1 和 QF2。

在中、小型变压器上，还有采用 BCH-1 型差动继电器构成的差动保护，它克服外部故障引起的不平衡电流的能力强于 BCH-2 型差动继电器构成的变压器差动保护。BCH-1 结构与 BCH-2 相比，少了短路线圈而多了制动线圈。所以对 BCH-1 型差动继电器构成的变压器差动保护的分析，重点是制动特性。随着新型制动特性变压器差动保护的广泛应用，采用 BCH-1 型差动继电器构成的变压器差动保护越来越少。

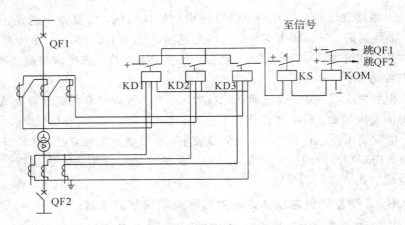

图 6 - 16　采用 BCH - 2 差动继电器构成的差动保护三相原理接线

三、二次谐波制动式变压器差动保护

由于变压器的励磁涌流中含有相当大的二次谐波分量，故利用二次谐波制动，能很好地躲开励磁涌流的影响。

1. 二次谐波制动差动保护的原理结构

二次谐波制动的纵差动保护单相原理接线如图 6 - 17 所示。

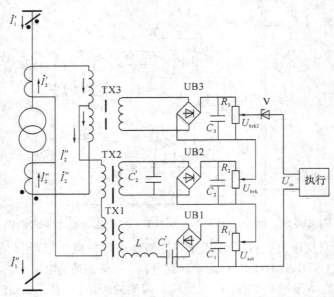

图 6 - 17　二次谐波制动的纵差动保护单相原理接线图

1）比率制动回路

比率制动回路由电抗变压器 TX3、整流桥 UB3、滤波电容 C_3 和可调电阻 R_3 组成，TX3 的一次线圈接在差动回路的两个臂中，由其中点引出的是差动回路。在正常运行及外部故障时，TX3 一次线圈中两部分电流 I_2' 和 I_2'' 方向相同，在 TX3 的二次线圈中产生电压，其大小正比于一次侧流过的电流，经整流、滤波后，加到 R_3 上，得到制动电压 $U_{brk.1}$。

$U_{brk.1}$ 的大小可通过 R_3 加以调节。由于这种制动作用与穿越电流的大小成正比，因而继电器的动作电流 I_{act} 随着制动电流 I_{brk} 的增大而增大。动作电流与制动电流的比称为制动系数 K_{brk}，即 $K_{brk} = I_{act}/I_{brk}$。调节 R_3 就可改变 K_{brk} 的大小。

外部故障时，短路电流越大，制动作用就越明显。动作电流 I_{act} 随制动电流 I_{brk} 变化的关系曲线 $I_{act} = f(I_{brk})$，称为继电器的制动特性曲线，可用图 6-18 表示制动特性曲线。

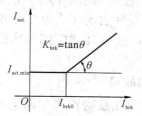

图 6-18　制动特性曲线

曲线的数学表达式为

$$\left. \begin{array}{ll} I_{act} > I_{act.0} & , \quad I_{brk} \leqslant I_{brk.0} \\ I_{act} > K_{brk}(I_{brk} - I_{brk.0}) + I_{act.0}, & I_{brk} > I_{brk.0} \end{array} \right\} \quad (6-5)$$

曲线中，$I_{act.0}$ 为最小动作电流，按躲过正常运行时的不平衡电流整定（约为 $0.5I_N$）；$I_{brk.0}$ 为最小制动电流，一般取 $I_{brk.0} = I_N$，外部故障电流大于 $I_{brk.0}$ 时开始制动，这样可大大提高差动保护对内部故障作出反应时的灵敏度。

当内部故障时，图 6-17 中有一侧的电流要改变方向，因此 I_2' 和 I_2'' 方向相反，TX3 二次侧感应电动势减小，制动作用也就随之减弱。当这两部分电流相等时，制动作用消失，继电器动作最灵敏。

2）二次谐波制动回路

二次谐波制动回路由电抗变压器 TX2，电容 C_2 和 C_2'，整流桥 UB2 及可调电阻 $R2$ 组成。TX2 的一次线圈接在差动回路中，TX2 二次线圈与电容 C_2' 组成二次谐波并联谐振回路，它输出的电压主要反映二次谐波分量。当差动回路通过二次谐波电流时，C_2' 输出高电压，UB2 的输出电压 $U_{brk.2}$ 即为二次谐波制动电压。$U_{brk.2}$ 大小可通过 R_2 来调节。

3）差动回路

差动回路由电抗变压器 TX1、电感 L、电容 C_1' 和 C_1、整流桥 UB1 及可调电阻 $R1$ 组成。L、C_1' 组成对基波的串联谐振回路，对基波分量的电压具有最大的输出，对不平衡电流中的非周期分量和高次谐波分量起一个滤波的作用，所以此回路主要反映差动回路中的周期分量电流，其输出电压为继电器的动作电压 U_{act}。U_{act} 可由 $R1$ 来调节。

4）执行回路

执行回路反映 U_{act} 和 U_{brk} 的幅值比较结果而动作。执行元件可由极化继电器、晶体管放大器或运算放大器构成的电平检测器等来实现。执行回路的动作条件为 $U_{act} > U_{brk}$。

2. 工作情况分析

1）正常运行

变压器正常运行中，通过差动回路的电流为正常运行时的不平衡电流，小于 $I_{act.min}$，故继电器不动作。

2）外部故障

变压器外部故障，制动电流很大，保护电路不动作。

3）出现励磁涌流

励磁涌流仅在变压器的一次侧通过，因此 TX3 一次侧的半个线圈及 TX1 和 TX2 的一次侧流过相同的电流。由于励磁涌流中含有很大的二次谐波分量，故 $U_{brk.2}$ 很大；TX3 也输出一定的制动电压 $U_{brk.1}$。而由于 L、C_1' 的作用，工作回路中的二次谐波分量大为削弱，因此 U_{act} 较小，$U_{brk.2} > U_{act}$，故继电器不会误动作。

3. 两侧有电源的变压器内部故障

此时 TX3 一次绕组中流过方向相反的两侧短路电流，它们形成的磁动势相互抵消，TX3 二次侧感应的制动电压较小。差动回路中流过的电流为两侧短路电流之和，形成较大的动作电压，$U_{act} > U_{brk}$，继电器能灵敏动作。

4. 单侧电源变压器的内部故障

这时，通过 TX3 的一次绕组的电流与差动回路中电流相等。这是一种最不利的情况，有 1/2 的制动作用；适当选择回路参数，继电器仍能可靠动作。

二次谐波制动方式变压器差动保护有很好的躲过励磁涌流的能力，采用比率制动方式保证了外部故障有选择地不动作；且由于它不是用速饱和性能来躲开励磁涌流的，故在变压器内部故障时，保护电路不会因非周期分量的存在而延迟动作。

因此，二次谐波制动式变压器差动保护功能得到了广泛应用。

四、三绕组变压器差动保护

如果忽略变压器的励磁电流，在正常运行和外部故障时，三侧电流相量之和（折合到同一电压等级）等于零，如图 6-19 所示。

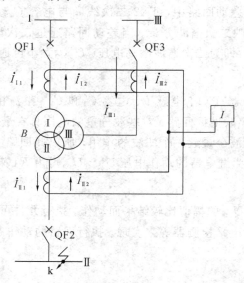

图 6-19 三绕组变压器差动保护单相原理接线图

在正常情况和外部故障时，流入继电器的电流为 $\dot{I}_k = \dot{I}_{\text{I}2} + \dot{I}_{\text{II}2} + \dot{I}_{\text{III}2} = 0$，保护不会动作。

在内部故障时，流入继电器的电流为 $\dot{I}_{k0} = \dot{I}_{\text{I}2} + \dot{I}_{\text{II}2} + \dot{I}_{\text{III}2} = \dot{I}_k / n_{\text{TA}}$，保护将灵敏地动作。

三绕组变压器的差动保护不平衡电流比双绕组的要大，为了减小外部短路不平衡电流的影响，提高保护的灵敏度，一般采用带制动特性的差动继电器构成差动保护。

6.4　变压器的微机保护

一、常规比率制动特性

电流互感器的误差随着一次电流的增大而增大，为保证区外短路故障时纵差保护不误动作，差动继电器的动作电流为

$$I_{\text{act. max}} = K_{\text{rel}} I_{\text{unb. max}} \tag{6-6}$$

式中：K_{rel} 为可靠系数，取 $1.3 \sim 1.5$。

若继电器的动作电流 I_{act}、制动电流 I_{brk} 用下式表示：

$$\left. \begin{array}{l} I_{\text{act}} = |\dot{I}_h + \dot{I}_l| \\ I_{\text{brk}} = \dfrac{I_h + I_l}{2} \end{array} \right\} \tag{6-7}$$

式中：I_h 为变压器高压侧电流；I_l 为变压器低压侧电流。

差动电流（即动作电流）取各侧差动电流互感器二次电流向量和的绝对值。对于双绕组变压器，有

$$I_{\text{act}} = |\dot{I}_h + \dot{I}_l|$$

对于三绕组变压器或引入三侧电流的变压器，有

$$I_{\text{act}} = |\dot{I}_h + \dot{I}_m + \dot{I}_l|$$

式中：$\dot{I}_h$、$\dot{I}_m$、$\dot{I}_l$ 为三个绕组的电流或引入的三侧电流。

在微机保护中，变压器制动电流的取得方法比较灵活。对于双绕组变压器，国内变压器微机保护有以下几种方式：

（1）制动电流为高、低压侧二次电流向量差的一半，即

$$I_{\text{brk}} = \frac{1}{2} |\dot{I}_h - \dot{I}_l| \tag{6-8}$$

（2）制动电流为高、低压侧二次电流幅值和的一半，即

$$I_{\text{brk}} = \frac{I_h + I_l}{2} \tag{6-9}$$

（3）制动电流为高、低压侧二次电流幅值的最大值，即

$$I_{\text{brk}} = \max\{I_h, \ I_l\} \tag{6-10}$$

（4）制动电流为动作电流幅值与高、低压侧二次电流幅值差的一半，即

$$I_{brk} = \frac{(I_{act} - I_h - I_1)}{2} \tag{6-11}$$

（5）制动电流为低压侧二次电流的幅值，即

$$I_{brk} = I_1 \tag{6-12}$$

对于三绕组变压器，国内微机保护有以下几种取值方式：

（1）制动电流为高、中、低压侧二次电流幅值和的一半，即

$$I_{brk} = \frac{I_h + I_m + I_1}{2} \tag{6-13}$$

（2）制动电流为高、中、低压侧二次电流幅值的最大值，即

$$I_{brk} = \max\{I_h, I_m, I_1\} \tag{6-14}$$

（3）制动电流为动作电流幅值与高、中、低压侧二次电流幅值差的一半，即

$$I_{brk} = \frac{I_{act} - I_h - I_m - I_1}{2} \tag{6-15}$$

（4）制动电流为中、低压侧二次电流的幅值的最大值，即

$$I_{brk} = \max\{I_m, I_1\} \tag{6-16}$$

二、两折线式比率制动特性

图 6-20 示出了两折线式比率制动特性，由线段 AB、BC 组成，特性的上方为动作区，下方为制动区，$I_{act.min}$ 称为最小动作电流，$I_{brk.min}$ 称为最小制动电流，又称为拐点电流，一般取 $(0.5 \sim 1.0)I_N$。制动特性可表示为

$$\left.\begin{array}{ll} I_{act} > I_{act.min} & , \qquad I_{brk} \leqslant I_{brk.min} \\ I_{act} > I_{act.min} + S(I_{brk} - I_{brk.min}), & I_{brk} > I_{brk.min} \end{array}\right\} \tag{6-17}$$

式中，S 是 BC 制动段的斜率，即 $S = \tan\alpha$。

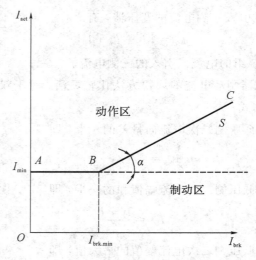

图 6-20　两折线式比率制动特性

有时也用制动系数表示 BC 制动段的斜率。若令制动系数 $K_{brk}=\dfrac{I_{act}}{I_{brk}}$，则由式（6-17）可得到制动系数 K_{brk} 与斜率 S 的关系式为

$$K_{brk}=\frac{I_{act.\,min}}{I_{brk}}+S\left(1-\frac{I_{brk.\,min}}{I_{brk}}\right) \tag{6-18}$$

显然，K_{brk} 与 I_{brk} 大小有关，通常由 $I_{brk.\,max}$ 来确定制动系数 K_{brk}。

三、三折线式比率制动特性

图 6-21 示出了三折线式比率制动特性，有两个拐点电流 I_{brk1} 和 I_{brk2}，通常 I_{brk1} 固定为 $0.5I_N/n_{TA}$，即 $0.5I_n$（$I_n=I_N/n_{TA}$）。当比率制动特性由 AB、BC、CD 直线段组成时，制动特性可表示为

$$\left.\begin{array}{ll} I_{act}>I_{act.\,min} & ,\quad I_{brk}\leqslant I_{brk.\,min} \\ I_{act}>I_{act.\,min}+S_1(I_{brk}-I_{brk1}) & ,\quad I_{brk1}<I_{brk}<I_{brk2} \\ I_{act}>I_{act.\,min}+S_1(I_{brk2}-I_{brk1})+S_2(I_{brk}-I_{brk2}) & ,\quad I_{brk2}<I_{brk} \end{array}\right\} \tag{6-19}$$

式中，S_1、S_2 分别是制动段 BC、CD 的斜率。

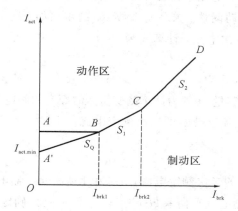

图 6-21 三折线式比率制动特性

此时，I_{brk1} 固定为 $0.5I_n$，$S_1=0.3\sim0.75$ 可调，I_{brk2} 固定为 $3I_n$ 或 $(0.5\sim3)I_n$ 可调，S_2 斜率固定为 1。这种比率特性对于降压变压器、升压变压器都适用，且容易满足灵敏度要求。

在大型变压器的纵差保护中，为进一步提高匝间短路故障的灵敏度，比率制动特性由图 6-21 中的 $A'B$、BC、CD 直线段组成，其中 $A'B$ 段特性斜率 S_0 固定为 0.2、S_2 斜率固定为 0.75、I_{brk1} 固定为 $0.5I_n$、I_{brk2} 固定为 $6I_n$，于是制动特性表示为

$$\left.\begin{array}{ll} I_{act}>I_{act.\,min}+0.2I_n & ,\quad I_{brk}\leqslant0.5I_n \\ I_{act}>I_{act.\,min}+0.1I_n+S_1(I_{brk}-0.5I_n) & ,\quad 0.5I_n<I_{brk}<6I_n \\ I_{act}>I_{act.\,min}+0.1I_n+5.5S_1I_n+0.75(I_{brk}-6I_n) & ,\quad I_{brk}>6I_n \end{array}\right\} \tag{6-20}$$

式中：S_1 为制动段 BC 的斜率，$S_1=0.2\sim0.75$。

需要指出的是，由于负荷电流总是穿越性质的，变压器内部短路故障时负荷电流总是

起制动作用。为提高灵敏度，特别是匝间短路故障时的灵敏度，纵差动保护可采用故障分量比率制动特性。

四、变压器微机纵差保护的整定计算

1. 变压器各侧的电流相位校正和电流平衡调整

变压器各侧电流互感器可以采用星形接线，二次电流直接接入变压器微机纵差保护装置，同时规定变压器的星形侧和三角形侧电流互感器的中性点均在变压器侧。当然也可以采用传统的接线方式，将星形侧电流互感器接成三角形进行相位补偿。

1）相位校正

由于微机保护软件计算的灵活性，允许变压器各侧的电流互感器二次侧都接成星形，也可以按常规保护的接线方式接线。当两侧都采用星形接线时，在进行差动计算时，由软件对变压器 Y 侧电流进行相位补偿及电流数值补偿。

2）电流平衡调整

变压器微机纵差保护的电流平衡是建立在差动保护各侧平衡系数 K_b 的计算基础上的，由软件实现电流平衡的自动调整。求平衡系数 K_b 的步骤如下。

① 计算变压器各侧一次电流，计算式为

$$I_{1n} = \frac{S_N}{\sqrt{3}U_N} \tag{6-21}$$

式中：S_N 为变压器的额定容量；U_N 为计算侧变压器的额定相间电压（不能用电网额定电压）。

② 计算变压器各侧电流互感器的二次额定电流，计算式为

$$I_{2n} = \frac{I_{1N}}{n_{TA}} \tag{6-22}$$

式中：I_{2n} 为计算侧变压器的二次额定电流；n_{TA} 为计算侧变压器电流互感器的电流比。

③ 计算差动保护各侧电流平衡系数 K_b。在计算时应先确定基本侧。对于发变组纵差保护、主变纵差保护，基本侧在主变低压侧，即发电机侧；对于其他变压器，基本侧为高压侧。若基本侧电流互感器的二次额定电流用 $I_{2n.b}$ 表示，则其他侧电流平衡系数为

$$K_b = \frac{I_{2n.b}}{I_{2n}} \tag{6-23}$$

式中：I_{2n} 为计算侧变压器电流互感器的二次额定计算电流。

变压器纵差保护各侧电流平衡系数 K_b 求出后，此时只需将各侧电流与其对应的电流平衡系数相乘即可。应当注意，由于微机保护的电流平衡系数取值是二进制方式，因此不可能使纵差保护达到完全平衡，但引起的不平衡电流很小，可忽略不计。

2. 比率制动特性参数的整定

1）三折线式比率制动特性参数的整定

设比率制动特性如图 6-21 中的 ABCD 折线，因 $I_{brk1} = 0.5I_n$、$I_{brk2} = 3I_n$、$S_2 = 1$ 为固定值，所以需要整定的参数是 S_1 和 $I_{act.min}$。

（1）计算区外短路故障时流过差动回路的最大不平衡电流 $I_{\text{unb.max}}$。对于双绕组变压器，最大不平衡电流按下式计算：

$$I_{\text{unb.max}} = (K_{\text{cc}}K_{\text{ap}}f_{\text{er}} + \Delta U + \Delta m)\frac{I_{\text{k.max}}}{n_{\text{TA}}} \tag{6-24}$$

式中：Δm 为由于微机保护电流平衡调整不连续引起的不平衡系数，为可靠起见，仍沿用常规值，$\Delta m = 0.05$；ΔU 为偏离额定电压的最大调压百分值；f_{er} 为电流互感器误差引起的不平衡系数，当二次负荷阻抗匹配较好时，$f_{\text{er}} = 10\%$；K_{cc} 为电流互感器的同型系数；n_{TA} 为基本侧电流互感器的电流比；K_{ap} 为非周期分量系数，可取 $1.5\sim2$。

如果双绕组变压器接线如图 6-22 所示，则 $I_{\text{unb.max}}$ 的计算应考虑两种情况，即 K1 点、K2 点故障时的 $I_{\text{unb1.max}}$、$I_{\text{unb2.max}}$ 表示式为

$$I_{\text{unb1.max}} = (K_{\text{cc}}K_{\text{ap}}f_{\text{er}} + \Delta U + \Delta m)\frac{I_{\text{k1.max}}}{n_{\text{TA}}} \tag{6-25}$$

$$I_{\text{unb2.max}} = (K_{\text{cc}}K_{\text{ap}}f_{\text{er}} + \Delta m)\frac{I_{\text{k2.max}}}{n_{\text{TA}}} \tag{6-26}$$

式中：$I_{\text{k1.max}}$ 为穿越变压器的基本侧的最大短路电流；$I_{\text{k2.max}}$ 为穿越 TA1、TA2 的最大短路电流；n_{TA} 为基本侧电流互感器的电流比。

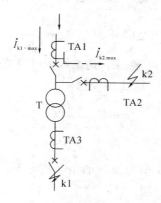

图 6-22　带有内接线的双绕组变压器接线

取式（6-25）与式（6-26）中的较大值作为最大不平衡电流 $I_{\text{unb.max}}$。

对于三绕组变压器，最大不平衡电流 $I_{\text{unb.max}}$ 的表示式为

$$I_{\text{unb.max}} = K_{\text{cc}}K_{\text{ap}}f_{\text{er}}\frac{I_{\text{k.max}}}{n_{\text{TA}}} + (\Delta U_{\text{h}} + \Delta m_{\text{h}})\frac{I_{\text{kh.max}}}{n_{\text{TA}}} + (\Delta U_{\text{m}} + \Delta m_{\text{m}})\frac{I_{\text{km.max}}}{n_{\text{TA}}} \tag{6-27}$$

式中：$I_{\text{k.max}}$ 为保护区外短路故障时，归算到基本侧的通过变压器的最大短路电流；$I_{\text{kh.max}}$ 为保护区外短路故障时，归算到基本侧的通过高压侧的短路电流；$I_{\text{km.max}}$ 为保护区外短路故障时，归算到基本侧的通过中压侧的短路电流；ΔU_{h}、ΔU_{m} 为高压侧、中压侧偏离额定电压的最大调压百分值；Δm_{h}、Δm_{m} 为高压侧、中压侧电流平衡调节不连续引起的不平衡系数；n_{TA} 为基本侧电流互感器的变比。

式（6-27）表示的 $I_{\text{unb.max}}$ 是建立在低压侧外部短路时通过变压器低压侧的短路电流归算到基本侧具有最大值的基础上的（即其他两侧保护区外短路故障通过变压器该侧的短路

电流归算值比低压侧小)。如果其他两侧更大,$I_{unb.max}$ 可用类似的方法得出。

(2)确定第二拐点电流 I_{brk2} 对应的动作电流 I_{act2}。根据制动电流的表示式可求得计算 $I_{unb.max}$ 时的最大制动电流,若制动电流取各侧电流幅值和的一半,则制动电流为

$$I_{brk.max} = \frac{I_{k.max}}{n_{TA}} \qquad (双绕组变压器) \qquad (6-28)$$

$$I_{brk.max} = \frac{I_{k.max} + I_{kh.max} + I_{k.max}}{2n_{TA}} = \frac{I_{k.max}}{n_{TA}} \qquad (三绕组变压器) \qquad (6-29)$$

于是有关系式

$$S_2 = \frac{K_{rel} I_{unb.max} - I_{act2}}{I_{brk.max} - I_{brk2}}$$

即

$$I_{act2} = K_{rel} I_{unb.max} - S_2 (I_{brk.max} - I_{brk2}) \qquad (6-30)$$

式中:K_{rel} 为可靠系数,取 $1.3 \sim 1.5$。

令 $S_2 = 1$,$I_{brk2} = 3I_n$(I_n 为基本侧二次额定电流),就可求得 I_{act2} 的值。

(3)确定斜率 S_1。变压器外部短路故障被切除后,差动回路的不平衡电流为

$$I_{unb1} = \left(K_{cc} K_{ap} f_{er} + \Delta U + \Delta m\right) \frac{I_1}{n_{TA}} \qquad (双绕组变压器) \qquad (6-31)$$

$$I_{unb1} = \left(K_{cc} K_{ap} f_{er} + \Delta U_h + \Delta U_m + \Delta m\right) \frac{I_1}{n_{TA}} \qquad (三绕组变压器) \qquad (6-32)$$

式中:I_1 是变压器基本侧的负荷电流;n_{TA} 是基本侧电流互感器的电流比。

当变压器以额定容量运行时,由式(6-28)、式(6-29)求得制动电流 $I_{brk.1} = I_n$,有

$$S_1 = \frac{I_{act2} - K_{rel} I_{unb.1}}{I_{brk.2} - I_{brk.1}} \qquad (6-33)$$

式中:K_{rel} 为可靠系数,取 $1.2 \sim 1.4$。

令 $I_{brk.2} = 3I_n$,$I_{unb.1}$ 为额定负荷电流时的不平衡电流,就可得到 S_1 值。

(4)确定最小动作电 $I_{act.min}$。因

$$S_1 = \frac{I_{act2} - K_{rel} I_{unb.1}}{I_{brk.2} - I_{brk.1}}$$

所以有

$$I_{act.min} = I_{act2} - S_1 (I_{brk2} - I_{brk1}) \qquad (6-34)$$

令 $I_{brk2} = 3I_n$,$I_{brk1} = 0.5I_n$,就可求得 $I_{act.min}$ 的值。

显然,式(6-30)保证了区外短路故障时差动回路不平衡电流最大时保护电路不误动作,式(6-33)保证了外部短路故障被切除时保护电路不误动作。$I_{act.min}$ 值确定了变压器内部轻微故障时纵差保护的灵敏度。

2)两折线式比率制动特性参数的整定

若比率制动特性如图 6-23 所示,需确定的参数为 $I_{act.min}$、I_{brk} 和 S,但通常整定的参数是 $I_{act.min}$、K_{brk},应当注意,K_{brk} 随 I_{brk} 的变化而变化。对于 $I_{act.min}$ 的值,装置内部大多固定,但可以进行调整。

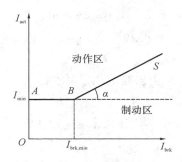

图 6-23　两折线式比率制动特性图

（1）最小动作电流 $I_{act.min}$ 的确定。$I_{act.min}$ 应躲过外部短路故障被切除时差动回路的不平衡电流，即

$$I_{act.min} = K_{rel} I_{unb.1} \tag{6-35}$$

式中：K_{rel} 是可靠系数，取 $1.2\sim1.5$，对于双绕组变压器，取 $1.2\sim1.3$，对于三绕组变压器，取 $1.4\sim1.5$，对谐波较为严重的场合应适当增大；$I_{unb.1}$ 为变压器正常运行时差动回路的不平衡电流，$I_{unb.1}$ 分别由式（6-31）和式（6-32）确定。

（2）拐点电流 I_{brk} 的确定。可暂取 $I_{brk} = 0.8 I_n$。

（3）斜率 S 的确定。按躲过保护区外短路故障时差动回路的最大不平衡电流整定，即

$$S = \frac{K_{rel} I_{unb.max} - I_{act.min}}{I_{brk.max} - I_{brk}} \tag{6-36}$$

式中，K_{rel} 是可靠系数，取 $1.3\sim1.5$；$I_{unb.max}$ 是最大不平衡电流，按式（6-24）计算；$I_{brk.max}$ 是最大制动电流，按式（6-28）、式（6-29）计算。

（4）制动系数 K_{brk} 整定值的确定。制动系数整定式为

$$K_{brk} = \frac{I_{act.min}}{I_{brk.max}} + S\left(1 - \frac{I_{act.min}}{I_{brk.max}}\right) \tag{6-37}$$

从而可确定 K_{brk}，但 $S \neq K_{brk}$，除非图 6-20 中 BC 制动段通过原点 O。

（5）另一种整定方法。式（6-37）的最大制动系数如 $K_{brk.max}$ 整定值是在最大制动电流 $I_{brk.max}$ 情况下求得的，整定值确定后就不再发生变化，在图 6-24 中以直线 OC 的斜率表示 $K_{brk.max}$ 值。前面所述方法是先求出 S 值，再求得 $K_{brk.max}$ 值，此时的制动在图 6-24 中以虚折线 ABC 表示。另一种整定方法是取 $S = K_{brk}$，即认为制动系数与制动特性斜率相等。

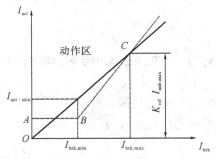

图 6-24　两折线整定方法

首先计算制动系数 K_{brk} 的整定值，而 K_{brk} 的表示式为

$$K_{brk} = K_{rel}(K_{cc}K_{ap}f_{er} + \Delta U + \Delta m) \tag{6-38}$$

式中，K_{rel} 是可靠系数，取 $1.3 \sim 1.5$。

再确定最小动作电流 $I_{brk.min}$，由已知的 I_{brk1} 可求得 $I_{act.min}$，表示式为

$$I_{act.min} = K_{brk}I_{brk} \tag{6-39}$$

此时的制动特性如图 6-24 中的实线所示。这种整定方法计算简单，安全可靠，但偏于保守。

3. 内部短路故障时灵敏度的计算

在最小运行方式下计算保护区(指变压器引出线上)两相金属性短路故障时的最小短路电流 $I_{k.min}$(折算至基本侧)和相应的制动电流(折算至基本侧)。根据制动电流的大小在相应制动特性曲线上求得相应的动作电流 I_{act}，于是灵敏系数 K_{sen} 为

$$K_{sen} = \frac{I_{k.min}}{I_{act}} \tag{6-40}$$

要求 $K_{sen} \geqslant 2$。应当指出，对于单侧电源变压器，内部故障时的制动电流采用的方式不同，保护的灵敏度也不同。

4. 谐波制动比的整定

差动回路中二次谐波电流与基波电流的比值一般整定为 $15\% \sim 20\%$。

5. 差动电流速断保护的整定

差动电流速断保护整定值应躲过变压器初始励磁涌流和外部短路故障时的最大不平衡电流整定，表示式为

$$I_{act} > KI_n \tag{6-41}$$

$$I_{act} > K_{rel}I_{unb.max} \tag{6-42}$$

式中，K_{rel} 是可靠系数，取 $1.3 \sim 1.5$；K 是倍数，根据变压器容量和系统电抗大小而定。一般变压器容量为 6.3 MVA 及以下，$K = 7 \sim 12$；容量为 $6.3 \sim 31.5$ MVA，$K = 4.5 \sim 7$；容量为 $40 \sim 120$ MVA，$K = 3 \sim 6$；容量为 120 MVA 及以上，$K = 2 \sim 5$。变压器容量越大、系统电抗越小时，K 值应取低值。

动作电流取式(6-41)、式(6-42)中的较大值。

对于差动电流速断保护，正常运行方式下保护安装处的区内两相短路故障时，要求 $K_{sen} \geqslant 1.2$。

6.5　变压器的接地保护

在电力系统中，接地故障是常见的故障。对中性点直接接地电网中的变压器，在其高压侧装设接地(零序)保护，用来响应接地故障，并作为变压器主保护的后备保护和相邻元件的接地故障后备保护。

变压器高压绕组中性点是否直接接地运行与变压器的绝缘水平有关。220 kV 及以上的

大型变压器，高压绕组均为分级绝缘，但绝缘水平不尽相同；如 500 kV 的变压器中性点的绝缘水平为 38 kV，其中性点必须接地运行；220 kV 的变压器中性点的绝缘水平为 110 kV，其中性点可直接接地运行，也可在系统不失去接地点的情况下不接地运行。变压器中性点运行方式不同，接地保护的配置方式也不同。下面分别讨论。

一、变压器中性点直接接地时的零序电流保护

当发电厂或变电所单台或并列运行的变压器中性点接地运行时，其接地保护一般采用零序电流保护。该保护的电流继电器接到变压器中性点处电流互感器的二次侧，如图 6-25 所示。这种保护接线简单，动作可靠。电流互感器的变比为额定变比的 1/2～1/3，电流互感器的额定电压可选低一个等级的。

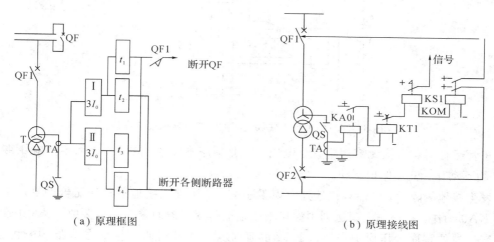

（a）原理框图　　　　　　　　　　　　（b）原理接线图

图 6-25　变压器零序电流保护原理图

在正常情况下，电流互感器中没有电流，电流保护不动作。发生接地短路时，有零序电流 $3I_0$ 通过，零序电流保护动作。

变压器的零序保护由两段零序电流构成。Ⅰ段整定电流与相邻线路零序过电流保护Ⅰ段（或Ⅱ段）或快速主保护配合。Ⅰ段保护设两个时限 t_1 和 t_2，t_1 与相邻线路零序过电流保护Ⅰ段（或Ⅱ段）配合，取 $t_1=0.5～1$ s，动作于母线解列或断开分段断路器，以缩小停电范围；$t_2=t_1+\Delta t$，动作于断开变压器高压侧的断路器。Ⅱ段与相邻元件零序电流保护后备段配合。Ⅱ段保护也设两个时限 t_3 和 t_4，t_3 比相邻元件零序电流保护后备段最长的动作时限大一个级差，动作于母线解列或断开分段断路器；$t_4=t_3+\Delta t$，动作于断开变压器高压侧的断路器。

二、中性点仅部分接地的分级绝缘变压器的零序电流保护和零序电压保护

为了限制短路电流并保证系统中零序电流的大小和分布尽量不受系统运行方式变化的影响，在发电厂或变电所中通常只有部分变压器的中性点接地。因此这些变压器的中性点可能接地运行，也可能不接地运行。对于分级绝缘的变压器，为防止中性点过电压，在发生接地故障时，应先断开中性点不接地的变压器，后断开中性点接地的变压器，因此仅仅采用零

序电流保护是不能满足要求的。针对变压器中性点有否装设放电间隙，需设置不同的保护。

1. 中性点未装放电间隙

中性点未装放电间隙的变压器的接地保护如图 6-26 所示。

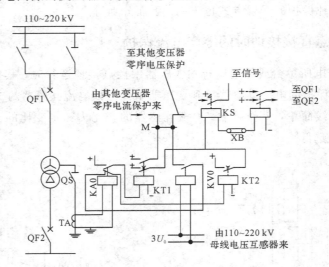

图 6-26　中性点未装放电间隙的变压器的接地保护

正常运行时，系统无零序电流、电压，因此零序电流继电器 KA0 和零序电压继电器 KV0 均不动作，整套保护不动。

发生接地故障后，中性点接地处出现零序电流，中性点接地运行变压器的零序电流继电器 KA0 动作，将操作电源送到中性点不接地运行变压器的零序电压保护，因此中性点不接地变压器的零序电压保护先经过 KT2 的延时 t_2 先跳中性点不接地变压器，中性点接地变压器的零序电流保护经过 KT1 的延时 t_1 跳中性点接地的变压器，其中 $t_1 > t_2$。在这种接线方式中，并列运行变压器的保护回路相互牵连，比较复杂，容易弄错导致误操作，而且保护有时可能出现无选择性的动作。如图 6-27 所示，当 k 点短路时，中性点不接地变压器 T1 以 t_2 延时先断开，但故障未切除，变压器 T2 的零序电流保护继续动作，以较长的延时 t_1 动作切除故障，从而扩大了事故范围。因此目前常采用在变压器中性点加装放电间隙，使部分中性点接地的并列运行变压器接地保护间的配合情况得以改善。

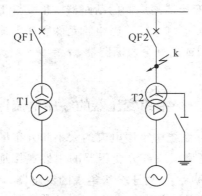

图 6-27　变压器接地保护无选择性动作说明

2. 中性点装设放电间隙

中性点装设放电间隙的分级绝缘变压器的接地保护原理接线如图 6−28 所示。除装设两段式零序电流保护外，再增设响应零序电压和间隙放电电流的零序电流电压保护。

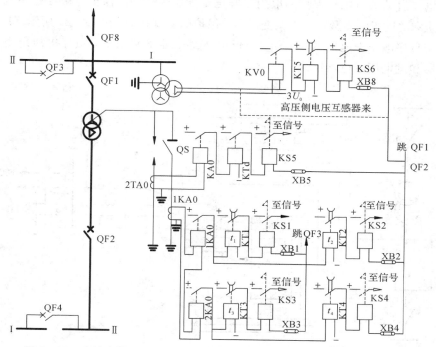

图 6−28 中性点装设放电间隙的分级绝缘变压器的接地保护原理接线图

变压器中性点接地运行时，隔离开关 QS 合上，两段式零序电流保护投入工作。第 I 段与相邻元件接地保护 I 段配合，以 t_1(0.5 s)延时断开高压侧分段断路器(或母联断路器) QF3，以 t_2($t_1 + \Delta t$)延时断开变压器两侧断路器。第 II 段与相邻元件接地保护后备段配合，以 t_3 和 t_4 的延时分别断开 QF3 和 QF1、QF2。

变压器中性点如不接地运行，则隔离开关 QS 打开。当电网发生单相接地故障且失去中性点时，中性点不接地的变压器的中性点将出现工频过电压，放电间隙击穿，放电电流使零序电流元件 KA0 启动，瞬时跳开变压器，将故障切除。此处零序电流元件的一次动作电流取 100A(根据间隙放电电流的经验数据而定)。

如果万一放电间隙拒动，变压器中性点可能出现工频过电压，为此，设置了零序过电压保护。当放电间隙拒动时，KV0 启动，将变压器切除。KV0 的动作电压应低于变压器中性点绝缘的耐压水平，且在变压器发生单相接地而系统又未失去接地中性点时，可靠不动作，一般可取 180 V。

6.6　变压器相间短路的后备保护

变压器相间短路的后备保护既是变压器主保护的后备，又是相邻母线和线路的后备保护。根据变压器容量的大小和系统短路电流的大小，变压器相间短路的后备保护可采用过电流保护、低电压启动的过电流保护、复合电压启动的过电流保护和负序过电流保护等。

一、复合电压启动的过电流保护

复合电压启动的过电流保护一般用于升压变压器或过电流保护灵敏度达不到要求的降压变压器上，适用于大多数中、小型变压器，保护的原理接线如图 6-29 所示。其电压启动元件由一个负序电压继电器 KVN 和一个低电压继电器 KV 组成，负序电压继电器由负序电压滤过器和过电压继电器组成。

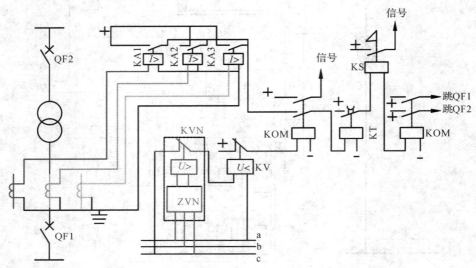

图 6-29　复合电压启动的过电流保护原理接线图

1. 负序电压滤过器及负序电压继电器

输入端加三相电压而输出端只输出负序电压的滤过器称为负序电压滤过器，负序电压滤过器的原理接线图如图 6-30 所示。由电容 C_1、电阻 R_1、电容 C_2、电阻 R_2 分别组成的两个阻抗臂分别接于线电压。为了消除正序分量，参数选择如下：$R_1 = \sqrt{3} X_{C_1}$、$R_2 = X_{C_2}/\sqrt{3}$。

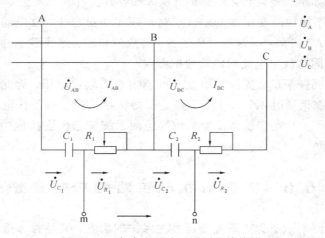

图 6-30　负序电压滤过器原理接线图

输入正序电压时，各电压相量如图 6-31(a)所示，输出电压为

$$\dot{U}_{mn1} = \dot{U}_{C_2} + \dot{U}_{R_1} = 0$$

输入负序电压时，输出电压相量如图 6-31(b)所示，输出电压为

$$\dot{U}_{mn2} = \dot{U}_{C_2} + \dot{U}_{R_1} = 2\dot{U}_{R_1}\cos 30° e^{j30°} = \sqrt{3}\,\dot{U}_{R_1} e^{j30°}$$

$$= \sqrt{3}\,\dot{U}_{AB}\cos 30° e^{j60°} = \frac{3\dot{U}_{AB} e^{j60°}}{2} \tag{6-43}$$

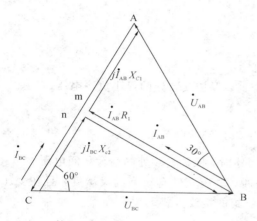

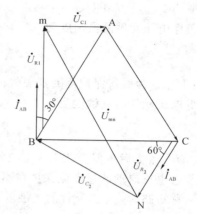

（a）输入三相正序电压时滤过器的相量图　　　　（b）输入三相负序电压时滤过器的相量图

图 6-31　输入三相正序、负序电压时滤过器的相量图

当输入端加入三相正序电压时，由于参数制作的不准确，有不平衡电压输出。同时当输入电压中存在五次谐波分量时，由于它的相序与基波负序相同，输出端也会有输出。为了消除五次谐波的影响，可在输出端加装五次谐波滤过器。

将负序电压滤过器的任意两个输入端互相换接，就会成为正序电压滤过器。

在负序电压滤过器输出端并接五次谐波滤过器之后接电压继电器，就构成了负序电压继电器。输入三相正序、负序电压时滤过器的相量图如图 6-31 所示。

微机保护中，接入装置的电压为三个相电压或三个线电压，负序电压与低电压功能由算法实现。过电流元件的实现通过接入三相电流和保护算法来实现。

2. 保护的工作原理及整定计算

发生对称故障时，电流继电器动作，同时由于三相电压降低，低电压继电器动作，其动断触点闭合，整套保护动作，经时间继电器的延时后，接通跳闸回路，跳两侧断路器。当发生不对称故障时，由于负序电压的出现，负序电压继电器动作（动断触点打开），低电压继电器动作（动断触点闭合），同时故障相电流继电器动作，经延时接通跳闸回路。

普通的过电流保护的动作值是按躲过变压器可能出现的最大负荷电流整定的，因此保护的灵敏度不够。复合电压启动的过电流保护由于采用了复合电压启动元件，必须电流元件和启动元件都动作时，才能启动时间继电器，经延时去跳闸，因此过电流继电器的动作电流只需按躲过变压器的额定电流整定，即

$$I_{act} = \left(\frac{K_{rel}}{K_r}\right) I_{TN} \tag{6-44}$$

式中：I_{TN} 为变压器的额定电流；K_r 取 0.85；K_{rel} 取 1.2～1.3。

因此，电流元件的灵敏度比过电流保护高，电流元件的灵敏度校验与过电流保护相同。低电压元件的动作值应小于正常情况下母线上可能出现的最低工作电压，还要保证在外部故障切除后电动机自启动时，低电压元件能可靠返回，根据运行经验通常取

$$U_{act} = (0.5 - 0.6)U_N$$

式中：U_N 为额定相间电压。

负序电压继电器的启动电压 $U_{act.2}$ 按躲过正常运行时的不平衡电压来整定，根据运行经验可取为 $U_{act.2} = 0.06U_N$。

负序电压元件的灵敏度为

$$K_{sen} = \frac{U_{K.min2}}{U_{act.2}}$$

式中：$U_{K.min2}$ 为后备保护范围末端两相金属短路时，保护安装处的最小负序电压。

低电压元件的灵敏度为

$$K_{sen} = \frac{U_{act}}{U_{K.max1}} \geqslant 1.25$$

式中：$U_{K.max1}$ 为后备保护范围末端三相金属性短路时，保护安装处的最大相间电压。

复合电压启动的过电流保护在不对称短路时，电压元件有较高的灵敏度，且在变压器后不对称短路时，电压元件的灵敏度与变压器绕组的接线方式无关。

二、负序电流保护

采用复合电压启动能有效地提高不对称短路时低电压元件的灵敏度，但不对称故障时，电流元件的灵敏度仍有可能不满足要求。对于大容量的升压变压器及系统联络变压器，可采用负序过电流及单相式低电压启动的过电流保护。不对称短路由灵敏度高的负序过电流保护反映，而对称故障则由低电压启动的过电流保护来反映。负序电流和单相式低电压启动的过电流保护的原理接线图如图 6-32 所示。图中负序电流继电器 KAM 由负序电流滤过器 ZAN 和电流元件构成。

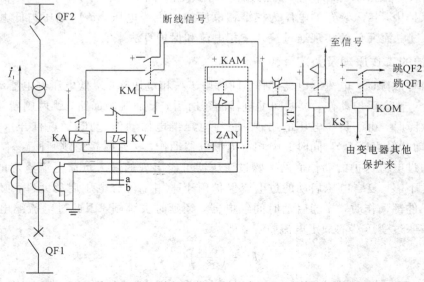

图 6-32　负序电流和单相式低电压启动的过电流保护原理接线图

1. 保护的工作原理

负序电流和单相式低电压启动的过电流保护，由负序电流继电器 KAM 作为不对称短路的保护。由于它不能反映对称短路，须加装一套单相式低电压启动的过电流保护。两套保护均经时间继电器 KT 延时接通跳闸回路，跳开两侧断路器。

2. 整定计算

低电压元件与电流元件整定计算同前。

负序电流继电器的动作电流按以下条件选择：

（1）躲过变压器在最大负荷电流下并伴随系统频率降低时，负序电流滤过器输出的最大不平衡电流，一般取 $I_{act2} = (0.1 - 0.2)I_{TN}$。

（2）躲过与变压器相连的线路之一发生单相断线时的负序电流。

（3）与相邻元件的后备保护在灵敏系数上相配合。

三、三绕组变压器过电流保护的特点

三绕组变压器在外部故障时应尽量减小停电范围。因此，在外部发生短路时，要求仅断开故障侧的断路器，而使另外两侧继续运行。而内部发生故障时，过电流保护应起到后备作用。为此，三绕组变压器的过电流保护应按如下原则配置：

（1）单侧电源的三绕组变压器，一般只装设两套过电流保护，一套装在负荷侧，如图 6-33 所示 Ⅱ 侧，其整定的动作时间 $t_Ⅱ$ 应比其他两侧的时限都小，动作后断开 QF2。另一套装于电源侧（Ⅰ 侧），它设有两个时限 $t_Ⅰ$ 和 $t'_Ⅱ$，在时限配合上要求 $t_Ⅱ < t'_Ⅱ < t_Ⅰ$。当 Ⅲ 侧故障时，经 $t'_Ⅱ$ 跳开 QF3，Ⅰ、Ⅱ 侧继续运行。变压器内部故障，则经 $t'_Ⅱ$ 跳 QF3，经 $t_Ⅰ$ 再跳 QF1 和 QF2，将三侧断路器全部断开。

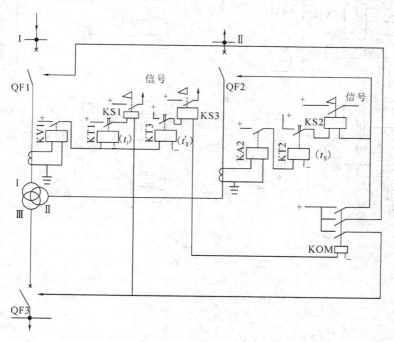

图 6-33　单侧电源的三绕组变压器的过电流保护

（2）多侧电源的三绕组变压器，应在三侧均装设独立的过电流保护，并在动作时间最小的电源侧装方向元件，动作方向由变压器指向母线，此三套保护作为各侧外部故障的后备保护切除本侧断路器。在装设方向元件的一侧，加装一套不带方向的过电流保护，作为变压器内部故障的后备保护，切除三侧断路器。

交流回路保护、直流回路保护、信号回路保护展开图如图 6-34 所示。

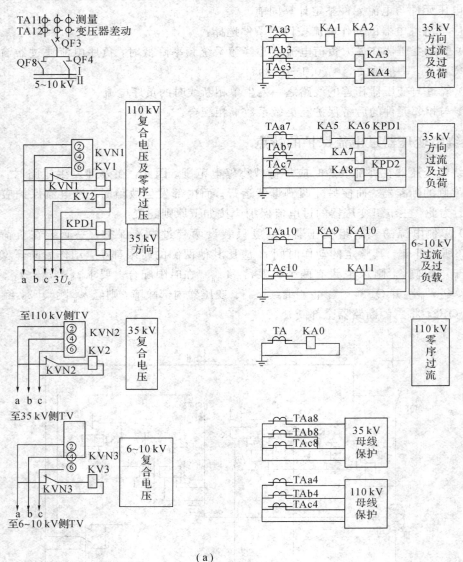

（a）

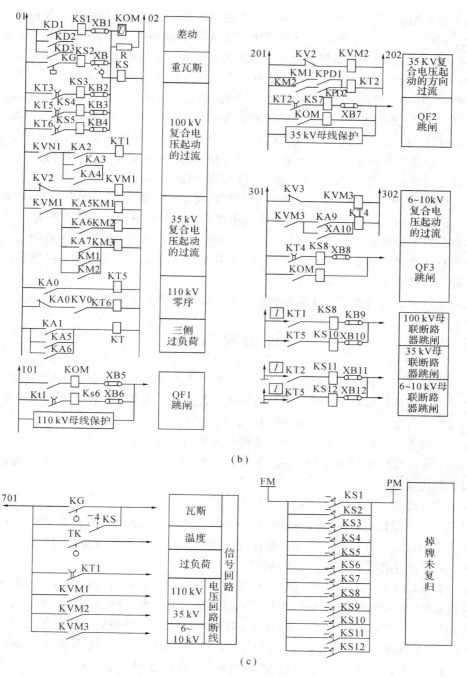

（b）

（c）

图 6-34 交流回路保护、直流回路保护、信号回路保护展开图

本 章 小 结

变压器的故障分为油箱内和油箱外两种。变压器的不正常工作方式有过电流、过负荷、油面降低等。变压器的主保护有瓦斯保护、纵差保护等。主保护的配置与变压器的容量有关，

瓦斯保护对油箱内的各种故障作出反应，但不能对套管及引出线的故障作为反应，因此不能单独作为变压器的主保护，而是应与纵差保护或电流速断保护一起共同作主保护。变压器的后备保护分为相间故障的后备保护与接地故障的后备保护。接地故障保护是否需要配置，与变压器中性点的接地方式有关。变压器中性点直接接地时可采用零序电流保护；而并列运行的分级绝缘的中性点可能接地、可能不接地的变压器的接地保护，往往采用零序电流、零序电压共同构成保护。相间故障的后备保护是过电流保护，为了提高过电流保护的灵敏度，可采用低电压启动的过电流、复合电压启动的过电流、负序过电流及单相式低电压启动的过电流。

　　差动保护是本章的重点，变压器差动保护的特点是不平衡电流大。如何克服和减少这些不平衡电流的影响是关键。在不平衡电流中，外部故障时引起的不平衡电流和变压器的励磁涌流(励磁电流仅存在于变压器的一侧，所以是差动保护的不平衡电流)影响最大，因此各种不同原理的差动保护装置，均着力克服或减小这两种不平衡电流的影响。

　　本章分析了微机比率制动特性变压器差动保护的整定计算。以折线比率制动式差动保护为例分析了微机差动保护的基本原理。需要注意的是，在工程实际中，应结合厂家说明书及实际运行经验来修正整定值。

　　以一实例分析了微机型变压器保护的配置、接线原理及整定计算要求。

复习思考题

6-1　变压器可能出现的故障和不正常工作状态有哪些？应分别装设哪些保护？

6-2　瓦斯保护和差动保护均是变压器内部故障的主保护，二者为何不可相互替代？

6-3　变压器差动保护要考虑哪些特殊问题？

6-4　试述变压器差动保护产生不平衡电流的原因及克服措施。

6-5　变压器比率制动式差动保护为什么要采用二次谐波制动？二次谐波制动的差动继电器有何优点？

6-6　三绕组变压器差动保护有何特点？

6-7　变压器相间短路的后备保护有哪几种方式？它们各自的特点及适用范围如何？

6-8　两台以上并列运行的分级绝缘变压器，只有部分中性点接地时，应实施何种接地保护？此保护存在什么问题？如何解决？

6-9　三绕组变压器过电流保护如何配置？各保护的动作时间如何配合？图 6-33 所示单侧电源(Ⅰ侧为电源侧)的三绕组变压器过电流保护，如Ⅱ侧和Ⅲ侧母线所接元件的过电流保护时间分别为 1.5 s 和 2.5 s，KT1、KT2、KT3 时间分别应整定为多少？

6-10　变压器复合电压启动的过电流保护，在变压器发生三相对称故障时是如何工作的？

6-11　在图 6-30 所示负序电压滤过器中，若将任意两个输入端调换一下，请画出相量图，说明此时输出量为什么分量？

模块 C 发电机的继电保护

★ 发电机的故障和不正常工作状态及其保护；

★ 发电机的差动保护；

★ 发电机定子绕组单相接地保护；

★ 发电机励磁回路接地保护；

★ 发电机负序电流保护；

★ 发电机的失磁保护；

★ 发电机的逆功率保护。

学习本模块的目的和意义

◇ 学习"发电机保护"的目的

本模块主要帮助读者掌握发电机的各种保护的基本原理，熟悉它们的性能及在这些保护中存在的问题，以及解决方法。

▲ 能分析发电机定子、转子回路可能发生的故障和出现的不正常工作状态。

▲ 能掌握发电机差动保护的工作原理。

▲ 能了解定子绕组匝间的短路保护的工作原理。

▲ 能了解 100％保护范围的发电机定子接地保护的工作原理。

▲ 能了解失磁保护的工作原理。

▲ 能理解转子回路接地保护的基本原理。

◇学习"发电机保护"的意义

发电机的安全运行对电力系统的稳定运行起着决定性的作用，因此掌握发电机相关可能发生的故障和可能出现的不正常状态、就能较全面地分析切除这些故障和发现这些不正常工作状态的保护措施。

本专题内容构成

第七章 发电机保护

7.1 发电机的故障和不正常工作状态及其保护

一、发电机的故障类型

（1）定子绕组相间短路。定子绕组相间短路时会产生很大的短路电流使绕组过热，故障点的电弧将破坏绕组的绝缘，烧坏铁心和绕组。定子绕组的相间短路对发电机的危害最大。

（2）定子绕组匝间短路。定子绕组匝间短路时，短路的部分绕组内将产生环流，从而引起局部温度升高，绝缘被破坏，并可能转变为单相接地和相间短路。

（3）定子绕组单相接地短路。故障时，发电机电压网络的电容电流将流过故障点，当此电流较大时，会使铁心局部熔化，给检修工作带来很大的困难。

（4）励磁回路一点或两点接地短路。励磁回路一点接地时，由于没有构成接地电流通路，故对发电机无直接危害。如果再发生另一点接地，就会造成励磁回路两点接地短路，可能烧坏励磁绕组和铁心。此外，由于转子磁通的对称性被破坏，将引起发电机组强烈振动。

（5）励磁电流急剧下降或消失。发电机励磁系统故障或自动灭磁开关误跳闸，将会引起励磁电流急剧下降或消失。此时，发电机由同步运行转入异步运行状态，并从系统吸收无功功率。当系统无功功率不足时，将引起电压下降，甚至使系统崩溃。同时，还会引起定子绕组电流增加及转子局部过热，威胁发电机安全。

二、发电机的不正常工作状态

（1）定子绕组过电流。外部短路引起的定子绕组过电流，将使定子绕组温度升高，会发展成内部故障。

（2）三相对称过负荷。负荷超过发电机额定容量而引起的三相对称过负荷会使定子绕组过热。

（3）转子表层过热。电力系统中发生不对称短路或发电机三相负荷不对称时，将有负序电流流过定子绕组，在发电机中产生相对转子两倍同步转速的旋转磁场，从而在转子中感应出倍频电流，可能造成转子局部灼伤，严重时会使护环受热松脱。

（4）定子绕组过电压。调速系统惯性较大的发电机，因突然甩负荷，转速急剧上升，使发电机电压迅速升高，将造成定子绕组绝缘被击穿。

（5）发电机的逆功率。当汽轮机主气门突然关闭，而发电机出口断路器还没有断开时，发电机变为电动机的运行方式，从系统中吸收功率，使发电机逆功率运行，将会使汽轮机受到损伤。

此外，发电机的不正常工作状态还有励磁绕组过负荷及发电机的失步等。

三、发电机可能发生的故障及其相应的保护

针对发电机在运行中出现的故障和不正常工作状态，根据 GB/T 14285—2006《继电保护和安全自动装置技术规程》的规定，发电机应装设以下继电保护装置。

(1) 纵联差动保护。对于 1 MW 以上发电机的定子绕组及其引出线的相间短路，应装设纵联差动保护。

(2) 定子绕组匝间短路保护。对于定子绕组为星形接线，每相有并联分支且中性点侧有分支引出端的发电机，应装设横联差动保护。对于中性点侧只有三个引出端的大容量发电机，可采用零序电压式或转子二次谐波电流式匝间短路保护。

(3) 定子绕组单相接地保护。对于直接连于母线的发电机定子绕组单相接地故障，当单相接地故障电流(不考虑消弧线圈的补偿作用)大于或等于表 7-1 规定的允许值时，应装设有选择性的接地保护。

表 7-1 发电机定子绕组单相接地时接地电流的允许值

发电机额定电压/kV	发电机额定容量/MW		接地电流允许值/A
6.3	≤50		4
10.5	汽轮发电机	50～100	3
	水轮发电机	10～100	
13.8～15.75	汽轮发电机	125～200	2(氢冷发电机为 2.5)
	水轮发电机	40～225	
18～20	300～600		1

对于发电机-变压器组，容量在 100 MW 以下的发电机，应装设保护区不小于定子绕组 90% 的定子绕组接地保护；容量为 100 MW 及以上的发电机，应装设保护区为 100% 的定子绕组接地保护，保护带时限，动作于发出信号，必要时也可动作于停机。

(4) 励磁回路一点或两点接地保护。对于发电机励磁回路的接地故障，水轮发电机一般只装设励磁回路一点接地保护，小容量发电机组可采用定期检测装置；100 MW 以下的汽轮发电机，对励磁回路的一点接地一般采用定期检测装置，对两点接地故障应装设两点接地保护。对于转子水内冷发电机和 100 MW 及以上的汽轮发电机，应装设一点接地保护和两点接地保护装置。

(5) 失磁保护。对于不允许失磁运行的发电机，或失磁对电力系统有重大影响的发电机，应装设专用的失磁保护。

(6) 对于发电机外部短路引起的过电流，可采用下列保护方式：

① 过电流保护。其用于 1 MW 及以下的小型发电机。

② 复合电压启动的过电流保护。其一般用于 1 MW 以上的发电机。

③ 负序过电流及单相低电压启动的过电流保护。其一般用于 50 MW 及以上的发电机。

④ 低阻抗保护。当电流保护灵敏度不足时，可采用低阻抗保护。

（7）过负荷保护。定子绕组非直接冷却的发电机，应装设定时限过负荷保护。对于大型发电机，过负荷保护一般由定时限和反时限两部分组成。

（8）转子表层过负荷保护。对于由不对称过负荷、非全相运行或外部不对称短路而引起的负序过电流，一般在 50 MW 及以上的发电机上装设定时限负序过负荷保护。100 MW 及以上的发电机，应装设由定时限和反时限两部分组成的转子表层过负荷保护。

（9）过电压保护。对于水轮发电机或 100 MW 及以上的汽轮发电机，应装设过电压保护。

（10）逆功率保护。对于汽轮发电机主气门突然关闭而出现的发电机变电动机的运行方式，为防止汽轮机遭到损坏，对大容量的发电机组应考虑装设逆功率保护。

（11）励磁绕组过负荷保护。对于励磁绕组的过负荷，在 100 MW 及以上并采用半导体励磁系统的发电机上，应装设励磁回路过负荷保护。

（12）其他保护。当电力系统振荡影响发电机组安全运行时，对于 300 MW 及以上的发电机组，应装设失步保护；对于 300 MW 及以上的发电机，应装设过励磁保护；当汽轮机低频运行造成机械振动，叶片损伤对汽轮机危害极大时，应装设低频保护。

为了快速消除发电机内部的故障，在保护动作于发电机断路器跳闸的同时，还必须动作于灭磁开关，断开发电机励磁回路，以便使定子绕组中不再感应出电动势而继续供给短路电流。

发电机保护的出口方式主要有：

① 停机。即断开发电机断路器，灭磁，关闭汽轮机主气门或水轮机导水翼。

② 解列灭磁。即断开发电机断路器，灭磁，原动机甩负荷。

③ 解列。即断开发电机断路器，原动机甩负荷。

④ 减出力。即将原动机出力减到给定值。

⑤ 减励磁。即将发电机励磁电流减到给定值。

⑥ 励磁切换。即将励磁电源由工作励磁电源系统切换到备用励磁电源系统。

⑦ 厂用电切换。即由厂用工作电源供电切换到备用电源供电。

⑧ 发信号。发出声、光信号。

7.2 发电机的差动保护

一、发电机纵差动保护

发电机纵差动保护作为发电机定子绕组及其引出线相间短路的主保护。在保护范围内发生相间短路时，快速动作于停机。

发电机纵差动保护原理与变压器纵差动保护相同，TA 采用环流法接线，如图 7-1 所示。电流互感器 TA1 和 TA2 的变比相同，它们之间的定子绕组及其引出线即为纵差保护的保护区。

1. 带断线监视的发电机纵差动保护

带断线监视的发电机纵差动保护原理接线图如图 7-1 所示。

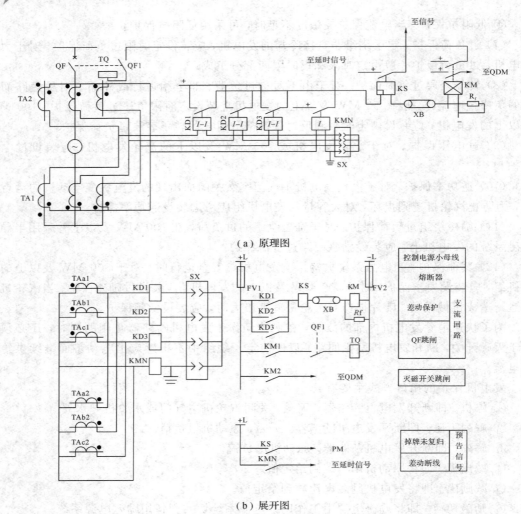

（a）原理图

（b）展开图

图 7 - 1　发电机纵差动保护原理接线图

保护采用三相式接线（KD1～KD3 为差动继电器）。由于装在发电机中性点侧的电流互感器受发电机运转时的振动，接线端子容易松动而造成二次回路断线，因此在差动回路的中性线上接有断线监视的电流继电器 KMN，只要任何一相电流互感器二次回路断线时，它都动作。该继电器的动作电流应大于正常运行情况下差动保护中性线中的最大不平衡电流，按经验一般取 $I_{act} = 0.2 I_{GN}$。为了防止在外部故障时不平衡电流误发断线信号，其动作带有一定延时。差动继电器在流过穿越性电流时有不平衡电流，在二次回路断线时流过负荷电流，所以差动保护的整定计算按以下两个原则整定：

（1）躲过电流互感器二次回路断线时的负荷电流。

$$I_{act} = K_{rel} I_{GN} \tag{7-1}$$

式中：K_{rel} 为可靠系数，取 1.3；I_{GN} 为发电机的额定电流。

（2）躲过外部短路时的最大不平衡电流 $I_{unb.max}$。

$$I_{act} = K_{rel} I_{unb.max} \tag{7-2}$$

$$I_{unb.max} = K_{aper} K_{ss} K_{TA} I_{k.max} \tag{7-3}$$

式中：$I_{unb.max}$ 为外部短路时的最大不平衡电流；K_{aper} 为非周期分量影响的系数，当采用具有速饱和变流器的差动继电器时取 1；K_{ss} 为电流互感器的同型系数，两侧同型时取 0.5，不同型时取 1；K_{TA} 为电流互感器的 10% 误差，即 0.1；$I_{k.max}$ 为发电机外部三相短路时流过保护的最大三相短路电流。

取上述计算结果较大者，作为差动保护的动作电流计算值 I_{act}。

断线监视继电器 KMN 的动作电流应按躲过正常运行时流过继电器的不平衡电流整定。根据经验，其值通常选为

$$I_{k.max} = 0.2 \frac{I_{GN}}{n_{TA}} \tag{7-4}$$

为了防止外部短路不平衡电流过大引起断线监视装置误发信号，其动作时限应大于发电机后备保护的动作时限。

差动保护的灵敏系数为

$$K_{sen} = \frac{I_{k.min}}{I_{act}} \geqslant 2$$

式中：$I_{k.min}$ 为内部故障时流过保护的最小短路电流（发电机机端两相短路时的短路电流）。

由于机端短路电流较大，一般都能满足灵敏系数的要求。但当内部经过过渡电阻短路时，短路点越靠近发电机的中性点，短路电流越小。发电机内部两相短路电流与短路位置之间的关系曲线如图 7-2 所示。显然当中性点附近短路时，短路电流小于 I_{act}，保护不能动作，这将对发电机造成很大的损害。中性点附近的死区大小与动作电流 I_{act} 有关，因此降低 I_{act}，减小死区，是很有意义的。

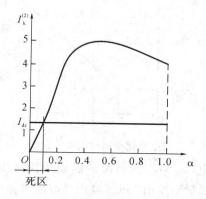

图 7-2　发电机内部两相短路电流 $I_k^{(2)}$ 与短路点位置 α 间的关系曲线图

2. 比率制动式发电机纵差保护

运行经验表明，重视对差动回路的维护和检查，如采取防震措施以防接线端口松脱，检修时，测量差动回路的阻抗等都有利于差动保护正确动作。在实际运行中发生电流回路断线的情况还是很少的，因此，大型机组不考虑二次回路断线。为了减少中性点附近的死区，希望发电机纵差保护的动作电流尽可能小；但在区外故障时又不应误动，应能可靠地躲过外部故障时的最大不平衡电流。因此，大型机组通常采用比率制动式纵差动保护。

图 7-3 所示为整流型比率制动式差动保护的单相原理接线图，图中电抗变压器 TX1 接于差动回路，TX2 接于差动臂。TX2 的两个一次线圈分别通入两臂电流 $\dot{I}_1'$ 和 $\dot{I}_2'$，TX2 的

输出电压正比于 $\dot{I}'_1+\dot{I}'_2$ 的大小，经整流滤波后，得到直流电压 U_2，U_2 为继电器的制动量。TX1 的一次线圈流过的差动电流为 $\dot{I}'_1-\dot{I}'_2$，其二次经整流滤波后得到直流电压 U_1，U_1 为继电器的动作量。

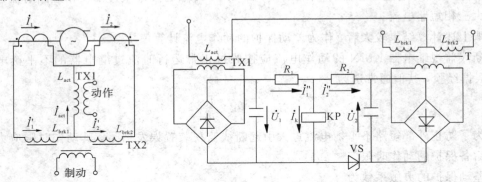

图 7 - 3　比率制动式差动保护的单相原理接线图

KP 为继电器的执行元件，反映电压 U_1 与 U_2 的大小而动作。正常情况或外部短路时，TX1 反映发电机两侧短路电流之差 $\dot{I}_{\mathrm{act}}=\dot{I}'_1-\dot{I}'_2$，TX2 反映两侧短路电流之和 $\dot{I}_{\mathrm{brk}}=\dot{I}'_1+\dot{I}'_2$，因为 $|\dot{U}_2|>|\dot{U}_1|$，保护不动作。内部故障时 $|\dot{U}_2|<|\dot{U}_1|$，保护动作。

这种继电器的制动特性曲线如图 7 - 4 所示。图中 P 点表示当制动电流 $I_{\mathrm{brk}}<I_{\mathrm{brk.0}}$ 时，继电器的最小动作电流 $I_{\mathrm{act.min}}$。随着 I_{brk} 的增大，动作电流 I_{act} 也随之增大。改变 $R1$、$R2$ 可改变制动特性曲线的斜率。

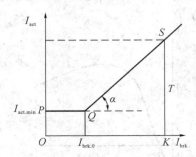

图 7 - 4　发电机比率制动差动继电器制动特性

选择稳压管 VS 的击穿电压，可得到所需的制动特性曲线的转折点 Q，当制动电压小于 VS 的击穿电压时，保护无制动作用，可提高内部故障时保护的灵敏度。

保护的整定计算如下：

（1）保护的最小动作电流应大于发电机在最大负荷情况下的不平衡电流，以保证在最大负荷时保护不误动，通常 $I_{\mathrm{act.min}}=(0.1-0.2)I_{\mathrm{GN}}$。

（2）选择动作特性的转折点 Q。一般取为发电机的额定电流 I_{GN}，即 $PQ=I_{\mathrm{brk.0}}=I_{\mathrm{GN}}$。

（3）动作条件为

$$\left.\begin{array}{ll}I_{\mathrm{act}}>I_{\mathrm{act.min}} & , \qquad I_{\mathrm{brk}}\geqslant I_{\mathrm{brk.0}}\\ I_{\mathrm{act}}>K_{\mathrm{brk}}(I_{\mathrm{brk}}-I_{\mathrm{brk.0}})+I_{\mathrm{act.min}}, & I_{\mathrm{brk}}>I_{\mathrm{brk.0}}\end{array}\right\}$$

（4）确定制动系数 K_{brk}。

$$K_{\mathrm{brk}}=\tan\alpha\approx\frac{K_{\mathrm{rel}}I_{\mathrm{unb.max}}}{I_{\mathrm{k.max}}}=K_{\mathrm{rel}}K_{\mathrm{ss}}K_{\mathrm{TA}}K_{\mathrm{aper}}$$

（5）灵敏度校验。

$$K_{\text{sen}} = \frac{I_{\text{k.min}}}{I_{\text{act}}} \geqslant 2$$

I_{act} 为当 $I_{\text{brk}} = I_{\text{k.min}}$ 时，由制动特性上查得的保护的相应的动作电流。

二、发电机的匝间短路保护

1. 横联差动保护

容量较大的发电机定子绕组常采用双层绕组，且每相均有两个以上的并联分支。定子绕组下层线棒发生的短路或同相但不同分支的位于同槽上下层线棒间发生的短路。此外，定子相同绕组端部两点接地也可形成匝间短路。匝间短路回路的阻抗较小，短路电流很大，使局部绕组和铁心遭到严重损伤，因而定子绕组匝间短路是发电机的一种严重故障。但由于短路发生在同一相绕组内，故纵差动保护不能对匝间短路作出反应。因此，发电机应专门装设高灵敏度的定子绕组匝间短路保护，并兼顾对定子绕组开焊故障作出反应，瞬时动作于停机。

对于定子绕组为双星形接线且中性点有六个引出端的发电机，通常采用单继电器式横差保护。当定子绕组发生匝间短路等不对称故障时，由于两星形绕组间电动势平衡遭到破坏，在中性点连线上将引起故障环流。利用测量这种环流即可构成能对匝间短路故障作出反应的单继电器横差保护。其原理接线图如图 7-5 所示。保护所用电流互感器 TA 接在中性点连线上。

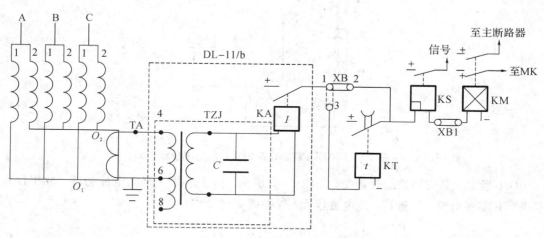

图 7-5　发电机单继电器式横差保护原理图

（1）正常运行及外部短路时，两星形绕组三相基波电动势对称，两中性点连线上主要存在由发电机电动势中高次谐波产生的不平衡电流，其中以三次谐波幅值最大。保护的横差继电器按躲过最大不平衡电流整定，则保护不会动作。为减小不平衡电流影响，降低动作电流，提高保护灵敏度，横差继电器中设有三次谐波过滤器。

（2）当定子绕组同一分支发生匝间短路时，如图 7-6 所示，由于同相两分支电动势不等，电动势差 αE 在同相两支路中产生的环流 I_{KL} 流过中性点连线上的电流互感器。若此电流大于横差保护的动作电流，则保护动作。短路匝数与每相总匝数之比 α 越大，I_{KL} 就越大，当 α 较小时，I_{KL} 较小，保护可能拒动。因此，保护有死区。

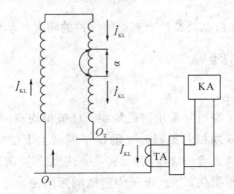

图 7-6 同一支路内匝间短路的电流分布

（3）当定子绕组同相不同分支发生匝间短路，且 $\alpha_1 \neq \alpha_2$ 时，如图 7-7 所示，在两故障分支电动势差 $(\alpha_1 - \alpha_2)E$ 的作用下，将产生环流 I''_{KL} 和 I'_{KL}，其中 I''_{KL} 若足够大，则横差保护动作。当 α_1 接近 α_2 时，保护也会出现死区。

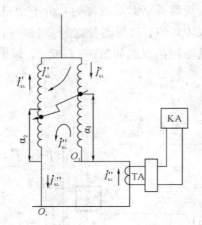

图 7-7 不同支路内匝间短路时的电流分布

（4）当定子某支路绕组开焊时，如图 7-8 所示。由于断线支路的电流为零，故中性点连线上有零序电流 $3I_0$ 流过，此电流较大，保护能灵敏动作。

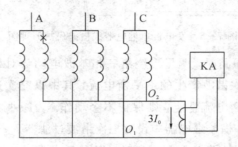

图 7-8 定子绕组一个支路断开时的电流分布

（5）对于定子绕组两相不同分支的相间短路，横差保护也能作出反应，如图 7-9 所示。但由于中性点附近存在死区，且不能反映相同分支不同相的相间短路和引出线上的相间短路，因此横差保护不能替代纵差动保护单独作为发电机定子绕组的主保护。

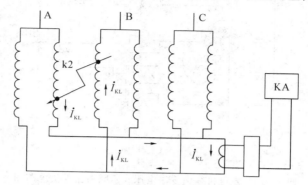

图 7-9　定子绕组相间短路时的电流分布

（6）图 7-5 中的切换片 XB 通常置于 1—2 位置，保护不带延时经出口回路动作于跳闸。当发电机转子回路一点接地后，应将 XB 切换至 1—3 位置，使保护带 0.5～1.0 s 的延时跳闸，以防止转子另一点偶然性接地造成气隙磁通分布畸变而导致横差保护误动作。

横差保护的动作电流应按躲过外部短路时流过保护装置的不平衡电流整定。由于难以计算，通常根据运行经验按式（7-5）确定保护的动作电流，即

$$I_{act} = (0.2 - 0.3)I_{GN} \tag{7-5}$$

保护用电流互感器按满足动稳定要求选择即可，其变比按发电机额定电流的 25% 选择，即

$$n_{TA} = \frac{0.25 I_{GN}}{5} \tag{7-6}$$

综上所述，单继电器式横差保护具有接线简单、灵敏度较高，能对匝间短路、绕组相间短路及分支开焊故障作出相应反应等优点，但由于其适用条件的限制，该保护不适用于定子绕组中性点侧只有三个或一个引出端的大型发电机。对此应采用其他原理构成的匝间短路保护。

2. 发电机零序电压匝间短路保护

大容量发电机由于结构紧凑，在中性点侧往往只有三个引出端子，无法装设横差保护。因此大机组通常采用纵向零序电压原理的匝间短路保护。

发电机的中性点一般是不直接接地的，正常运行时，发电机 A、B、C 三相的机端与中性点之间的电动势是平衡的；当发生定子绕组匝间短路时，部分绕组被短接，相对于中性点而言，机端三相电动势不平衡，出现纵向零序电压。

由于定子绕组匝间短路时会出现纵向零序电压，而正常运行或定子绕组出现其他故障的情况下，纵向零序电压几乎为零，因此，通过反映发电机三相相对于中性点的纵向零序电压可以构成匝间短路保护。

当发电机内部或外部发生单相接地故障时，机端三相对地之间会出现零序电压。这两种情况是不一样的，为检测发电机的匝间短路，必须测量纵向零序电压 $3\dot{U}_0$，为此一般装设专用电压互感器。专用电压互感器的一次侧星形中性点直接与发电机中性点相连接，不允

许接地。专用电压互感器的开口三角形侧的电压仅反映纵向零序电压，而不反映机端对地的零序电压。保护的原理图如图 7 - 10 所示。

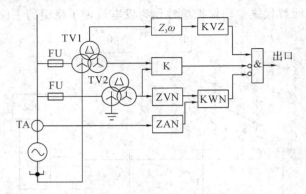

图 7 - 10　发电机纵向零序电压式匝间短路保护电路图

实际上，由于发电机气隙磁通的非正弦分布及磁饱和等影响，正常运行时，电压互感器开口三角绕组仍有不平衡电压，其中主要是三次谐波电压，其值随定子电流的增大而增大。为此，在图 7 - 10 所示保护装置中装设了三次谐波电压过滤器 $Z_{3\omega}$，有效地滤去不平衡电压中的三次谐波分量，以提高保护灵敏度，减小死区。

在发电机外部发生不对称短路时，发电机机端三相电压不平衡，也会出现纵向基波零序电压，发电机匝间短路保护可能误动作，因此必须采取措施。

发电机定子绕组匝间短路时，机端会出现负序电压、负序电流及负序功率（从机端 TA、TV 测得），并且负序功率的方向是从发电机内部流向系统。发电机外部发生不对称短路时，同样会感受到负序电压、负序电流及负序功率，但负序功率的方向是从系统流向发电机，与发电机定子绕组匝间短路时负序功率的方向相反。因此，在匝间短路保护中增加负序功率方向元件，当负序功率流向发电机时该方向元件动作，闭锁保护，防止外部故障时保护误动作。

而外部不对称短路时，利用负序功率方向元件可正确判别匝间短路和外部短路，在外部短路时闭锁保护。这样，保护的动作值可仅按躲过正常运行时的不平衡电压整定。当三次谐波过滤器的过滤比大于 80，保护的动作电压可取额定电压的 0.03～0.04 倍。若电压互感器开口三角侧额定电压为 100 V，则电压继电器的动作电压为 3～4 V。

为防止专用电压互感器 TV1 断线，在开口三角绕组侧出现很大的零序电压导致保护误动，装置中还加装了电压回路断线闭锁元件。断线闭锁元件是利用比较专用电压互感器 TV1 和机端测量电压互感器 TV2 的二次正序电压原理工作的。正常运行时，TV1 与 TV2 二次正序电压相等，断线闭锁元件不动作。当任一电压互感器断线时，其正序电压低于另一正常电压互感器的正序电压，断线闭锁元件动作，闭锁保护装置。

可见，负序功率方向闭锁零序电压匝间短路保护的灵敏度较高，死区较小，在大型发电机中得到了广泛应用。

3. 反映转子回路二次谐波电流的匝间短路保护

发电机定子绕组发生匝间短路时，在转子回路中将出现二次谐波电流，因此利用转子中的二次谐波电流，可以构成匝间短路保护，如图 7 - 11 所示。

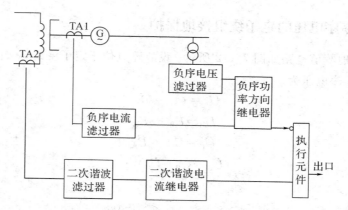

图7-11 反映转子回路二次谐波电流的匝间短路保护原理框图

在正常运行、三相对称短路及系统振荡时，发电机定子绕组的三相电流对称，转子回路中没有二次谐波电流，因此保护不会动作。但是，在发电机不对称运行或发生不对称短路时，在转子回路中将出现二次谐波电流。为了避免这种情况下保护的误动作，常采用负序功率方向继电器闭锁的措施。因为匝间短路时的负序功率方向与不对称运行时或发生不对称短路时的负序功率方向相反，所以不对称状态下负序功率方向继电器将保护闭锁，匝间短路时则开放保护。保护的动作值只需按躲过发电机正常运行时允许的最大不对称度（一般为5%）相对应的转子回路中感应的二次谐波电流来整定，故保护具有较高的灵敏度。

7.3 发电机定子绕组单相接地保护

为了安全起见，发电机的外壳、铁心都要接地。所以只要发电机定子绕组与铁心之间的绝缘在某一点上遭到破坏，就可能发生单相接地故障。发电机定子绕组的单相接地故障是发电机的常见故障之一。长期运行的实践表明，发生定子绕组单相接地故障的主要原因是高速旋转的发电机，特别是大型发电机的振动，造成机械损伤而接地。

发电机定子绕组单相接地故障时的主要危害有两点：

（1）接地电流会产生电弧，烧伤铁心，使定子绕组铁心叠片烧结在一起，造成检修困难。

（2）接地电流会破坏绕组绝缘，扩大事故，若一点接地而未及时发现，很有可能发展成绕组的匝间或相间短路故障，严重损坏发电机。

定子绕组单相接地时，对发电机的损坏程度与故障电流的大小及持续时间有关。发电机单相接地时，接地电流允许值见表7-1。大型发电机定子铁心增加了轴向冷却通道，结构复杂，检修很不方便。因此，其接地电流允许值较小。当发电机定子接地电流大于允许值，应采取补偿措施。在发电机接地电流不超过允许值的条件下，定子接地保护只动作于信号，待负荷转移后再停机。

对于中小型发电机，由于中性点附近绕组电位不高，单相接地可能性小，故允许定子接地保护有一定的保护死区。对于大型机组，因其在系统中的地位重要，结构复杂，修复困难，尤其是采用水内冷的机组，中性点附近绕组漏水造成单相接地可能性大。所以，要求装设动作范围为100%的定子绕组单相接地保护。

一、反映基波零序电压的定子绕组接地保护

定子单相接地等值电路如图 7-12 所示。设故障点位于定子绕组 A 相距中性点距离为 α 处，则机端的零序电压为

$$\dot{U}_A = (1-\alpha)\dot{E}_A$$

$$\dot{U}_B = \dot{E}_B - \alpha\dot{E}_A$$

$$\dot{U}_C = \dot{E}_C - \alpha\dot{E}_A$$

$$\dot{U}_0 = \frac{(\dot{U}_A + \dot{U}_B + \dot{U}_C)}{3} = -\alpha\dot{E}_A$$

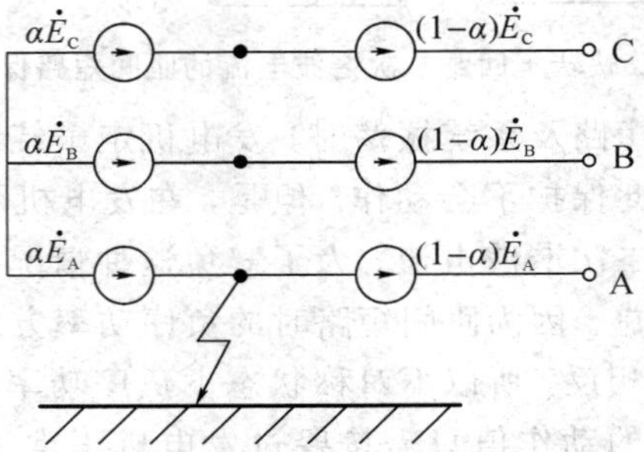

图 7-12 发电机定子绕组单相接地

显然零序电压与 α 成正比，即故障点离中性点越远，零序电压越高，离中性点越近，零序电压越小。

零序电压保护是响应发电机定子绕组接地故障时出现的零序电压而动作的保护，保护动作于信号（或跳闸）。零序电压可取自机端三相电压互感器的开口三角绕组，也可取自发电机中性点单相电压互感器或消弧线圈的二次电压，接线如图 7-13 所示。

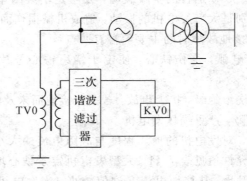

图 7-13 响应零序电压的定子接地保护

保护的动作电压应按躲过正常运行时的不平衡电压（包括三次谐波电压）整定。此电压整定值较高，因此中性点附近故障时，死区较大。为了减少中性点附近的死区，应减小正常时输入继电器 KV0 的不平衡电压，其主要成分为三次谐波，故在 KV0 前加一三次谐波电压滤过器，以提高中性点附近接地故障时的灵敏度。此保护的保护区可达 $85\% \sim 95\%$，但中性点附近仍有 $15\% \sim 5\%$ 区域的死区。

二、100％保护区的定子接地保护

发电机定子绕组单相接地 100％保护区保护的构成原理，是在基波零序电压定子绕组接地保护的基础上，利用三次谐波电压作判据，增加保护动作量，消除基波零序电压定子绕组接地保护在中性点附近 15％～5％死区。即基波零序电压定子绕组接地保护，其保护区为机端至中性点的 85％～95％；三次谐波电压定子绕组接地保护，其保护区为中性点至机端的 50％；两保护区加起来构成 100％的保护区，如图 7－14 所示。

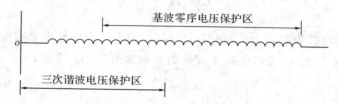

图 7－14　发电机定子绕组单相接地 100％保护区分析

1. 三次谐波电压特点

1）正常运行时发电机定子绕组三次谐波电压的分布

正常运行时，发电机中性点的三次谐波等值电路如图 7－15 所示。图中 C_G 为发电机每相对地电容，C_t 为机端其他元件的每相对地电容，则有 $U_{S3}/U_{N3}=C_G/(C_G+2C_t)$。显然在正常情况下，恒有 $U_{S3} \leqslant U_{N3}$。

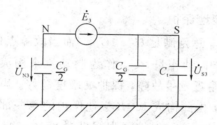

图 7－15　中性点不接地时三次谐波等值电路

若发电机中性点经消弧线圈接地，其三次谐波等值电路如图 7－16 所示。若为完全补偿方式（$\omega L = 1/\omega C$），三相对地电容为 $C=3(C_G+C_t)$，则

$$\frac{U_{S3}}{U_{N3}} = \frac{7C_G-2C_t}{18}\left(\frac{C_G}{2}+C_t\right)$$

如 $C_t=0$，则 $U_{S3}/U_{N3}=7/9$。

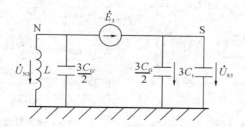

图 7－16　中性点经消弧线圈接地三次谐波等值电路

可见,在正常运行情况下,机端三次谐波电压 U_{S3} 总是小于中性点三次谐波电压 U_{N3}。

2) 定子绕组一点接地后的三次谐波电压

当定子绕组距中性点 α 处发生单相接地时,不管中性点是否经消弧线圈接地,三次谐波电压恒有如下关系:

$$U_{N3} = \alpha E_3$$
$$U_{S3} = (1-\alpha) E_3$$
$$\frac{U_{S3}}{U_{N3}} = \frac{(1-\alpha)}{\alpha}$$

当机端发生接地故障时,$\alpha = 1$,则 $U_{S3} = 0$,$U_{N3} = E_3$。在中性点处发生接地故障时,$\alpha = 0$,则 $U_{S3} = E_3$,$U_{N3} = 0$。U_{S3} 和 U_{N3} 随 α 变化的关系如图 7-17 所示。

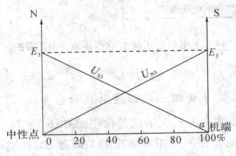

图 7-17 U_{S3} 和 U_{N3} 随 α 变化关系

2. 双频式 100% 定子接地保护

由于发电机正常运行时,总是满足 $U_{S3} < U_{N3}$,而当故障点位于 $\alpha = 0 \sim 50\%$ 的范围时,$U_{S3} > U_{N3}$。因此,如将 U_{S3} 作为动作量,U_{N3} 作为制动量来构成保护,保护的动作条件为 $U_{S3} \geqslant U_{N3}$,则越靠近中性点附近发生故障,保护灵敏度越好。当 $\alpha = 0 \sim 50\%$ 的范围内发生接地故障时,保护均可动作,由此构成 100% 接地保护的第一部分。100% 接地保护的第二部分是由基波零序电压保护构成的,保护区为靠机端 85% ~ 95% 的绕组。双频式 100% 定子接地保护接线原理图如图 7-18 所示。从机端电压互感器 TV1 二次侧取得三次谐波电压 U_{S3} 和零序电压作为保护装置的动作量,中性点侧的 TV0 取得三次谐波电压 U_{N3} 及从变压器高压侧电压互感器 TV2 取得的零序电压作为保护的制动量。

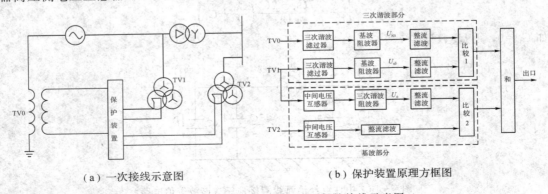

(a) 一次接线示意图 (b) 保护装置原理方框图

图 7-18 双频式 100% 定子接地保护接线示意图

正常情况下，中性点三次谐波电压较高，$U_{N3} > U_{S3}$，保护不动作。

在靠近中性点侧发生接地故障时，$U_{N3} < U_{S3}$，保护动作；靠近机端接地故障时，$U_{N3} > U_{S3}$，三次谐波保护不动作，但此时机端 TV1 开口三角形侧输出较大的零序电压，此零序电压作用于比较回路 2，而 TV2 开口三角形侧无零序电压，故比较回路 2 的制动量为 0，保护动作。

如变压器高压侧发生接地故障，由于变压器高压侧 TV2 输出较大的零序电压，使比较回路 2 的制动量大于动作量，从而防止了变压器高压侧发生接地故障时，由于变压器高低压绕组间电容耦合关系，在机端出现零序电压而使保护误动。

7.4 发电机励磁回路接地保护

发电机励磁绕组由于绝缘损坏较易发生一点接地故障。当发生一点接地之后，并不构成电流通路，故无电流流过故障点，励磁绕组的电压仍保持正常，因此可继续运行，对发电机无直接危害。在发生一点接地后，若发电机仍继续运行，而其他点绝缘水平降低时，则有可能发生转子回路的第二点接地。励磁回路两点接地后，励磁绕组将被短接一部分，其后果是：

（1）使转子磁场发生畸变，力矩不平衡，引起机组强烈振动，严重危害发电机的安全。

（2）由于故障点流过很大的故障电流，将产生电弧烧坏励磁线圈和转子本体。

（3）励磁回路两点接地可能使汽轮机汽缸磁化。

因此，励磁回路两点接地其后果是严重的。

过去对中小机组一般都装设有一点接地绝缘检测装置和两点接地保护。现在广泛采用转子一点接地保护代替以往的转子一点接地绝缘检测装置。当发生一点接地后，发出信号（必要时可动作于跳闸），以便尽快安排停机。一点接地保护动作后，投入两点接地保护，动作于停机。

一、发电机励磁回路一点接地保护

1. 叠加交流的转子一点接地保护

叠加交流的转子一点接地保护的原理接线如图 7-19 所示。正常运行时，交流无通路，保护不动作；转子绕组发生一点接地故障时，接通交流回路，保护动作发信号（或跳闸）。图 7-19 中电容 C 的作用是隔直，防止正常运行时励磁回路与保护回路接通而造成接地。

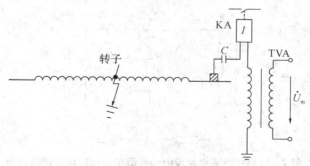

图 7-19 叠加交流的转子一点接地保护的原理接线

2. 直流电桥式一点接地保护

直流电桥式一点接地保护原理如图 7-20 所示。发电机励磁绕组 WE 对地绝缘电阻用接在

WE 中点 M 处的集中电阻 R 来表示。WE 的电阻以中点 M 为界分为两部分，和外接电阻 R_1、R_2 构成电桥的四个臂。励磁绕组正常运行时，电桥处于平衡状态，此时继电器不动作。当励磁绕组发生一点接地时，电桥失去平衡，流过继电器的电流大于其动作电流时，继电器动作。

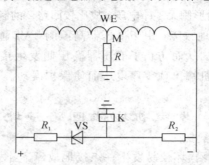

图 7-20 直流电桥式一点接地保护原理图

显而易见，接地点越靠近励磁回路两极时保护灵敏度越高，而接地点靠近中点 M 时，电桥几乎处于平衡状态，继电器无法动作，因此，在励磁绕组中点附近存在死区。

为了消除死区，采用了下述两项措施。

（1）在电阻 R_1 的桥臂中串接了非线性元件稳压管，其阻值随外加励磁电压的大小而变化，因此，保护装置的死区随励磁电压的改变而移动。这样在某一电压下的死区，在另一电压下则变为动作区，从而减小了保护拒动的几率。

（2）转子偏心和磁路不对称等原因产生的转子绕组的交流电压，使转子绕组中点对地电压不恒为零，而是在一定范围内波动。利用这个波动的电压可以消除保护死区。

3. 切换采样式发电机转子一点接地保护

切换采样原理的励磁回路一点接地保护原理如图 7-21 所示。接地故障点 k 将励磁绕组分为 α 和 $(1-\alpha)$ 两部分，R_g 为故障点过渡电阻，由 4 个电阻 R 和 1 个取样电阻 R_1 组成两个网孔的直流电路。两个电子开关 S_1 和 S_2 轮流接通，当 S_1 接通、S_2 断开时，可得到一组电压回路方程：

$$(R+R_1+R_g)I_1-(R_1+R_g)I_2=\alpha E \tag{7-7}$$

$$-(R_1+R_g)I_1+(2R+R_1+R_g)I_2=(1-\alpha)E \tag{7-8}$$

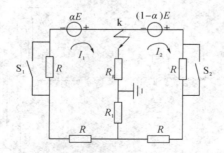

图 7-21 切换采样原理的励磁回路一点接地保护原理图

当 S_2 接通、S_1 断开时，直流励磁电压变为 E'，电流变为 I_1' 和 I_2'。于是得到另外一组电压回路方程：

$$(2R+R_1+R_g)I_1'-(R_1+R_g)I_2'=\alpha E' \tag{7-9}$$

$$-(R_1+R_{\mathrm{g}})I_1'+(R+R_1+R_{\mathrm{g}})I_2'=(1-\alpha)E' \qquad (7-10)$$

根据两组电压回路方程，可解得

$$R_{\mathrm{g}}=\frac{ER_1}{3\Delta U}-R_1-\frac{2R}{3} \qquad (7-11)$$

$$\alpha=\frac{1}{3}+\frac{U_1}{3\Delta U} \qquad (7-12)$$

式中，$U_1=R_1(I_1-I_2)$，$\Delta U=U_1-kU_2$，$k=\dfrac{E}{E'}$，$U_2=R_1(I_1'-I_2')$。

微机型切换采样式一点接地保护利用微机保护的计算能力，根据采样值可直接由式(7-11)求出过渡电阻 R_{g}，由式(7-12)确定接地故障点的位置。

二、发电机励磁回路两点接地保护

直流电桥式转子两点接地保护原理接线如图 7-22 所示。附加可调电阻 R_{p} 接至发电机转子绕组两端。当转子绕组 k1 处发生第一点接地时，k1 点将转子绕组电阻分为两部分 R_1 和 R_2，组成电桥的两臂；另两臂则由附加电阻 R_{p} 的两部分 R_{p1} 和 R_{p2} 组成。将 SK 合上，调节 R_{p} 的滑动触头，使毫伏表 mV 的指示为 0，于是电桥处于平衡状态，各臂电阻满足以下关系：

$$\frac{R_{\mathrm{p1}}}{R_{\mathrm{p2}}}=\frac{R_1}{R_2}$$

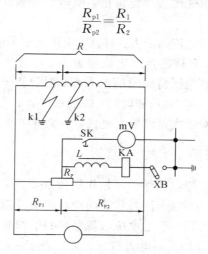

图 7-22 直流电桥式转子两点接地保护原理接线图

断开 SK 后，接通连接片 XB，将电流继电器线圈 KA 和限流电感 L 接到电桥的对角线上，此时两点接地保护投入运行。这时继电器中无电流，保护不动作。

当转子绕组出现第二点接地时（如 k2 点），电桥的平衡关系被破坏，继电器内将流过电流，当该电流大于继电器的动作电流时，保护动作于跳闸。

实际运行中，由于发电机气隙不均匀，在转子绕组中存在交流电动势。为消除其影响，串入一限流电感，防止保护误动。

若第二个故障点 k2 离第一个故障点 k1 较远，则保护的灵敏度较好；反之，第二点 k2 离第一点 k1 较近，会出现死区，死区范围约为 10%。

当第一个故障点在转子两端时，则不论第二个故障点在何处，保护均不可能动作，死区达 100%。

7.5　发电机负序电流保护

对于容量为 50 000 kW 以上的发电机，为了提高不对称短路的灵敏度，可采用负序电流保护，同时还可防止转子回路的过热。

正常运行时发电机的定子旋转磁场与转子同方向同速运转，因此不会在转子中感应电流。当发电机带有不对称负荷或系统中发生不对称故障时，在定子绕组中将有负序电流，从而在发电机中产生逆转子旋转方向的旋转磁场。此旋转磁场相对于转子来说以两倍的同步转速运动，它以两倍同步转速切割转子，在转子本体和各部件中感应出两倍频率的电流，从而引起附加损耗，导致转子过热。倍频电流主要在转子表层流过，并将在护环与转子本体之间、槽楔与槽壁之间等接触面上形成局部过热点，会使转子烧伤，严重时可使护环受热松脱，造成灾难性事故。同时，负序旋转磁场与转子电流作用，正序旋转磁场与定子负序电流作用产生 100 Hz 的交变电磁力矩，作用在转子大轴和定子基座上，将引起机组振动。

一、发电机承受负序电流的能力

（1）汽轮发电机能长期承受的负序电流值，由转子各部件能承受的温度决定，通常为额定电流的 $4\% \sim 10\%$。

（2）汽轮发电机承受负序电流的能力，与负序电流通过的时间有关，时间越短，允许的负序电流值越大；时间越长，允许的负序电流值越小。因为负序电流在转子中所引起的发热量，正比于负序电流的平方与所持续时间的乘积。假设转子不向周围散热，则由转子发热条件所容许的负序电流 I_2^*（标么值）和时间 t 的关系可表示为 $t = A / I_2^{*2}$。A 是与发电机型式和冷却方式有关的常数。对于大型汽轮发电机，承受负序电流的能力为 $A = 4 \sim 10$。

二、负序定时限过电流保护

对于中小型发电机，负序过电流保护可采用两段式负序定时限过电流保护，即负序过负荷信号和负序过电流跳闸两段。负序过负荷的动作电流按躲过发电机长期允许的负序电流整定，通常取为 $0.1 I_{GN}$，时限大于发电机后备保护的动作时限，可取 $5 \sim 10$ s。负序过电流动作电流按发电机短时允许的负序电流整定，对于表面冷却的发电机，其动作值常取为 $(0.5 \sim 0.6) I_{GN}$，动作时限与后备保护逐级配合，一般取 $3 \sim 5$ s。保护动作时限特性与发电机允许的负序电流曲线（$A = 4$ 的 600 MW 机组）的配合情况如图 7-23 所示。

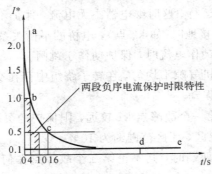

图 7-23　两段时限配合曲线

（1）在曲线 ab 段内，保护装置的动作时间大于发电机允许的时间，因此，可能出现发电机已损坏而保护未动作的情况。

（2）在曲线 bc 段内，保护的动作时间小于发电机的允许时间，没有充分利用发电机本身所具有的承受负序电流的能力。

（3）在曲线 cd 段内，保护动作于信号由运行人员来处理。可能值班人员还未来得及处理，发电机已超过了允许时间，所以此段只给信号也不安全。

（4）在曲线 de 段内，保护根本不反应。

由此可见，两段式负序定时限过电流保护的动作特性与发电机允许的负序电流曲线不能很好配合。因此对 100 MW 及以上、$A < 10$ 的发电机，应装设负序反时限过电流保护。

三、负序反时限过电流保护

负序反时限过电流保护能模拟发电机发热特性，当负序电流数值较大时，保护以较短的时限跳闸。负序电流数值较小时，保护以较长的时限跳闸或动作于信号。

负序反时限过电流保护的动作特性与发电机允许的负序电流曲线相配合的情况，如图 7-24 所示，考虑到转子散热效应，判据 $I_2^{2*} t = A$ 较为保守，因此，此时保护的动作特性方程为

$$t = \frac{A}{I_2^{2*} - \alpha}$$

式中：α 为与发电机转子温升特性和温升裕度等因素有关的常数。

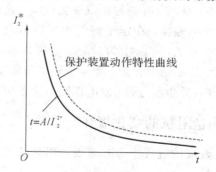

图 7-24　负序反时限过电流保护的动作特性与发电机 $I_2^{2*} t = A$ 的配合曲线

采用负序反时限过电流保护，既可以充分利用发电机承受负序电流的能力，避免在发电机还没有达到危险状态时就把它切除；又能防止发电机的损坏。

四、复合电压启动的过电流保护

发电机的复合电压启动的过电流保护三相原理接线如图 7-25 所示。保护的工作情况如下：当保护区内发生对称故障时，电流元件动作，由于机端电压下降，低电压继电器动断触点闭合，由此整套保护动作，经过保护动作时限后，使主断路器与灭磁开关跳闸；当发生不对称故障时，故障相的电流元件动作，同时由于负序电压的出现，在负序电压滤过器的输出端子有负序电压输出，继电器 4 动作（动断触点打开），低电压继电器 5 失磁，低电压继电器的动断触点闭合，整套保护经延时跳主断路器和灭磁开关。保护的整定原则与变压器类似。

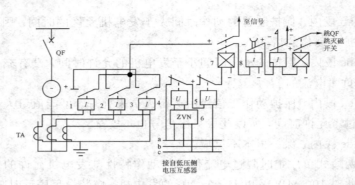

图 7-25 发电机的复合电压启动的过电流保护三相原理接线图

7.6 发电机的失磁保护

发电机失磁是指发电机的励磁电流突然全部消失或部分消失。失磁的原因有：转子绕组故障、励磁机故障、自动灭磁开关误跳闸、励磁系统故障、自动调节励磁装置故障或误操作等。

当发电机完全失去励磁后，励磁电流逐渐衰减到零，发电机的感应电动势 E_d 将随励磁电流的减小而减小，则发电机的电磁转矩减小。由于作用于发电机的机械转矩还来不及减小，因此发电机将在原动机的作用下，使转子加速，功角 δ 增大，以保持电磁功率与机械功率的平衡。当 $\delta < 90°$ 时，发电机还没有失步，处于同步振荡阶段。当 $\delta = 90°$ 时，发电机处于临界失步状态。当 δ 角超过 $90°$ 时，发电机与系统失去同步。这时发电机将从系统中吸收无功功率供给励磁电流，建立气隙磁场，在定子绕组中感应电动势。在发电机超过同步转速后，转子回路中将感应出频率为 $f_g - f_s$（f_g 为对应发电机转速的频率，f_s 为系统频率）的单相电流和电动势，此电流产生异步制动转矩，当异步转矩与原动机转矩达到新的平衡时，即进入稳定的异步运行状态。进入异步运行后，发电机输出的有功功率比失磁前将有所减小。

一、发电机失磁后机端测量阻抗的变化规律

发电机失磁后或在失磁发展的过程中，机端测量阻抗要发生变化。测量阻抗为从发电机端向系统方向所看到的阻抗。

失磁后机端测量阻抗的变化是失磁保护的重要判据。以图 7-26 所示发电机与无穷大系统并列运行为例，讨论发电机失磁后机端测量阻抗的变化规律。发电机从失磁开始至进入稳态异步运行，一般可分为失磁后到失步前（$\delta < 90°$）；静稳极限（$\delta = 90°$），即临界失步点；失步后三个阶段。

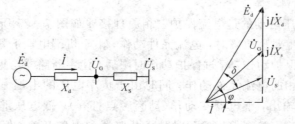

图 7-26 发电机与无穷大系统并列运行

1. 失磁后到失步前的阶段

在失磁后到失步前期间,由于发电机转子存在惯性,转子的转速不能突变,因而原动机的调速器不能立即动作。另外,失步前的失磁发电机转差很小,发电机输出的有功功率基本上保持失磁前输出的有功功率值,即可近似看作恒定,而无功功率则从正值变为负值。此时从发电机端向系统看,机端的测量阻抗为 Z_m。

$$\dot{U}_G = \dot{U}_s + j\dot{I}_s X_s \tag{7-13}$$

$$S = \dot{U}_s^* \dot{I} = P - jQ \tag{7-14}$$

$$P = \frac{E_d U_s}{X_\Sigma} \sin\delta \tag{7-15}$$

$$Z_m = \frac{\dot{U}_G}{\dot{I}} = \frac{U_s^2}{P - jQ} + jX_s = \frac{U_s^2}{2P} + jX_s + \frac{U_s^2}{2P} e^{j\varphi} \tag{7-16}$$

$$\varphi = 2\arctan\left(\frac{Q}{P}\right)$$

式中,P 是发电机送至系统的有功功率;Q 是发电机送至系统的无功功率;S 是发电机送至系统的视在功率;X_Σ 是由发电机同步电抗及系统电抗构成的综合电抗,$X_\Sigma = X_d + X_s$。

式(7-16)中,X_s 为常数,P 恒定,U_s 恒定,只有角度 φ 改变,因此,式(7-16)在阻抗复平面上的轨迹是一个圆,其圆心坐标为 $\left(\frac{U_s^2}{2P}, X_s\right)$,圆半径为 $\frac{U_s^2}{2P}$。由于该圆是在有功功率不变的条件下得出的,故称为等有功阻抗圆,如图 7-27 所示,圆的半径与 P 成反比。

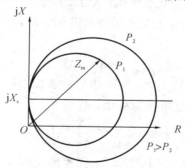

图 7-27 等有功阻抗圆

2. 临界失步点 ($\delta = 90°$)

$$Q = \frac{E_d U_s}{X_\Sigma}\cos\delta - \frac{U_s^2}{X_\Sigma} = -\frac{U_s^2}{X_\Sigma} \tag{7-17}$$

式(7-17)中的 Q 为负值,表示临界失步时发电机从系统中吸收无功功率,且为常数。机端测量阻抗为

$$Z_m = \frac{\dot{U}_G}{\dot{I}} = \frac{U_s^2}{P - jQ} + jX_s = \frac{U_s^2}{2jQ} \times \frac{P - jQ - (P + jQ)}{P - jQ} + jX_s = j\left(\frac{U_s^2}{2Q} + X_s\right) - j\frac{U_s^2}{2Q} e^{j\varphi} \tag{7-18}$$

将式(7-17)代入式(7-18)中,经化简后得

$$Z_m = j\frac{1}{2}(X_s - X_d) + j\frac{1}{2}(X_s + X_d)e^{j\varphi} \tag{7-19}$$

式(7-19)中,X_s、X_d 为常数。式(7-19)在阻抗复平面上的轨迹是一个圆,圆心坐标

为 $(0, -\mathrm{j}\dfrac{X_\mathrm{d}-X_\mathrm{s}}{2})$，半径为 $\dfrac{X_\mathrm{d}+X_\mathrm{s}}{2}$，该圆是在 Q 不变的条件下得出来的，又称为等无功阻抗圆，如图 7-28 所示。圆内为失步区，圆外为稳定工作区。

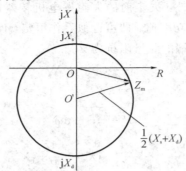

图 7-28　等无功阻抗圆

3. 失步后异步运行阶段

发电机失步后异步运行时的等效电路如图 7-29 所示。按图示正方向，机端测量阻抗为

$$Z_\mathrm{m} = -\left[\mathrm{j}X_1 + \dfrac{\mathrm{j}X_\mathrm{ad}\left(\dfrac{R_2'}{s} + \mathrm{j}X_2'\right)}{\dfrac{R_2'}{s} + \mathrm{j}(X_\mathrm{ad} + X_2')}\right] \tag{7-20}$$

式中，X_ad 为定子、转子绕组间的互感电抗；s 为转差率。

机端测量阻抗与转差率有关，当失磁前发电机在空载下失磁时，即 $s=0$，所以 $R'/2 \rightarrow \infty$，机端测量阻抗为最大，即

$$Z_\mathrm{m,\,max} = -\mathrm{j}(X_1 + X_\mathrm{ad}) = -\mathrm{j}X_\mathrm{d} \tag{7-21}$$

若失磁前发电机的有功负荷很大，则失步后从系统中吸收的无功功率 Q 很大，极限情况 $s \rightarrow \infty$，$R'/2 \rightarrow 0$，则机端测量阻抗为最小，其值为

$$Z_\mathrm{m,\,min} = -\mathrm{j}\left(X_1 + \dfrac{X_2'X_\mathrm{ad}}{X_2' + X_\mathrm{ad}}\right) = -\mathrm{j}X_\mathrm{d}' \tag{7-22}$$

一般情况下，发电机在稳定异步运行时，测量阻抗落在 $-\mathrm{j}X_\mathrm{d}'$ 到 $-\mathrm{j}X_\mathrm{d}$ 的范围内，如图 7-30 所示。

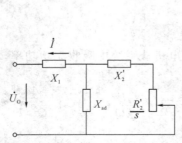

图 7-29　发电机异步运行时的等效电路图

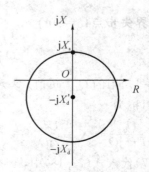

图 7-30　异步边界阻抗圆

由上述分析可见，发电机失磁后，其机端测量阻抗的变化情况如图 7-31 所示。发电机正常运行时，其机端测量阻抗位于阻抗复平面第一象限的 a 点。失磁后，其机端测量阻抗

沿等有功阻抗圆向第四象限变化。临界失步时达到等无功阻抗圆的 b 点。异步运行后，Z_m 便进入等无功阻抗圆，稳定在 c 点或 c′点附近。

根据失磁后机端测量阻抗的变化轨迹，可采用最大灵敏角为 $-90°$ 的具有偏移特性的阻抗继电器构成发电机的失磁保护，如图 7-32 所示。为避开振荡的影响，取 $X_A = 0.5X_d'$。考虑到保护在不同转差下异步运行时能可靠动作，取 $X_B = 1.2X_d$。

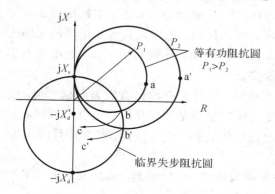

图 7-31 失磁后的发电机机端测量阻抗的变化　　图 7-32 失磁保护用阻抗元件的特性曲线

二、失磁保护的构成

发电机失磁后，当电力系统或发电机本身的安全运行遭到威胁时，应将故障的发电机切除，以防止故障的扩大。发电机失磁保护通常由发电机机端的测量阻抗判据、转子低电压判据、变压器高压侧低电压判据及定子过电流判据构成。一种常用的失磁保护逻辑框图如图 7-33 所示。

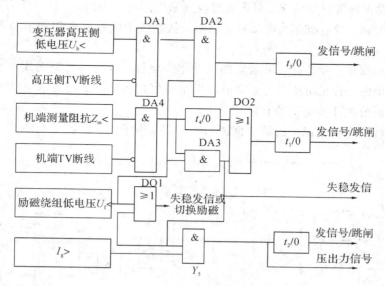

图 7-33 失磁保护的逻辑框图

失磁保护的主要判据通常为机端测量阻抗，阻抗元件的特性圆采用静稳边界阻抗圆。当静稳边界阻抗圆和转子低电压判据同时满足时，判定发电机已经由失磁导致失去了静稳，将进入异步运行，此时经与门"DA3"和延时 t_1 后跳闸切除发电机。若转子低电压判据拒动，静稳边界阻抗圆判据也可经延时 t_4 单独跳闸切除发电机。

转子低电压判据满足时发失磁信号，并发出切换励磁命令。此判据可预测发电机是否因失磁而失去稳定，从而在发电机尚未失去稳定之前及早地采取措施，如切换励磁等，防止事故的扩大。

汽轮发电机在失磁时一般可异步运行一段时间，此期间由定子过电流判据进行监测。若定子电流大于 1.05 倍的额定电流，发出压出力信号，压低出力后，使发电机继续稳定异步运行一段时间，经过 t_2 后再发跳闸命令。这样，在 t_2 期间，运行人员可有足够的时间去排除故障，使励磁重新恢复，避免跳闸。如果出力在 t_2 时间内不能压下来，而过电流判据又一直满足，则发跳闸命令以保证发电机本身的安全。

对于无功功率储备不足的系统，当发电机失磁后，有可能在发电机失去静稳之前，变压器高压侧电压就达到了系统崩溃值。当转子低电压判据满足并且高压侧低电压判据满足时，说明发电机的失磁已造成了对电力系统安全运行的威胁，经与门"DA2"和短延时 t_3 后发跳闸命令，迅速切除发电机。

为了防止电压互感器回路断线时造成失磁保护误动作，变压器高、低压侧均有 TV 断线闭锁元件，TV 断线时发出信号，同时闭锁失磁保护。

7.7　发电机的逆功率保护

由于机炉保护动作或其他原因使汽轮机主气门误关闭而断路器未跳闸时，发电机将变成电动机运行，从系统吸收有功功率。这种情况对发电机虽无危险，但汽轮机的低压缸的排气温度将会升高，使汽机尾部叶片过热，从而造成汽机事故。故不允许机组在此情况下运行。为及时发现这种异常情况，对于大机组宜采用逆功率保护。

当主气门关闭，发电机变为电动机运行后，从系统中吸收的有功功率稳态值为发电机额定功率的 4%～5.5%。

实现逆功率保护，要求有高灵敏度的逆功率继电器。因为主气门关闭，可能发生在无功功率为任意值时。若无功功率为额定值时发生主气门关闭，这时要求逆功率继电器能检出千分之几到百分之几额定值的有功功率来。

绝对值比较式逆功率保护的原理框图如图 7-34 所示。

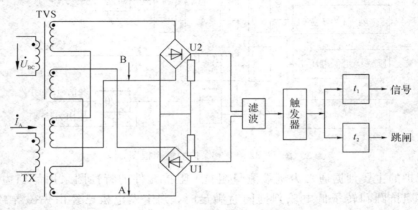

图 7-34　逆功率保护的原理框图

继电器的动作条件为

$$| K_1 \dot{U}_{BC} - \dot{K}_2 \dot{I}_A | \geqslant | K_1 \dot{U}_{BC} + \dot{K}_2 \dot{I}_A |$$

其中动作量为

$$A = | K_1 \dot{U}_{BC} - \dot{K}_2 \dot{I}_A |$$

制动量为

$$B = | K_1 \dot{U}_{BC} + \dot{K}_2 \dot{I}_A |$$

当发电机逆功率运行时，发出无功功率，吸收有功功率，$\dot{I}_A$ 滞后 $\dot{U}_A$ 的角度大于 $90°$，如图 7-35 相量图所示。设 $\dot{I}_{AP}$ 为有功分量电流，$\dot{I}_{AQ}$ 为无功分量电流。无功分量电流 $\dot{I}_{AQ}$ 经 TX 后形成的电压为 $\dot{K}_2 \dot{I}_{AQ}$，滞后于 $K_1 \dot{U}_{BC}$ 90°。逆功率继电器不反映无功功率。有功分量电流 $\dot{I}_{AP}$ 经电抗器 TX 后形成的电压为 $\dot{K}_2 \dot{I}_{AP}$，与 $K_1 \dot{U}_{BC}$ 反向，故 $|\dot{A}| > |\dot{B}|$，继电器动作。保护以 t_1 延时发信，以 t_2 延时动作于跳闸。

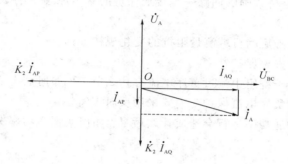

图 7-35　发电机逆功率时的相量图

本 章 小 结

发电机是电力系统中最重要的设备之一，本章分析了发电机可能发生的故障及应装设的保护。

响应发电机相间短路故障的主保护采用纵差动保护，其原理输电线路和变压器的纵差动保护基本相同，但实现起来要比输电线路容易得多。应注意的是，该保护存在动作死区。在微机保护中，广泛采用比率制动式纵差保护。

反应发电机匝间短路故障，可根据发电机的结构，采用横联差动保护、零序电压保护、转子二次谐波电流保护等。

反应发电机定子绕组单相接地，可采用响应基波零序电压的保护、反应基波和三次谐波电压构成的 100% 接地保护等。保护根据零序电流的大小分别作用于跳闸或发出信号。

转子一点接地保护只作用于发出信号，转子两点接地保护作用于跳闸。

对于小型发电机，失磁保护通常采用失磁联动，中、大型发电机要装设专用的失磁保护。失磁保护是利用失磁后机端测量阻抗的变化反映发电机是否失磁。

对于中、大型发电机，为了提高相间不对称短路故障的灵敏度，应采用负序电流保护。为了充分利用发电机的热容量，负序电流保护可根据发电机类型采用定时限或反时限特性。

复习思考题

7-1 发电机可能发生哪些故障和不正常工作状态？应配置的相应保护有哪些？

7-2 发电机的横差保护可以反映何种故障？

7-3 试简述发电机匝间短路保护的几个方案的基本原理、保护的特点及适用范围。

7-4 发电机的纵差动保护方式有哪些？各有何特点？

7-5 发电机的纵差动保护有无死区？为什么？

7-6 发电机的三次谐波电压有何特点？根据这些特点如何构成三次谐波电压保护？

7-7 如何构成 100％ 定子接地保护？

7-8 转子一点接地、两点接地有何危害？

7-9 试述直流电桥式励磁回路一点接地保护的基本原理及励磁回路两点接地保护的基本原理。

7-10 发电机失磁后的机端测量阻抗的变化规律如何？

7-11 如何构成失磁保护？

7-12 发电机定子绕组中流过负序电流有什么危害？如何减小或避免这种危害？

7-13 发电机的负序电流保护为何要采用反时限特性？

7-14 发电机的逆功率运行会造成什么后果？如何实现逆功率保护？

模块 D　母线的继电保护

- 母线的故障及装设母线保护的基本原则；
- 母线完全差动保护；
- 母线电流相位比较式母线保护；
- 比率制动式的电流差动母线保护；
- 断路器失灵保护；
- 微机型母线保护简介。

学习本模块的目的和意义

◎ 学习"母线保护"的目的

本模块主要帮助读者理解各种形式母线保护，熟悉相关的原理及处理相关故障问题的方法。

▲ 能分析母线的故障和装设母线保护的基本配置原则。

▲ 能掌握完全差动保护的工作原理。

▲ 能理解比相式母线差动保护原理。

▲ 能理解比率制动式的电流差动母线保护。

▲ 能理解断路器失灵保护和负序电流保护。

▲ 能了解微机型母线保护。

◎ 学习"母线保护"的意义

通过对各种形式母线保护的学习，了解母线保护的特殊性，掌握母线各类保护的工作原理和工作特性，以在实际工作中具备处理此类故障的理论基础和能力。

第八章 母 线 保 护

8.1 母线的故障及装设母线保护的基本原则

一、母线的短路故障

母线是电能集中和分配的重要场所,是电力系统的重要组成元件之一。母线发生故障时,将会使接于母线的所有元件被迫切除,造成大面积停电,电器设备遭到严重破坏,甚至使电力系统稳定运行被破坏,导致电力系统瓦解,后果是十分严重的。

母线上可能发生的故障有单相接地或者相间短路故障。运行经验表明,单相接地故障占母线故障的绝大多数,而相间短路则较少。发生母线故障的原因很多,其中主要有:因空气污染损坏绝缘,从而导致母线绝缘子、断路器、隔离开关套管闪络;装于母线上的电压互感器和装于线路上的断路器之间的电流互感器的故障;倒闸操作时引起母线隔离开关和断路器的支持绝缘子损坏,运行人员的误操作,如带负荷拉闸与带地线合闸等。由于母线故障后果特别严重,所以,对重要母线应装设专门的母线保护,有选择地迅速切除母线故障。按照差动原理构成的母线保护,能够保证有较好的选择性和速动性,因此,得到了广泛的应用。

对母线保护的基本要求如下:

(1) 保护装置在动作原理和接线上必须十分可靠,母线故障时应有足够的灵敏度,区外故障及保护装置本身故障时保护装置不误动作。

(2) 保护装置应能快速地、有选择性地切除故障母线。

(3) 大接地电流系统的母线保护,应采用三相式接线,以便响应相间故障和接地故障;小接地电流系统的母线保护,应采用两相式接线,只要求响应相间故障。

二、母线故障的保护方式

母线故障时,如果保护动作迟缓,将会导致电力系统的稳定性遭到破坏,从而使事故扩大,因此必须选择合适的保护方式。母线故障的保护方式有两种:一种是利用供电元件的保护兼作母线故障的保护,另一种是采用专用母线保护。

1. 利用其他供电元件的保护装置来切除母线故障

(1) 如图 8-1 所示,对于降压变电所低压侧采用分段单母线的系统,正常运行时 QF 断开,则母线故障就可以由变压器的过电流保护跳闸来切除母线故障。

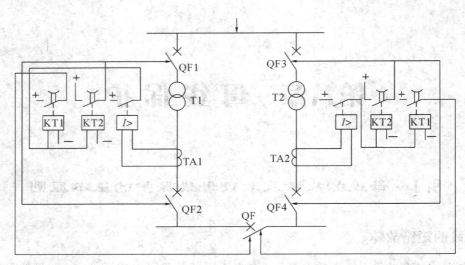

图 8-1 利用变压器过电流保护切除母线故障

（2）如图 8-2 所示，对于采用单母线接线的发电厂，其母线故障可由发电机过电流保护分别使 QF1 及 QF2 跳闸来切除母线故障。

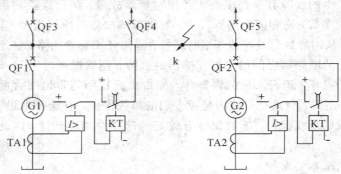

图 8-2 利用发电机过电流保护切除母线故障

（3）如图 8-3 所示，双侧电源辐射形网络，在 B 母线上发生故障时，可以利用线路保护 1 和保护 4 的 Ⅱ 段将故障切除。

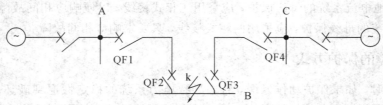

图 8-3 利用线路保护切除母线故障

利用供电元件的保护来切除母线故障，不需另外装设保护，简单、经济，但故障切除的时间一般较长。并且，当双母线同时运行或母线为分段单母线时，上述保护不能选择故障母线。因此，必须装设专用母线保护。

2. 专用母线保护

根据 GB/T 14285—2006《继电保护和安全自动装置技术规程》的规定，在下列情况下应装设专用母线保护。

（1）110 kV 及以上的双母线和分段单母线，为了保证有选择性地切除任一母线故障。

（2）110 kV 的单母线、重要发电厂或 110 kV 以上重要变电所的 35～66 kV 母线，按电力系统稳定和保证母线电压等的要求，需要快速切除母线上的故障时。

（3）35～66 kV 电力系统中主要变电所的 35～66 kV 双母线或分段单母线，当在母线或分段断路器上装设解列装置和其他自动装置后，仍不满足电力系统安全运行的要求时。

（4）对于发电厂和主要变电所的 1～10 kV 分段母线或并列运行的双母线，须快速而有选择性地切除一段或一组母线上的故障时，或者线路断路器不允许切除线路电抗器前的短路时。

为保证速动性和选择性，母线保护都按差动原理构成。

8.2 母线完全差动保护

母线可看作一个节点，正常运行或外部故障时，流进节点的电流等于流出节点的电流，即 $\sum \dot{I} = 0$。

当母线故障时，电流只流进不流出，即 $\sum \dot{I} \neq 0$。

母线差动保护利用 $\sum \dot{I}$ 作判据，当 $\sum \dot{I} = 0$ 时保护不动作，当 $\sum \dot{I} \neq 0$ 时保护就动作。

一、母线的完全差动保护

单母线完全电流差动保护的原理接线如图 8-4 所示。

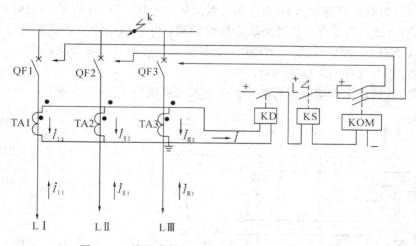

图 8-4 单母线完全电流差动保护的原理接线图

在母线的所有连接元件上装设变比相等、特性相同的电流互感器，将它们的二次绕组同极性端连在一起，然后接入差动继电器 KD。通过 KD 的电流是所有电流互感器二次电流的相量和。在正常运行或外部故障时，流入差动继电器的电流为由于各电流互感器特性不同而引起的不平衡电流，即

$$\dot{I} = \dot{I}_{\mathrm{I}2} + \dot{I}_{\mathrm{II}2} + \dot{I}_{\mathrm{III}2} = \dot{I}_{\mathrm{unb}} \tag{8-1}$$

在母线上故障时，按图 8-4 所示正方向，流入差动继电器的电流为

$$\dot{I} = \dot{I}_{\mathrm{I}2} + \dot{I}_{\mathrm{II}2} + \dot{I}_{\mathrm{III}2} = \frac{\dot{I}_{\mathrm{k}}}{n_{\mathrm{TA}}} \qquad (8-2)$$

式中，$\dot{I}_{\mathrm{k}}$ 为流入短路点 k 的总短路电流。

差动保护动作后，将故障母线的所有连接元件断开，切除故障。

差动继电器的动作电流应按以下原则整定：

（1）躲过外部故障时，流入差动回路的最大不平衡电流，即

$$I_{\mathrm{k.act}} = K_{\mathrm{rel}} I_{\mathrm{unb.max}} = \frac{K_{\mathrm{rel}} \times 0.1 I_{\mathrm{k.max}}}{n_{\mathrm{TA}}} \qquad (8-3)$$

式中，K_{rel} 为可靠系数，取 1.3。

（2）躲过二次回路断线。按正常情况下的最大负荷分支的负荷电流考虑，则

$$I_{\mathrm{k.act}} = \frac{K_{\mathrm{rel}} I_{\mathrm{L.max}}}{n_{\mathrm{TA}}} \qquad (8-4)$$

式中，$I_{\mathrm{L.max}}$ 为母线所有连接分支中最大负荷分支的负荷电流。

灵敏度按下式计算：

$$K_{\mathrm{sen}} = \frac{I_{\mathrm{k.min}}}{I_{\mathrm{act}}} \geqslant 2$$

式中，$I_{\mathrm{k.min}}$ 为母线短路时最小短路电流。

这种保护方式适用于单母线或双母线经常只有一组母线运行的情况。

二、元件固定连接的双母线完全差动保护

当发电厂和重要变电所的高压母线为双母线时，为了提高供电的可靠性，常采用双母线同时运行（将母联断路器投入），在每组母线上固定连接一部分（约 1/2）供电和受电元件。对于这种运行方式，为了有选择地将故障母线切除，可采用元件固定连接的母线完全差动保护。这时，当任何一组母线发生故障时，保护装置只将故障母线切除，而另一组非故障母线及其连接的所有元件仍可继续运行。

元件固定连接的双母线电流差动保护单相原理接线如图 8-5 所示。

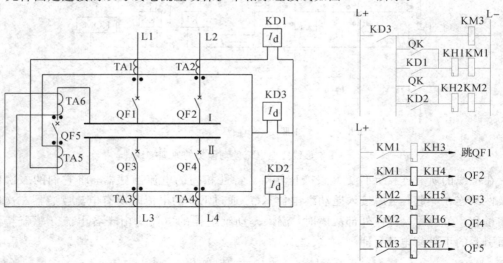

图 8-5　元件固定连接的双母线电流差动保护单相原理接线图

由图可见，保护装置的主要部分由三组差动继电器组成。第一组由电流互感器 TA1、TA2、TA5 和差动继电器 KD1 组成，用以选择第 Ⅰ 组母线上的故障；第二组由电流互感器 TA3、TA4、TA6 和差动继电器 KD2 组成，用以选择第 Ⅱ 组母线上的故障；第三组由电流互感器 TA1～TA6 和差动继电器 KD3 组成，它作为整套保护的启动元件，当任一组母线短路时，KD3 都启动，给 KD1 或 KD2 加上直流电源，并跳开母联断路器 QF5。

　　保护的动作情况分析如下：

　　(1) 在正常运行及元件固定连接方式下，外部故障时，如图 8-6(a)所示，各差动继电器 KD1～KD3 仅流过不平衡电流，其值小于整定值，保护不动作。

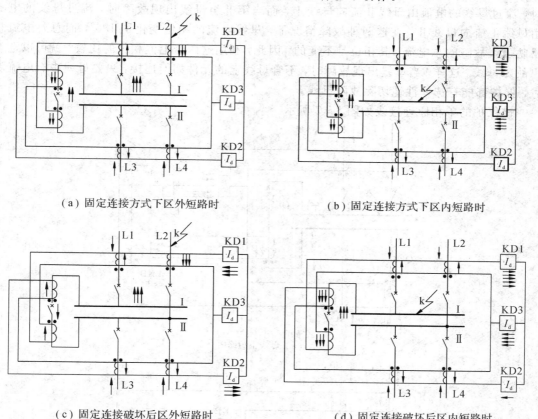

（a）固定连接方式下区外短路时　　　　　　（b）固定连接方式下区内短路时

（c）固定连接破坏后区外短路时　　　　　　（d）固定连接破坏后区内短路时

图 8-6　元件固定连接双母线差动保护的电流分布

　　(2) 元件固定连接方式下任一组母线短路时(如母线 Ⅰ)，如图 8-6(b)所示，差动继电器 KD1～KD3 流过全部的短路电流而动作，跳开母联断路器 QF5 和母线 Ⅰ 上所有连接元件的断路器 QF1、QF2，从而将母线 Ⅰ 切除。此时，由于差动继电器 KD2 不动作，无故障的 Ⅱ 母线可继续运行。

　　(3) 元件固定连接方式破坏后(如将母线 Ⅰ 上的 L2 切换到母线 Ⅱ)，区外短路时如图 8-6(c)所示，启动元件 KD3 中流过不平衡电流，故不动作，整套保护不会误动。当内部短路时(如母线 Ⅰ)，如图 8-6(d)所示，KD1、KD2、KD3 都通过短路电流，因而它们都启动跳开所有断路器，无选择性地将两组母线全部切除。

　　从上述分析可知，元件固定连接的双母线电流差动保护能快速而有选择性地切除故障母线，保证非故障母线继续供电。但在固定方式破坏后不能选择故障母线，限制了系统运行调度的灵活性；这是该接线的不足之处。

8.3　母线电流相位比较式母线保护

母线电流相位比较式母线保护克服了元件固定连接双母线差动保护缺乏灵活性的缺点，它适用于母线连接元件经常变化运行方式的情况。母线电流相位比较式母线保护是比较母线中电流与总差电流的相位关系的一种差动保护。这是因为当第Ⅰ组母线出现故障时，流过母线的电流由母线Ⅱ流向母线Ⅰ，而当第Ⅱ组母线出现故障时，流过母线的电流由母线Ⅰ流向母线Ⅱ。在这两种故障情况下，母线电流的相位变化了180°，而总差电流是反映母线故障的总电流，其相位是不变的。因此，利用这两个电流相位的比较，就可以选择出故障母线。这样，当母线出现故障时，不管母线上的元件如何连接，只要母线中有电流流过，保护都能有选择性地切除故障母线。

该保护的单相原理接线如图 8-7 所示。

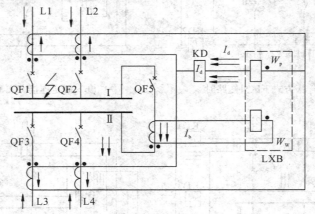

（a）母线Ⅰ短路时

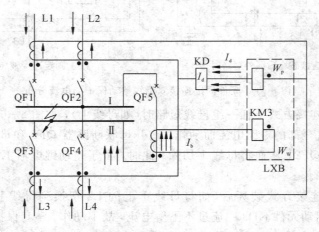

（b）固定连接方式破坏后母线Ⅱ短路时

图 8-7　母联电流相位比较式母线保护原理图

保护主要由启动元件 KD 和选择元件(即比相元件)LXB 构成 KD 接于总差动回路，通常采用 BCH—2 型差动继电器，用以躲过外部短路时暂态不平衡电流。选择元件 LXB 有两个线圈，极化线圈 W_p 与 KD 串接在差动回路中，以反映总差电流 I_d；工作线圈 W_w 接入母线断路器二次回路，以响应母线电流 I_b。正常运行或区外短路时流入启动元件 KD 的电流仅为不平衡电流，KD 不启动，保护不会误动作。

母线短路时，如图 8-7 所示，流过 KD 和 W_p 的总差电流 I_d 总是由 W_p 的极性端流入，KD 启动。若母线 I 短路，如图 8-7(a) 所示，母线电流 I_d 由 LXB 中的工作线圈 W_w 极性端流入，与流入 W_p 的 I_d 相同；若母线 II 短路，且固定连接方式遭破坏(如图中连接元件 L3 由母线 I 切换至 II)，I_b 则由 W_w 非极性端流入，恰好与流入 W_p 的 I_d 相反。因此，比相无件 LXB 可用于选择故障母线。

图 8-8 为电流相位比较继电器原理接线，电流 i_b 接至电抗变压器 UR 的 ①、③ 端子，总差电流 i_d 接至 UR 的 ⑤、⑦ 端子，分别产生磁通 Φ_b 和 Φ_d，当 i_b 与 i_d 同相时，在 UR1 中的磁通为 $\Phi_b+\Phi_d$，产生电压 $K_1(i_b+i_d)$，经整流滤波，输出电压 $U_m=K_1\,|\,i_b+i_d\,|$；在 UR2 中的磁通为 $\Phi_b-\Phi_d$，产生电压 $K_1(i_b-i_d)$，经整流滤波，输出电压 $U_n=K\,|\,i_b-i_d\,|$。母线保护的动作情况如下：

(1) 当母线正常运行或外部短路时，$i_{unb}<i_{k.at}$，启动元件不动作，整套保护不动作。

(2) 当 I 母线故障时，按图 8-8 所示方向，$U_m=K_1\,|\,i_b+i_d\,|>U_n=K\,|\,i_b-i_d\,|$，极化继电器 KP_1 动作。同时差动回路流过短路电流，KD 动作，启动 KOM1、KOM2、KOM5，跳开接于 I 母线的元件 QF1、QF2、QF5 将故障母线切除。

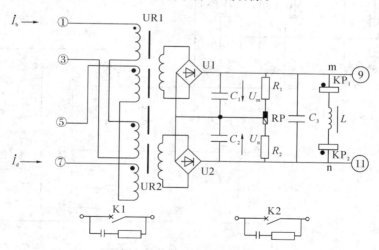

图 8-8　电流相位比较继电器原理接线图

(3) II 母线故障时，则有 $U_n=K_1\,|\,i_b-i_d\,|>U_m=K\,|\,i_b+i_d\,|$，$KP_2$ 动作，而差动回路仍然流过短路电流，KD 动作，启动 KOM3、KOM4、KOM5，断开 II 母线的元件 QF3、QF4、QF5，将故障切除。

母联电流相位比较式母线保护具有运行方式灵活、接线简单等优点，在 35～220 kV 的双母线上得到了广泛应用。其主要缺点是：正常运行时母联断路器必须投入运行，保护的动作电流受外部短路时最大不平衡电流的影响；在母联断路器和母联电流互感器之间发生短路时，将出现死区，要靠线路对侧后备保护切除故障。

8.4 比率制动式的电流差动母线保护

随着系统容量的不断扩大、电压等级的升高，母线的接线方式也越来越复杂（如：双母线分段及 $1\frac{1}{2}$ 接线母线）；当发生保护区外短路时，相应分支的短路电流很大，电流互感器严重饱和，差动回路出现很大的不平衡电流，导致母线保护误动作。而比率制动式母线差动保护能很好地克服外部短路时的不平衡电流。

比率制动式母线差动保护又称中阻保护（差回路的阻抗值为几欧时称为低阻抗，千欧以上称为高阻抗，200 Ω 左右称为中阻抗），其单相原理接线如图 8-9 所示。母线上各连接元件电流互感器的二次电流经过辅助变流器 TAA1～TAA3，变换为 $\dot{I}'_1$、$\dot{I}'_2$、$\dot{I}'_3$ 引至全波整流电路，在 PM 之间的 R_{brk} 上形成制动电压。差动电流经调整电阻 R_d、差动变流器 TAD 后回到辅助变流器的公共点 N。该电流在 TAD 的二次侧形成电流 I_{d2}，经整流后在电阻 R_{op} 上构成动作电压 U_{act}。当 $U_{act} > U_{brk}$ 时，V8 二极管为正向电压导通，V7 为反向电压截止，执行元件 K_p（快速干簧继电器）动作，而 $U_{act} < U_{brk}$ 时，V7 导通，V8 截止，执行元件 K_p 可靠不动作。

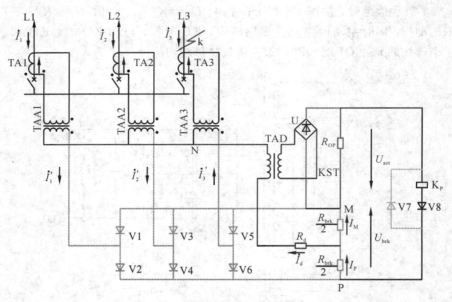

图 8-9 比率制动式母线差动保护原理接线

母线保护的工作情况如下：

（1）正常运行时，差动电流 $\dot{I}_d = \dot{I}_1 + \dot{I}_2 + \cdots + \dot{I}_n = 0$，而制动电流 $|\dot{I}_1| + |\dot{I}_2| + \cdots + |\dot{I}_n|$ 分别经 $R_{brk}/2$ 形成制动电压 U_{brk} 加在 P、M 两端，V7 导通，KP 被闭锁，同时工作电阻 R_{op} 与制动电阻 R_{brk} 通过 V7 成并联回路，从而降低了电流互感器的二次负载。

（2）母线外部故障时，如线路 L3 发生短路时，工作情况如下：

① 当电流互感器尚未饱和时（在外部短路的几毫秒内），与前面正常运行时一样，KP 不动作。

② 由于故障线路 L3 的电流很大，TA3 可能严重饱和，虽然一次侧电流很大，互感器二次侧输出电流小，差动回路不平衡电流显著增大。为了使这种情况下保护不误动作，在差动回路中串入电阻 R_d，强制使由于电流互感器饱和引起的不平衡电流流入饱和的电流互感器，即增大互感器二次侧输出电流。改变 R_d 的值，可改变这种强制的程度。R_d 越大，强制程度越高，外部短路时，躲过由于电流互感器饱和引起的不平衡电流的能力增强。

（3）母线内部故障时，所有连接元件的短路电流流入母线，形成的动作电压 U_{act} 很大，而在半个制动电阻 $R_{brk}/2$ 上形成的制动压降 $U_{brk} < U_{act}$，保护灵敏动作。

在此保护中采用辅助变流器 TAA1～TAAn，可将电流互感器不等的变比调整为相等，而且在电流互感器 TA1～TAn 的二次侧还可接入其他保护。

比率制动式母线差动保护接线简单，性能优良，动作迅速，得到了广泛应用。

8.5　断路器失灵保护

电力系统中，有时会出现系统故障、继电保护动作而断路器拒绝动作的情况。这种情况可导致设备烧毁，扩大事故范围，甚至使系统的稳定运行遭到破坏。因此，对于较为重要的高压电力系统，应装设断路器失灵保护。

断路器失灵保护又称后备接线。它是防止因断路器拒动而扩大事故的一项重要措施。例如在图 8-10(a)所示的网络中，线路 L1 上发生短路，断路器 QF1 拒动，此时断路器失灵保护动作，以较短的时限跳开 QF2、QF3 和 QF5，将故障切除。也可由 L2 和 L3 的远后备保护来动作，跳开 QF6、QF7 将故障切除，但延长了故障切除时间，扩大了停电范围甚至有可能破坏系统的稳定，这对于重要的高压电网是不允许的。

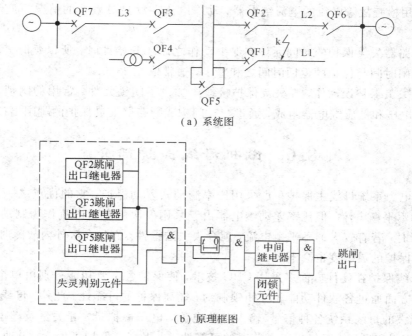

图 8-10　断路器失灵保护说明图

规程对于 220～500 kV 电网和 110 kV 电网中的个别重要部分装设断路器失灵保护都作了规定。

(1) 线路保护采用近后备方式时，对 220～500 kV 分相操作的断路器，可只考虑断路器单相拒动的情况。

(2) 线路保护采用远后备方式时，由其他线路或变压器的后备保护切除故障将扩大停电范围，并引起严重后果。

(3) 如断路器与电流互感器之间发生故障，不能由该回路主保护切除，而是由其他断路器和变压器后备保护切除，这又将扩大停电范围并引起严重后果。

断路器失灵保护的工作原理是，当线路、变压器或母线发生短路并伴随断路器失灵时，相应的继电保护动作，出口中间继电器发出断路器跳闸脉冲。由于短路故障未被切除，故障元件的继电保护仍处于动作状态。此时利用装设在故障元件上的故障判别元件，来判别断路器仍处于合闸位置的状态。当故障元件出口中间继电器触点和故障判别元件的触点同时闭合时，失灵保护被启动。在经过一个时限后，失灵保护出口继电器动作，跳开与失灵的断路器相连的母线上的各个断路器，将故障切除。断路器失灵保护原理框图如图 8-10(b) 所示。

保护由启动元件、时间元件、闭锁元件和出口回路组成。为了提高保护动作的可靠性，启动元件必须同时具备下列两个条件才能启动：

(1) 故障元件的保护出口继电器动作后不返回；

(2) 在故障保护元件的保护范围内短路依然存在，即失灵判别元件启动。

当母线上连接元件较多时，失灵判别元件可采用检查母线电压的低电压继电器，动作电压按最大运行方式下线路末端短路时保护应有足够的灵敏度整定；当母线上连接元件较少时，可采用检查故障电流的电流继电器，动作电流在满足灵敏性的情况下应尽可能大于负荷电流。

由于断路器失灵保护的时间元件在保护动作之后才开始计时，所以延时 t 只要按躲开断路器的跳闸时间与保护的返回时间之和整定，通常取 0.3～0.5 s。

为防止失灵保护误动作，在失灵保护接线中加设了闭锁元件。常用的闭锁元件由负序电压、零序电压和低压继电器组成，通过"与"门构成断路器失灵保护的跳闸出口回路。

8.6 微机母线保护简介

目前，电力系统母线主保护一般采用比率制动式差动保护，它的优点之一是减少了外部短路时的不平衡电流。但比率差动继电器由于采用一次的穿越电流作为制动电流，因此在区外故障时，若有较大的不平衡电流，就会失去选择性。而且在区外内故障时，若有电流流出母线，保护的灵敏度也会下降。

微机母线保护在硬件方面多采用 CPU 技术，使保护各主要功能分别由单个 CPU 独立完成，软件方面通过各软件功能相互闭锁制约，提高保护的可靠性。此外，母线微机保护通过对复杂庞大的母线系统各种信号(输入各路电流，电压模拟量，开关量及差电流和负序、零序量)的监测和显示，不仅提高了装置的可靠性，也提高了保护可信度，并改善了保护人机对话的工作环境，减少了装置的调试和维护工作量。而软件算法的深入开发则使母线保护的灵敏度和选择性得到不断的提高。如母线差动保护采用复合比率式的差动保护及采用同步识别法克服 TA 饱和对差动不平衡电流的影响。

本节主要是通过对 BP—2A 型微机母线保护装置的分析，来掌握微机母线保护的配置、原理、性能等基本知识。

一、微机母线保护配置

1．主保护配置

BP—2A 的母线主保护为母线复式比率差动保护，采用复合电压及 TA 断线两种闭锁方式闭锁差动保护。大差动瞬时动作于母联断路器，小差动动作选择元件跳被选择母线的各支路断路器。这里母线大差动是指除母联断路器和分段断路器以外，各母线上所有支路电流所构成的差动回路；某一段母线的小差动是指与该母线相连接的各支路电流构成的差动回路，其中包括了与该母线相关联的母联断路器和分段断路器。

2．其他保护配置

断路器失灵保护，由连接在母线上各支路断路器的失灵启动触点来启动失灵保护，最终连接该母线的所有支路断路器。此外，还设有母联单元故障保护和母线充电保护。

3．保护启动元件配置

BP—2A 母线保护启动元件有三种：母线电压突变量元件；母线各支路的相电流突变量元件；双母线的大差动过电流元件。只要有一个启动元件动作，母线差动保护即启动工作。

二、母线复式比率差动保护工作原理

1．母线复式比率差动保护原理

在复式比率制动的差动保护中，差动电流的表达式为

$$\dot{I}_d = \left| \sum \dot{I}_i \right|$$

式中，$\sum \dot{I}_i$ 为对连接母线上各支路元件的电流求和。

制动电流为

$$\dot{I}_r = \sum |\dot{I}_i|$$

复合制动电流为

$$|\dot{I}_d - \dot{I}_r| = \left| \left| \sum \dot{I}_d \right| - \sum |\dot{I}_i| \right|$$

复式比率制动系数

$$K_r = \frac{\dot{I}_d}{|\dot{I}_d - \dot{I}_r|}$$

由于在复式制动电流中引入了差动电流，使得该继电器在发生区内故障时，$I_d \approx I_r$，复合制动电流 $|I_d - I_r| \approx 0$，保护系统无制动量；在发生区外故障时，$I_r \gg I_d$，保护系统有极强的制动特性。所以，复式比率制动系数 K_r 变化范围理论上为 $0 \sim \infty$，因而能十分明确地区分内部和外部故障。

2. 复式比率定值的整定

在发生区内故障时,若母线流出电流占总故障电流的 $X\%$,通过进一步分析可求得这种情况下复式比率制动系数 K_r 的取值范围。假设连接母线有 $m+n$ 条支路,其中有 m 条有源支路,n 条无源支路,在发生区内故障时,有源支路流入的短路电流之和为 $\sum I_{m.k}$,无源支路流出的母线电流之和为 $\sum I_{n.out}$,如图 8-11 所示。

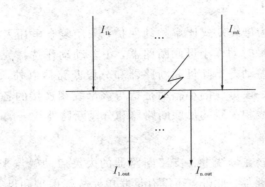

图 8-11 母线区故障时各支路相电流分布图

上述各 $I_{m.k}$ 和 $I_{n.out}$ 均为已折算到 TA 二次侧的电流,这时制动电流可表示为

$$I_r = \sum |I_i| = \sum |I_{m.k}| + \sum |I_{n.out}|$$

假定在短路瞬间各支路的电流相位基本相同,则差动电流可表示为

$$I_d = \sum |I_i| = \sum |I_{m.k}| - \sum |I_{n.out}|$$

将 $\sum |I_{m.k}|$ 代入 $I_d = \sum |I_i|$ 中得 $I_r - I_d = 2\sum |I_{n.out}|$。

$$K_r = \frac{I_d}{I_r - I_d} = \frac{I_d}{2 \times \sum |I_{n.out}|}$$

$K_r = \frac{1}{2}\left(\sum |I_{n.out}|/I_d\right)$,因 $X\% = \sum |I_{n.out}|/I_d$,当比率差动系数大于比率差动定值 D_2 时,保护动作,其动作方程为

$$K_r = \frac{100}{2x} > D_2 \tag{8-5}$$

在发生区内故障时,为保证保护系统可靠动作,如果流出负荷电流占故障电流的 20%,则 $K_r = 2.5$,那么比率差动定值 D_2 应选 2。当然,为提高灵敏度只要满足式(8-5),D_2 可选得更小,但势必影响保护的选择性,甚至会使保护的可靠性下降。

3. 微机母线保护的 TA 变比设置

常规的母线差动保护为了减少不平衡差流,要求连接在母线上的各个支路 TA 变比必须完全一致,否则应安装中间变流器,这就造成体积很大而不方便。微机型母线保护的 TA 变比可以通过设置,方便地改变 TA 的计算机变比,从而允许母线各支路差动 TA 不一致,也不需要装设中间变流器。

运行前，将母线上连接的各支路变比键入 CPU 插件后，保护软件以其中最大变比为基准，进行电流折算，使得保护在计算差流时各 TA 变比均变为一致，并在母线保护计算判据及显示差电流时也以最大变比为基准。

三、BP—2A 型微机母线保护程序逻辑

1. 启动元件程序逻辑

启动元件共有三个组成部分：大差动电流越限启动（大差动受复合电压闭锁）、母线电压突变启动、各支路电流突变启动，它们组成或门逻辑。启动元件程序逻辑框图如图 8 - 12 所示。

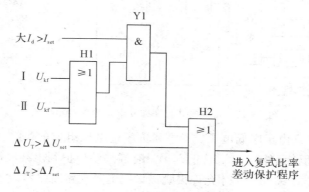

图 8 - 12　BP—2A 型母线差动保护启动元件程序逻辑框图

启动元件动作后，程序才进入复式比率差动保护的算法判据，可见，启动元件必须赶在差动保护计算判据之前正确启动，所以应当采用反映故障分量的突变量启动方式。启动元件的一个启动方式是母线电压突变启动，母线电压突变是相电压在故障前瞬时采样值 U_T 和前一周期的采样值 U_{T-12} 的差值。U_{T-12} 是对每周 12 个采样点而言，所以 $\Delta U_T = |U_T - U_{T-12}|$，当 $\Delta U_T > \Delta U_{set}$（定值）时，母线电压突变启动。由于 ΔU_T 是反映故障分量的，所以其灵敏度较高。各支路电流突变量类似于母线电压突变启动。$\Delta I_{T.n} = |I_r - I_{T-12}| > \Delta I_{set}$ 时启动保护，$\Delta I_{T.n}$ 是指第 n 支路的相电流突变量。

为了防止有时电压和电流突变不能使启动元件动作，所以将大差动电流越限作为另一个启动元件动作的后备条件，其判据为 $I_d > I_{d.set}$ 及 I 段的复合电压 U_{kf} 和 II 段的复合电压 U_{kf} 动作，它们组成与门再与母线电压、电流突变量启动构成或门的逻辑关系，从而去启动保护系统。

2. 母线复式比率差动程序逻辑

1）大、小差动元件逻辑关系

大、小差动元件都是以复式比率差动保护的两个判据为核心，所不同的是，它们的保护范围和 I_d 及 I_r 取值不同。因为一个母线段的小差动保护范围在大差动保护范围之内，小差动元件动作时，大差动元件必然动作，因此为提高保护可靠性，采用大差动与两个小差动元件分别构成与门 Y1 和 Y2，如图 8 - 13 所示。

2）复合序电压元件作用及其逻辑关系

图 8-13 中表示的复合序电压继电器，在逻辑上起到闭锁作用，防止了 TV 二次回路

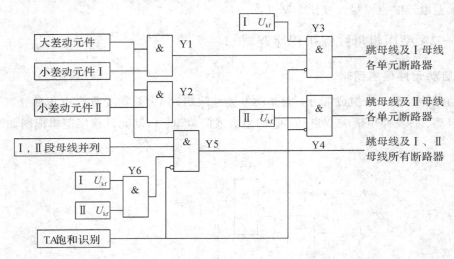

图 8-13　母线复式比率差动保护程序逻辑框图

断线引起的误动，它是由正序低电压、零序和负序过电压组成的"或"元件。每一段母线都设有一个复合电压闭锁元件：$I\,U_{kf}$ 或 $II\,U_{kf}$，只有当差动保护判出某段母线故障，同时该段母线的复合电压动作，Y3 或 Y4 才允许去跳该母线上各支路断路器。

3）母线并列运行及倒闸操作过程

某支路的两副隔离开关同时合位，不需要选择元件判断故障母线时，在大差动元件动作的同时复合序电压继电器也动作，三个条件构成的 Y5 动作才允许跳 I、II 母线上所有连接支路的断路器。

4）TA 饱和识别元件原理以及逻辑关系

虽然母线复式比率差动保护在发生区外故障时，允许 TA 有较大的误差，但是当 TA 饱和严重超过允许误差时，差动保护还是可能误动作的，BP—2A 型母差保护通过同步识别程序，识别 TA 饱和时，先闭锁保护一周，随后再开放保护，如图 8-14 所示。

在饱和识别元件输出"1"时，与门 3、4、5 被闭锁。

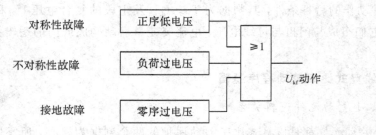

图 8-14　复合序电压闭锁继电器逻辑框图

3. 母联断路器失灵或母联差动保护死区故障的保护

当母线保护动作出口跳闸，而母联断路器失灵或发生死区故障时，母联断路器 TA 间

即发生短路(见图 8-15)。

　　故障点不能切除,这时需要进一步切除母线上其余单元。因此在保护动作,发出跳开母联断路器的命令后,经延时后判别母联电流是否越限,如经延时后母联电流满足越限条件,且母线复合电压动作,则跳开母线上所有断路器,如图 8-16 所示。

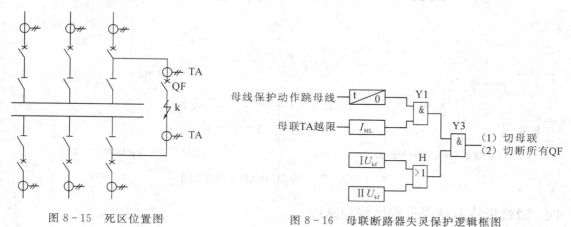

图 8-15　死区位置图

图 8-16　母联断路器失灵保护逻辑框图

4. 母线充电保护逻辑

　　当一段母线经母联断路器对另一段母线充电时,若被充电母线存在故障,此时需由充电保护将母联断路器跳开。母线充电保护逻辑框图如图 8-17 所示。

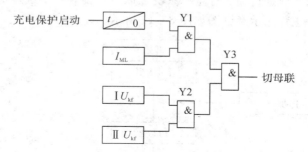

图 8-17　母线充电保护逻辑框图

　　为了防止由于母联 TA 极性错误造成的母联差动保护误动,在接到充电保护投入信号后先将差动保护闭锁。此时若母联电流越限且母线复合序电压动作,经延时将母联断路器跳开,当母线充电保护投入的触点延时返回时,将母联差动保护正常投入。

5. TA 和 TV 断线闭锁与告警

　　TV 断线将引起复合序电压保护误动作,从而误开放保护。TV 断线可以通过复合序电压来判断,$I U_{kf}$ 或 $II U_{kf}$ 动作后经延时,如差动保护并未动作,说明 TV 断线,发出 TV 断线信号,如图 8-18(a)所示。

　　TA 断线将引起复合比率差动保护误动作,判断 TA 断线的方法有两种:一种是根据差电流越限而母线电压正常(H1 输出"1"),另一种是依次检测各单元的三相电流,若某一相或两相电流为零(H3 输出"1"),而另两相或一相有负荷电流(H2 输出"1"),则认为是TA 断线。其逻辑图如图 8-18(b)所示。

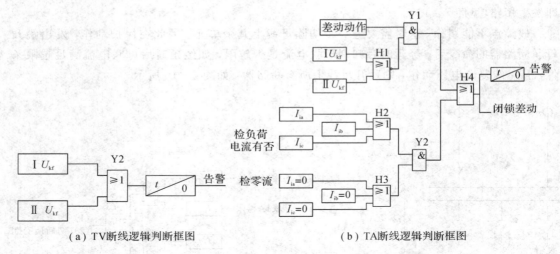

（a）TV断线逻辑判断框图   （b）TA断线逻辑判断框图

图 8-18 TV、TA 断线的逻辑判断框图

四、微机母线差动保护程序流程原理

母线差动保护的程序部分由两方面组成：一个是在线保护程序部分，由其实现保护的功能；另一个是为方便运行调试和维护而设置的离线辅助功能程序部分。辅助功能包括定值整定、装置自检、各交流量和开关量信号的巡视检测、故障录波及信息打印、时钟校对、内存清理、串行通信和数据传输、与监控系统互联等功能模块。这些功能模块属于正常运行的程序。微机保护主程序示意框图如图 8-19 所示。

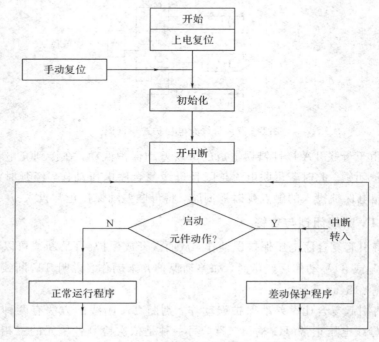

图 8-19 微机保护主程序示意框图

主程序在开中断后，定时进入采样中断服务程序。在采样中断服务程序中完成模拟量

及开关量的采样和计算，根据计算结果判断是否启动，若启动立标志为1，即转入差动保护程序。差动保护程序流程图如图8-20所示。

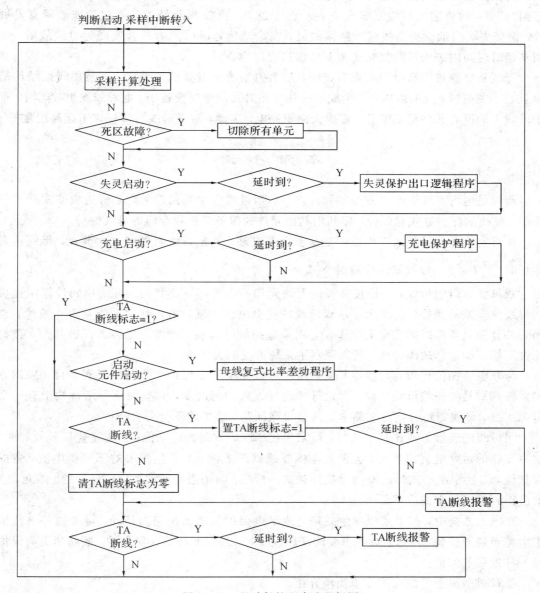

图 8-20　差动保护程序流程框图

进入母线差动保护程序，"采样计算"首先对采样中断送来的数据及各开关量进行处理，随后对采样结果进行分类检查，根据母联断路器失灵保护逻辑判断是否为死区故障。若为死区故障，即切除所有支路；若不是死区故障，再检查是否线路断路失灵启动。检查失灵保护开关量，如有开关量输入，经延时失灵保护出口跳开故障支路所在母线所有支路；若不是线路断路器失灵，检查母线充电投入开关量是否有输入，若有开关量输入，随即转入母线充电保护逻辑。如果 TA 断线标志位为1，则不能进入母线复式比率差动程序，随即转入 TA 断线处理程序。

以上所述"死区故障""失灵启动""充电启动"等程序逻辑中有延时部分，在延时时间未到的时候都必须进入保护循环，反复检查判断及采样数据更新，凡是保护启动元件标志位已到"1"者，均要进入母线复式比率差动程序逻辑，反复判断是否已有故障或故障有发展等，例如失灵启动保护是线路断路器失灵，在启动后延时时间内是否发展为母线故障，必须在延时时间内进入母线复式比率差动保护程序检查。

母线是电能集中和分配的重要场所，是电力系统中重要的元件之一。虽然母线结构简单且处于发电厂、变电所内，发生故障的几率相对其他电气设备小，但母线发生故障时，接于母线上的所有元件都要断开，造成大面积停电。因此，对于母线故障应该引起高度重视。

本 章 小 结

母线是电力系统中非常重要的元件之一，当母线发生短路故障时，将造成非常严重的后果。母线的保护方式有两种，即利用其他元件的后备保护和专门的母线保护。

单母完全差动保护的工作原理是基尔霍夫定理，其把母线看做一个大节点，母线正常运行时 $\sum \dot{I} = 0$，母线发生故障时 $\sum \dot{I} = \dot{I}_k$。

双母线运行的母线，当连接在母线上的元件不需要经常倒接时，可采用元件固定连接的母线完全差动保护。启动元件是双母线的完全电流差动，用来判别母线是否有故障；选择元件分别是各母线的完全电流差动，用来选择故障母线。当固定连接方式破坏后，选择元件不能正确选择故障母线，所以限制了系统调度的灵活性。

母联电流相位比较式母线保护，采用双母线完全差动保护判别母线是否故障，采用方向元件判别是哪一组母线故障。无论母线运行方式如何改变，只要保证每组母线上有一个电源支路，母线短路时就有短路电流通过母联回路，保护就不会失去选择性。

当母线的连接方式比较复杂时，可采用比率制动式母线差动保护。当发生区外故障时，故障支路的短路电流相当大，会引起电流互感器严重饱和，产生很大的不平衡电流，造成保护误动。比率制动式母线差动保护针对这一情况，利用强制制动解决这一问题。因此，目前已得到越来越多的应用。

在电力系统中，如果系统发生故障造成继电保护启动而断路器拒动，可能使停电范围扩大甚至烧毁设备。所以，对于重要的高压设备，应装设断路器失灵保护，断路器失灵保护是一种近后备保护。

本章对微机型母线保护作了简单介绍。

复习思考题

8-1　引起母线故障的主要原因是什么？

8-2　母线保护的方式有哪些？

8-3　简述母线保护的装设原则。

8-4　利用供电元件的保护切除母线故障的使用条件是什么？

8-5　双母线保护方式有哪些？

8-6 试述元件固定连接的双母线差动保护的组成及各组成部分的作用。

8-7 双母线差动保护如何选择故障母线？

8-8 电流相位比较式母线差动保护的原理及特点是什么？

8-9 比率制动式母线差动保护如何躲过电流互感器饱和的影响？

8-10 画图说明比率制动式母线差动保护的构成和动作原理，并说明此保护的优点是什么。

附录 电力系统继电保护相关名词

　　摘选部分电力系统继电保护方面的中英文词语，有助于广大读者今后学习和工作中阅读英文方面的相关技术资料。由于教材篇幅有限，还有很多中英文对照的词语没有收入其中，希望通过该表的学习能够激发广大读者对相关专业英文的学习兴趣，以此更好地适应和掌握日益发展的技术知识，服务于社会大众。

1 Directional protection 方向保护

2 Distance protection 距离保护

3 Over current protection 过流保护

4 Pilot protection 高频保护

5 Differential protection 差动保护

6 Rotor earth-fault protection
　转子接地保护

7 Stator earth-fault protection
　定子接地保护

8 Over fluxing protection 过励磁保护

9 Back-up protection 后备保护

10 Sequential tripping 顺序跳闸

11 Start up/Pick up 启动

12 Breaker 断路器

13 Disconnecting switch 隔离开关

14 Current transformer 电流互感器

15 Potential transformer 电压互感器

16 Dead zone/Blind spot 死区

17 Vibration/Oscillation 振荡

18 Reliability 可靠性

19 Sensitivity 灵敏性

20 Speed 速动性

21 Selectivity 选择性

22 Step-type distance relay
　分段距离继电器

23 Time delay 延时

24 Escapement/interlock/blocking 闭锁

25 Incorrect tripping 误动

26 Phase to phase fault 相间故障

27 Earth fault 接地故障

28 Through-fault 穿越故障

29 Permanent fault 永久性故障

30 Temporary fault 瞬时性故障

31 Overload 过负荷

32 Contact multiplying relay
　触点多路式继电器

33 Timer relay 时间继电器

34 Ground fault relay 接地故障继电器

35 Recloser 重合闸

36 Zero-sequence protection 零序保护

37 Soft strap 软压板

38 Hard strap 硬压板

39 High resistance 高阻

40 Second harmonic escapement
　二次谐波制动

41 CT line-break CT 断线

42 PT line-break PT 断线

43 Secondary circuit 二次回路

44 AC circuit breaker 交流开关电路

45 AC directional over current relay
　交流方向过流继电器

46 Breaker point wrench 开关把手

47 Breaker trip coil 断路器跳闸线圈

48 Bus bar 母线；导电条

49 Bus bar current transformer
　母线电流变压器

50 Bus bar disconnecting switch
　分段母线隔离开关

51 Bus compartment
　母线室；汇流条隔离室

52 Bus duct 母线槽；母线管道

53 Bus hub 总线插座

54 Bus line 汇流线

55 Bus insulator 母线绝缘器

56 Bus request cycle 总线请求周期

57 Bus reactor 母线电抗器

58 Bus protection 母线保护

59 Bus rings 集电环

60 Bus rod 汇流母线

61 Bus section reactor 分段电抗器

62 Bus structure 母线支架；总线结构

63 Bus tie swith 母线联络开关

64 Bus-bar chamber 母线箱

65 Bus-bar fault 母线故障

66 Bus-bar insulator 母线绝缘子

67 Busbar sectionalizing switch
　母线分段开关

68 Current attenuation 电流衰减

69 Current actuated leakage protector
　电流启动型漏电保护器

70 Current balance trpe current differ-
　ential relay 电流平衡式差动电流继
　电器；差动平衡式电流继电器

71 Current changer 换流器

72 Current compensational ground dis-
　tance relay 电流补偿式接地远距继
　电器

73 Current consumption 电流消耗

74 Coil adjuster 线圈调节器

75 Coil curl 线圈

76 Coil current 线圈电流

77 Coil end leakage reactance
　线圈端漏电抗

78 Coil inductance 线圈电感

79 Current transformer phase angle
　电流互感器相角

80 Distance relay；impedance relay
　阻抗继电器

81 Power rheostat 电力变阻器

82 Electrically operated valve 电动阀门

83 Electrical governing system
　电力调速系统

84 Field application relay
　励磁继电器；激励继电器

85 High tension electrical porcelain in-
　sulator 高压电瓷绝缘子

86 Option board
　任选板；选配电路板；选择板

87 Oscillator coil 振荡线圈

88 Over-Voltage relay 过压继电器

89 Power factor relay 功率因素继电器

90 Protection against overpressure
　超压防护

91 Protection against unsymmetrical
　load 不对称负载保护装置

92 Protection device
　保护设备；防护设备

93 Protection reactor 保护电抗器

94 Protection screen 保护屏

95 Protection switch 保护开关

96 Insulator cap 绝缘子帽；绝缘子帽

97 Insulator chain 绝缘子串；绝缘子串

98 Insulator arc-over
　绝缘子闪络；绝缘子闪络

99 Insulator arcing horn 绝缘子角形避
　雷器；绝缘子角形避雷器

100 Insulator bracket
　绝缘子托架；绝缘子托架

101 Impedance compensator
　阻抗补偿器

102 Resistance grounded neutral system
　中心点电阻接地方式

103 Reactance bond
　电抗耦合；接合扼流圈

104 Reactance of armature reaction
电枢反应电抗

105 Under-Voltage relay 欠压继电器

106 Voltage differential relay
电压差动继电器

107 Relay must-operate value
继电器保证启动值

108 Relay act trip 继电器操作跳闸

109 Relay overrun 继电器超限运行

110 Longitudinal differential protection
纵联差动保护

111 Phase-angle of voltage transformer
电压互感器的相角差

112 Zero-sequence current/residual current 零序电流

113 Residual current relay
零序电流继电器

114 Bus bar protection/bus protection
母线保护

115 Breaker contact point 断路器触点

116 Cut-off push 断路器按钮

117 Gaseous shield 瓦斯保护装置

118 Neutral-point earthing 中性点接地

119 Internal fault 内部故障

120 Auxiliary contacts 辅助触点

121 Neutral auto-transformer
中性点接地自耦变压器

122 Fuse box/fusible cutout 熔断器

123 Pulse relay/surge relay 冲击继电器

124 Auxiliary relay/intermediate relay
中间继电器

125 Common-mode voltage 共模电压

126 Impedance mismatch 阻抗失配

127 Intermittent fillet weld
间断角缝焊接

128 Loss of synchronism protection
失步保护

129 Closing coil 合闸线圈

130 Electro polarized relay 极化断电器

131 Power direction relay
动率方向继电器

132 Direct-to-ground capacity 对地电容

133 Shunt running 潜动

134 Trip/opening 跳闸

135 Trip switch 跳闸开关

136 Receiver machine 收信机

137 High-frequency direction finder
高频测向器

138 Capacity charge 电容充电

139 time over-current 时限过电流

140 Surge guard 冲击防护

141 Oscillatory surge 振荡冲击

142 Fail safe interlock 防装置

143 Differential motion 差动

144 Capacitive current 电容电流

145 Time delay 延时

146 Normal inverse 反时限

147 Definite time 定时限

148 Multi-zone relay 分段限时继电器

149 Fail-safe unit 五防

150 Unbalance current 不平衡电流

151 Blocking autorecloser 闭锁重合闸

152 Primary protection 主保护

153 Tap 分接头

154 YC(telemetering) 遥测

155 Fault clearing time 故障切除时间

156 Critical clearing time 极限切除时间

157 Switch station 开关站

158 Traveling wave 行波

159 Protection feature 保护特性

160 Fault phase selector 故障选线元件

161 Fault type 故障类型

162 Inrush 励磁涌流

163 Ration restrain 比率制动

164 Laplace and Fourier transforms
拉氏和傅里叶变换

165 Short circuit calculations 短路计算

166 Load flow calculations 潮流计算

167 Oscillatory reactivity perturbation
振荡反应性扰动

220 Branch coefficient 分支系数

221 Power line carrier channel(PLC) 高频通道

222 High speed signal acquisition system 高速数字信号采集系统

223 Busbar protection with fixed circuit connection 固定联结式母线保护

224 Fault recorder 故障录波器

225 Fault phase selection 故障选相

226 Opto-electronic coupler 光电耦合器件

227 Compensating voltage 补偿电压

228 Polarized voltage 极化电压

229 Memory circuit 记忆回路

230 Unblocking signal 解除闭锁信号

231 Power system splitting and reclosing 解列重合闸

232 Connection with 90 degree 90 度接线

233 Insulation supervision device 绝缘监视

234 Inrush exciting current of transformer 励磁涌流

235 Two star connection scheme 两相星形接线方式

236 Zero mode component of traveling wave 零模行波

237 Inverse phase sequence protection 逆相序保护

238 Offset impedance relay 偏移特性阻抗继电器

239 Frequency response 频率响应

240 Activate the breaker trip coil 启动断路器跳闸

241 Permissive under reaching transfer trip scheme 欠范围允许跳闸式

242 Slight(severe) gas protection 轻(重)瓦斯保护

243 Man-machine interface 人机对话接口

244 Three phase one shot reclosure 三相一次重合闸

245 Out-of-step 失步

246 Accelerating protection for switching onto fault 重合于故障线路加速保护动作

247 Abrupt signal analysis 突变信号分析

248 Out flowing current 外汲电流

249 False tripping 误动

250 Turn to turn fault, inter turn faults 匝间短路

251 Relay based on incremental quantity 增量(突变量)继电器

252 Vacuum circuit breaker 真空开关

253 Power swing(out of step) blocking 振荡(失步)闭锁

254 Successive approximation type A/D 逐次逼进式 A/D

255 Infeed current 助增电流

256 Self reset 自动复归

257 Adaptive segregated directional current differential protection 自适应分相方向纵差保护

258 Adaptive relay protection 自适应继电保护

259 Pilot protection 纵联保护

260 Angle of maximum sensitivity 最大灵敏角

261 Out of service 退出运行

262 Waveform 波形

263 Outlet 出口

264 Electromechanical 机电的

265 Magnitude of current 电流幅值

266 Traveling wave signal 行波信号

267 Measurement signal 测量信号

268 Traveling wave relay 行波继电器

269 Transmission line malfunction 输电线路异常运行

270 Subsystem 子系统

271 Positive sequence impedance
正序阻抗

272 Negative sequence impedance
负序阻抗

273 Zero sequence impedance 零序阻抗

274 Digital signal processor
数字信号处理器

275 Frequency sensing 频率测量

276 Cable relay 电缆继电器

277 Under power protection
低功率保护

278 Under voltage protection
低电压保护

279 Transient analysis 暂态分析

280 Voltage sensor 电压传感器

281 Zero-sequence protection 零序保护

282 Zero sequence current transducer
零序电流互感器

283 Shunt 旁路，并联

284 Series 串联，级数

285 Parallel 并联

286 Saturation 饱和

287 Free-standing
独立的，无需支撑物的

288 Toroidal 环形的，曲面，螺旋管形

289 Bushing 套管

290 Magnetizing 磁化

291 Dropout current 回动电流

292 Reactor grounded neutral system
中性点电抗接地系统

293 Grounding apparatus 接地装置

294 Dual bus 双总线

295 Thyristor 晶闸管

296 Spark gap 火花隙

297 Damping circuit 阻尼电路

298 Discharge 放电

299 Platform 平台

300 Grading 等级

301 Line trap 线路陷波器

302 Field test 实地试验

303 Off-position
"断开"位置，"开路"位置

304 Power-angle 功角

305 Power-angle curve 功角特性曲线

306 Torque-angle 转矩角

307 Symmetrical components 对称分量

308 Constant 常量，恒定

309 Coupler 耦合器

310 Concussion 震动

311 Filter 滤波器

312 Analogue 模拟

313 Insulator 绝缘子

314 Switch cabinet 开关柜

315 Rated burden/load 额定负载

316 Primary 一次侧的

317 Remote-control apparatus
远距离控制设备

318 Capacitance 电容

319 Capacitor 电容器

320 Reactance 电抗

321 Inductor 电感

322 Internal resistance 内阻

323 Blow-out coil 消弧线圈

324 Bundle-conductor spacer 分裂导线

325 Bundle factor 分裂系数

326 Electromotive force 电动势

327 Volt-ampere characteristic
伏安特性

328 Outgoing line 引出线

329 Electrolyte 电解质

330 Load characteristic 负载特性

331 Self-induction 自感

332 Mutual-induction 互感

333 Induction coefficient 感应系数

334 Inductance coupling 电感耦合

335 Time-invariant 时不变的

参 考 文 献

[1]　李火元. 电力系统继电保护与自动装置. 北京：中国电力出版社，2006.

[2]　许建安. 电力系统继电保护技术. 北京：机械工业出版社，2011.